UMUT オープンラボ ―太陽系から人類へ
UMUT Hall of Inspiration

東京大学出版会

UMUT オープンラボ ―太陽系から人類へ
UMUT Hall of Inspiration
University of Tokyo Press, 2016

はじめに

　東京大学総合研究博物館は、自然史・文化史の先端的教育研究を推進するだけでなく、学内に蓄積された各種の学術標本を管理・活用し、その成果を社会に向けて発信するための基盤的な施設です。1966年に設立された『総合研究資料館』を、1996年5月に改組拡充するかたちで新発足していますから、本年で開館20周年を迎えることになります。この節目の年にあたり、本館の展示ホールを研究現場展示『UMUT オープンラボ ―太陽系から人類へ』としてリニューアル・オープンすることとしました。

　この刷新事業は、単に節目の年であるからというだけにとどまりません。開館以来維持されてきた管理運営体制を抜本的に見直す時期にも重なっていたのです。2001年11月には、小石川植物園内に小石川分館がオープンしました。2013年3月には、丸の内JPタワー内に学術文化総合ミュージアム、インターメディアテクが開館し、さらに2014年7月に東京ドームシティの宇宙ミュージアムTeNQに太陽系博物学研究室を開設することができました。このたび本館に研究現場展示『UMUT オープンラボ』を開設することで、今後は本郷キャンパスの本館に、上記の分館を併せ、全体として4館からなるネットワーク型ミュージアムとして運営されることになります。

　これら4つの施設はそれぞれが異なる使命を担います。小石川分館は、国の重要文化財である旧東京医学校本館建物を利用していることから、「建築ミュージアム」として、東京大学のそれを含む、明治以来の学校建築を中心とする建築の歴史を研究・展示する場です。インターメディアテクは、歴史的な学術財の常設展、先端的な学術研究成果の企画展の場であるだけでなく、広い館内をフルに活用すべくし、「アート&サイエンス」を主軸とする各種のイベント、講演、ワークショップの開催場ともなります。また、宇宙ミュージアムTeNQでは、「地球外の惑星博物学」という新たな研究分野の開拓を射程に取り込みつつ、最先端の惑星科学の研究成果を社会に向けて発信する場となります。これら三つの分館は、総合研究博物館の公開発信事業を支える基盤装置と言うことができます。

東京大学総合研究博物館 館長
西野嘉章

総合研究博物館ネットワークの中核をなす本館は、公開発信事業のためのコンテンツ生産工場すなわち、高度専門的な研究と教育の場として位置づけられます。いまや400万点超を数えるに至った学術標本コレクションは、どのようにして形成されてきたのか、現場に立つ研究者はどのように標本と接し、それらとの格闘を日々続けているのか—それを白日の下に晒して見せる「研究現場展示」という新しいコンセプトを掲げ、常設展示、標本収蔵庫、研究室の三者を同時に観覧できる場、それが『UMUT オープンラボ』なのです。

　『UMUT オープンラボ』では、創学以来140年にも及ぼうかという、東京大学の教育と研究の歩みのなかで蓄積されてきた学史的標本群のほか、太陽系から地学、生物、人類、そして文明に至るまで、多岐に亘る学術研究の現場が公開されています。また、2014年から本格稼働を始めた加速器質量分析装置による年代学の研究現場と、その周辺諸学に要する実験装置も見ることができます。展示されている標本群は、どれもその背後に研究の長い歴史を秘めています。それらに関する具体的なヒストリーは、改修事業に併せて発行される本図録のなかで詳細に述べられています。

　本図録を学術研究の醍醐味と、その現在のありようを知る上で、御活用いただければ幸いです。

2016年9月

Preface

The University Museum, the University of Tokyo (UMUT) was founded as a research and storage facility of the university in 1966, and was renovated in 1996 to expand its museum function and provide exhibition space. Within the last two decades, UMUT has achieved remarkable developments. In 2001, the Koishikawa annex was opened in the Koishikawa Botanical Garden, aiming to exhibit the architectural history of the university since the late 19th century. Further annexes have been built recently. The Intermediatheque, established in 2013 under the collaboration of the Japan Post Co. Ltd. and the UMUT, serves a large space for the exhibition of scientific and cultural heritage materials accumulated at the university since its foundation. Further, the UMUT launched a new branch of scientific investigation in 2014, called Space Exploration, Education, and Discovery (SEED) at the Space Museum, TeNQ, with the support of the Tokyo Dome Corporation.

Following this expansion in activity, the significance of the main UMUT building on the Hongo campus has been enhanced as the headquarters of this multi-facility organization. It serves as a research center for the promotion of cutting-edge science, natural history, and cultural history to produce high quality research results as well as exhibitions for display at the other annexes. On this occasion, the twentieth anniversary of the last renovation, we have extensively renovated the exhibition hall of the Hongo building as the "UMUT Hall of Inspiration." This exhibit complex is an open facility consisting of storage space, laboratories, and exhibition rooms, where visitors are able to view on-going research. The research fields represented cover a wide range of disciplines from planetary science, geology, biology, anthropology, to archeology and more. In addition to those dealing with natural and cultural history, laboratory sciences like radiocarbon dating and analytical chemistry are also included in the UMUT Hall of Inspiration. UMUT intends to develop this new facility to make further contributions to research and education at the university in the future.

September 2016

Yoshiaki Nishino
Director
The University Museum, The University of Tokyo

学術標本 —マクロスフィアとクロノスフィア

　還元主義が主流の今日のサイエンス、とかく仮説検証が至上命題と掲げられる。しかし、そうした科学の行為は、そもそも提唱されている仮説の質に依存することを忘れてはならない。どの対立仮説も「真」からほど遠い場合は、もともこもない。深遠なる自然界、その中で生じる文化現象、それらの多くについて、実際には現状の理解が足りなく、十分な仮説が構築されていないことも少なくないだろう。自身の専門領域は進化の歴史をさかのぼる人類学の分野であるが、そう感じてやまない。

　先日、梶田隆章氏のノーベル賞受賞記念講演を拝聴する機会があった。梶田氏の研究における重要な起点は、予測からはずれた観察であり、その観測データが確固たることを確認することだったと言う。いうなれば、質の高い観察事象の蓄積行為と言えるだろう。そうした蓄積から高度な仮説が構築され、新たな知の水平線へと展開されて行く。

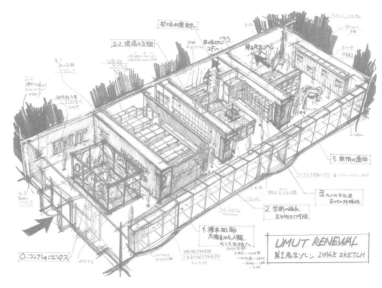

© 洪恒夫 ©Tsuneo Ko

諏訪 元

大学博物館の研究は、自然界（文化現象をも含む広い意味で）の中で、しかもマクロレベルで認知できる「おもしろい物証」を、好奇心をもって手に取ることから始まる。そうしたマクロレベルの学術標本には、多くの未知なる事象が未だに内在しているに違いない。それに気づき、その面白さを引き出すのは、我々の想像力と創造力次第なのでは。博物館は、そうした知力を引き起こし、自然界の「おもしろ現象」の解明に役立つ場であってほしい。

　我々は、内外の諸調査地、もしくは人間社会から宇宙までの様々な「フィールド」に赴き、科学的好奇心が奮い立つ場面に遭遇する。そして、夢中になって「おもしろい物証」を収集する。それは、誰も手にしたことのない、新たな「物証」である。多くの者がびっくりするものもあれば、他者にはつまらなく見えるもの、ほとんど繰り返しに思えるもの、様々である。何が、どこまでが将来「新しい」理解に資するかもしれない貴重な「物証」なのか、その線引き判断こそが我々研究者の腕の見せ所である。そうして集積されるのが学術標本であり、収集と同時に博物館における研究とキュラトリアルワークが始まる。

　博物館は様々な機能を有するが、中でも最大の魅力は、集まってくる学術標本を媒体とした知の体験の場としての機能だろう。学術標本を扱った研究現場では、新たな知の体験は、実は日常的に起こっているのである。通常はそうした事象を蓄積し、整理整頓して展示する。しかし、知の体験の醍醐味は、リアルタイムでこそ味わえる側面がある。

　本展示は、連綿と継続してきたそうした「知の探究」の一端を、過去から未来をつなぐ形で示す試みである。我々は、五感で認識できる「マクロ」な物証としての学術標本を様々に収集し、新たな知の創生に挑戦している。そうした学術標本の世界を「macrosphere」と呼ぶこととした。また、標本に内在する様々な情報を、分析技術を駆使して抽出する。その代表例として、年代の測定がある。2010年には全学センターの放射性炭素年代測定室が当館の配属となり、2015年度から新たにAMS装置が稼働し始めた。学術標本のこの分析研究現場を「chronosphere」と呼ぶこととする。本展示では、「macrosphere」と「chronosphere」、この二つの学術標本研究の現場と、そこから湧き出る好奇心とインスピレーションを展覧する。

The macrosphere and chronosphere
—*researching scientific specimens*

Scientific research at the University Museum starts when we encounter a research item or object of interest. Humans are inclined to be inspired by objects that can be perceived by our own natural senses. Many such materials are macroscopic. Not only do they arouse scientific curiosity, they also contain evidence crucial to the understanding of the underlying natural or cultural phenomenon. What questions to ask the object, and the answers to gain, are limited only by our own imagination and originality. The breadth, depth, extent and wealth of scientific collections are dependent on our enthusiasm. In this exhibit, we show examples of inspiration gained through the windows of collection-based research, both past and ongoing, at the University of Tokyo. This is the realm of the macrosphere. Technological advance enables diverse methods to be applied in extracting new information from scientific materials. Analytical extraction concerns either the understanding of the object itself or its context. A typical example is the chronometric analysis of an object, often a crucial part of field-related research. In this exhibit, we show both our newly installed accelerated mass spectrometry (AMS) apparatus and ongoing research, the realm of the chronosphere.

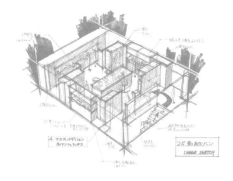

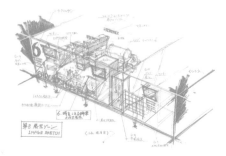

Gen Suwa

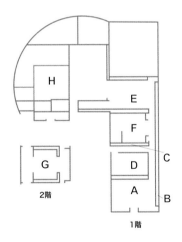

本書の個々の解説についたアルファベットは当該標本の展示位置を示している（上図）。展示標本は多岐にわたる分野に由来する。本書においては読者の便を考慮し、おおよその分野別に異なる色の帯を目次、解説タイトルにつけた（オレンジ:地学系、緑:生物系、青:文化史系、紫:複合領域）。

UMUT オープンラボ ―太陽系から人類へ
UMUT Hall of Inspiration

目次

はじめに
学術標本 ―マクロスフィアとクロノスフィア

1 学術標本の歴史 /13

A1 市ノ川鉱山の輝安鉱 /16
A2 水晶の日本式双晶
A3 日本の油田の原油標本
A4 広島・長崎の被爆瓦
A5 徳永重康のナウマンゾウ牙化石 /17
A6 ナウマンのゾウ化石
A7 オオシャコガイ /18
A8 シーボルトコレクション（アジサイ）
A9 日本で最初に咲いたハナミズキ /19
A10 オオミヤシの種子
A11 タコノキの果実
A12 ゴバンノアシの果実 /20
A13 シダ（ソテツモドキ）の根茎
A14 ナンヨウソテツの雌雄球花
A15 パラグアイオニバスの花 /21
A16 大型植物標本
　　（タケ・ササ類とオオウバユリ）
A17 ネジレモダマの果実
A18 佐々木忠次郎教授関連 /22
　　昆虫標本コレクション
A19 五十嵐邁博士蝶類コレクション
A20 ツリガネカイメン /23
A21 アオザメ、ヒグマ、イノシシの脳 /24
A22 ホソロリス、ボルネオメガネザル、
　　コモンツパイの剥製

A23 ムカシトカゲの液浸標本 /25
A24 クジラの肋骨
A25 アカカンガルーの毛皮
A26 タイマイの剥製 /26
A27 「ルーシー」の立位復元、原研究資料
A28 ネアンデルタール幼児生体復元
A29 叉状研歯のある縄文時代人の頭骨
A30 モース発掘の大森貝塚の深鉢土器 /27
A31 弥生式土器発見者の縄文コレクション
A32 古作貝塚出土の貝輪入り蓋付土器 /28
A33 縄文時代草創期の石槍
A34 麻生遺跡出土の土製仮面
A35 縄文時代の装身具
A36 明治期収集の埴輪 /29
A37 古代土器工房出土の大型壺 /30
A38 アメリカ大陸最古の黄金製装身具
A39 東京大学アンデス地帯学術調査団 /31
A40 江上波夫ユーラシア文化史コレクション
A41 銅鼓
A42 タイ仏画 /32
A43 小堀巌乾燥地民族資料

2 学術標本の現在

1 太陽系から人類、そして文明へ /35
B1 小惑星イトカワの3D模型 /38
B2 1/140,000サイズの
　　フォボス（火星の衛星）模型 /40
B3 炭素質コンドライトに含まれるCAI /42
B4 玄武岩質シャーゴッタイト /44
B5 太陽系内での大規模な物質輸送 /46
B6 レアアース泥 /48

B7 高品位鉄鉱石 /50
B8 マンガン鉱石 /52
B9 ハマサンゴ類 /54
B10 アイスランドガイ /56
B11 貝類と腕足動物のゲノム解読標本 /58
B12 ニッポニテス /60
B13 腕足動物スピリファー類と三葉虫 /62
B14 ウロコフネタマガイ（スケーリーフット）/64
B15 ニホンウナギの卵とレプトセファルス /66
B16 ヘリコプリオン・ベッソノウィ /68
B17 ポリコチルス科長頸竜類の右前肢 /70
B18 ポリコチルス科長頸竜類の胃内容物 /72
B19 迷歯亜綱分椎目カピトサウルス上科
　　の右下顎関節部 /74
B20 珪化木 /76
B21 タヌキノショクダイ /78
B22 蝶類の全上科・全科 /80
B23 シルビアシジミ属 /82
B24 フェミウスイナズマ複合種群 /85
B25 アサギマダラとオオカバマダラ /88
B26 エドクロツヤチビカスミカメ /90
B27 バビルサ頭骨 /92
B28 モア卵殻 /94
B29 ユーラシアカワウソ全身骨格 /96
B30 セキショクヤケイ仮剥製 /98
B31 ヒメネズミ頭骨（宮尾コレクション）/100
B32 メガネカイマン頭骨 /102
B33 ヌマワニ心臓 /104
B34 フィリピンヒヨケザル全身骨格 /106
B35 メガラダピス頭骨レプリカ /108
B36 インドガビアル液浸 /110
B37 ツチブタ胎盤 /112

B38 山伏剥製 /114
B39 左右非対称ニワトリ剥製 /116
B40 ヒメネズミ頭骨（立石コレクション）/118
B41 ハリネズミの胎子シリーズ /120
B42 コウモリ類の胎子 /123
B43 テナガザルの上腕骨 /126
B44 チョローラピテクスの歯 /128
B45 ラミダスのタイプ標本 /130
B46 ラミダスの頭骨 /132
B47 ラミダスの骨盤 /134
B48 ラミダスの足 /136
B49 アウストラロピテクスの足 /138
B50 ボイセイ猿人の下顎骨 /140
B51 最古級のホモ・サピエンス化石 /142
B52 縄文人の系譜 /144
B53 小型化する石器 /146
B54 新石器時代女性土偶 /148
B55 コトシュ・ミト期の2つの神殿 /150
B56 新石器時代の壺 /152

2 環境と生物 /155
C1 植物の分布変遷と絶滅 /158
C2 沖ノ鳥島のサンゴ標本 /160
C3 海産貝類の絶滅危惧種 /162
C4 陸産貝類の絶滅危惧種と外来種 /164
C5 蝶における外来生物問題 /166
C6 地球温暖化と人為的撹乱による
　　昆虫への影響 /168
C7 東京から絶滅した蝶 /170
C8 ナトゥーフィアン /172
C9 土器に残された虫の圧痕 /174
C10 遺跡に生息する危険生物 /176

3 学術標本との対話 /179

1 学問の継承 ——地学系コレクション /183
D1 クランツコレクション /187
D2 日本における古生物学の黎明期 /189
D3 地質学的古生物学 /191
D4 二枚貝類の進化古生物学・
　　機能形態学 /193
D5 頭足類の生物学的古生物学 /195
D6 21世紀の記載標本 /197
D7 大型アンモナイト標本 /199

2 無限の遺体 ——生物系コレクション /201
E1 アジアゾウ骨格 /204
E2 シロサイ骨格 /206
E3 和鶏剥製 /208
E4 ドンタオ剥製 /210
E5 軺馬剥製 /212
E6 網の中の誕生 /214
E7 濱田隆士コレクション /215
E8 カメラ、好奇心を追う /217
E9 動物園動物の第二の生涯 /218

3 モノの文化史 ——考古学コレクション /221
F1 関東地方の縄文土器 /224
F2 関東地方の弥生土器 /228
F3 鎌倉材木座中世遺跡出土人骨 /230
F4 古代中国の考古学 /232
F5 北東アジア、渤海の調査 /235
F6 内蒙古、オロンスム都城 /239

4 エクスペディションとクロノスフィア

1 海外学術調査 /245
G1 西アジア原始農村調査 /248
G2 北メソポタミア先史時代の編年 /251
G3 デーラマン、考古科学と東西交渉史 /253
G4 アンデス文明の起源を求めて /257
G5 アンデス文明形成期の土器 /259
G6 交差した手 /261
G7 西アジア洪積世人類遺跡調査 /263
G8 アムッド人 /265
G9 沙漠の更新世人類 /267
G10 ケウエ洞窟 /269
G11 デデリエ /271

2 クロノスフィア
　　——時を刻む先端科学 /273
H1 加速器をめぐる物理と化学 /277
H2 放射性炭素年代始め /280
H3 明治時代の貝殻はなぜ500年前の
　　年代を示すのか /282
H4 未来の海水と2000年前の海水 /285
H5 縄文人骨の年代を決める /287
H6 年輪からみる近東と南米の古代文明 /290
H7 屋久杉に刻まれた太陽の歴史 /293
H8 時を刻む湖 /296

付録　標本収集からアーカイヴまで /300
あとがき

学術標本の歴史
History of the UMUT Collection

1

東京大学が明治政府によって創設されたのは1877年である。誕生当時、法理文医の4つの学部で構成されていた東京大学は、それぞれがいくつかの「学科」をもっていた。教員数は91名程度、学生数は1750名だったという（文部科学省）。以後、140年ほどの歴史を重ねた現在の東京大学は10学部、15研究科、専任教員数は約3800、学生、大学院生数は2万7000を超えている（東京大学ホームページ）。日本国の人口は、この間3.5倍ほどになっているとは言え、大学の人員の増加はそれ以上の違いをみせる。この発展は、時代の変化とともに本学の歴史が経験した、とてつもない学術の広がり、専門分化を反映しているのだろう。

　しかしながら、いつまでも研究者が増えていくわけではない。右肩上がりはとうに終わっている。構成員には、限られたキャパシティの中で学術の伝統をひきつぎ、かつ新たな分野を開拓していくことが求められている。そのための格好の道具となるのが学術標本であろう。学術標本とは、研究や教育の所産として生成された各種の標本群のことを言う。研究や教育のために収集された標本はもちろん、それに用いられた機器類を含むこともある。学術過程を証拠だてる物品と言って良い。常に繰り返される学術の新陳代謝にあって、忘れられた分野などあってほしくない。また、忘れられてよいものではない。学術は、ヒトの文化と同じく蓄積的、累積的な営みであって、先人の仕事の上にのって、次の世代に展開していくものだからである。その理解がない学術活動は行方を見失うに違いない。

　総合研究博物館が保管する大量の学術標本は歴史を刻む東京大学の学術の記録そのものであり、先人たちが切り開いた多種多様な学問分野の証にほかならない。今回の展示にあたっては、「コレクション・ボックス」としたガラス部屋什器に、先人たちの研究標本のいくらかを選別して並べた。縄文土器発見者として知られるE. S. モースが日本初の大学紀要に掲載した

西秋良宏
Yoshihiro Nishiaki

大森貝塚出土土器や、ナウマンゾウの命名由来となった H. E. ナウマン収集のゾウ化石、P. F. フォン・シーボルトの植物標本、さらには国内最古級の昆虫標本を残した佐々木忠次郎収集品など江戸、明治期の優品が含まれている一方、第二次大戦後日本の海外学術を彩ったアンデス地方の黄金細工や古代メソポタミアの壺など20世紀後半の学術標本もならべられている。

　普段は個別の収蔵庫に納められている標本を一堂に会させてみれば、本学のコレクションが、いかに多岐にわたり、好奇心を引き立てる存在であるかがわかる。同時に、それらは、新たな知識の創出、継承に欠かせない資源でもある。本章図録では、おおよそ地学系（A1-7）、生物系（A8-29）、文化史系（A30-43）の順に収録したが、展示ではミックスさせてある。融合的連携研究の発想源ともなることを期待したい。

The University of Tokyo was founded as Japan's first university in 1877. It was originally composed of four faculties, to which 91 professors and 1,750 students belonged. After 140 years, the University has developed into a larger institution consisting of 10 faculties, 15 graduate schools, and numerous associated institutes and centers, with about 3,800 tenured professors and over 27,000 under- and post-graduate students. This rapid growth, far more than a simple population growth, undoubtedly reflects the increasing development and diversification of scientific activities. Scientific specimens stored at the University Museum, over four million in total, are testimony of enduring academic activities. When representative specimens are placed in an exhibition box, as in the new exhibition hall, their diversity is enhanced, stimulating the curiosity of scientists in various fields. The specimens serve as invaluable resources for developing innovative research projects that cross-cut extant disciplines.

参考文献 References
文部科学省「学制百年史」http://www.mext.go.jp/b_menu/hakusho/html/others/detail/1317599.htm

A1 市ノ川鉱山の輝安鉱
Stibnite from Ichinokawa mine, Ehime, Japan

輝安鉱はアンチモンの主要鉱石である。市ノ川鉱山の見事な結晶は世界的に有名で、明治時代に数多く流出し、海外の博物館にも収蔵、展示されている。本標本は明治時代に作成されたもので、石膏の台座に市ノ川鉱山の輝安鉱の巨大な結晶を据え付けてある。実際の産出状況を再現したものではないが、大型の結晶がこれだけそろっていることに貴重性がある。途中で曲がっていたり、ねじれていたりする結晶もあり、輝安鉱の結晶の性質を観察することができる。

（清田　馨）

輝安鉱の結晶、愛媛県市ノ川鉱山、幅 221cm (EN010010)
Stibnite crystals from Ichinokawa mine, Ehime, Japan, W: 221 cm (EN010010)

A2 水晶の日本式双晶
Large Japanese twin quartz crystals

水晶の六角柱状大型結晶群の中に、ひときわ大きい平板状の結晶がある。これは2個体の水晶が1つの結晶面を共有し、84°34′傾いて接合した日本式双晶である。山梨県乙女鉱山は花崗岩ペグマタイトに産する水晶を採掘し光学ガラスなどの原料としていた鉱山で、本標本のように大きな日本式双晶で世界的に知られている。この双晶が文献で Japan law twin（日本式双晶）と表現されるようになったのは1900年以降のことで、当時、日本産の双晶が広く知られ研究されていたため、このように呼ばれるようになったようである。日本式双晶が生じる仕組みはまだ解明されていない。

（清田　馨）

日本式双晶の水晶、山梨県乙女鉱山、幅 60cm (4103886)
Japanese twin quartz crystals from Otome mine, Yamanashi, Japan, W: 60 cm (4103886)

A3 日本の油田の原油標本
Crude oil samples of Japan

年間消費量の1%にも満たない量ではあるが、現在でも国内で石油の採掘は行われている。明治〜昭和初期には数多くの油田が開発され、その油田で採取された原油標本がガラス瓶に保管されている。原油は様々な長さをもつ炭化水素分子の混合物が地下で天然に液状で形成されたものである。産地や深度によって分子の混合の度合いが異なるため、粘性や色調に違いがみられる。展示標本は、まだ油田開発が本格化する前に採取されたものもあるため、石油の成因を考える上でも貴重である。

（清田　馨）

日本の油田の原油標本、高さ 36cm (EN210101, EN210102, EN210103, EN210104)
Crude oil samples of Japan, H: 36 cm (EN210101, EN210102, EN210103, EN210104)

A4 広島・長崎の被爆瓦
Roof tiles damaged by the atomic bombs in Hiroshima and Nagasaki

広島・長崎の被爆瓦に共通する特徴は、熱線による損傷が、ごく表面部分に留まっていることで

ある。瓦の断面を観察すると、内部は全く変化していない。この点で、二次的な火災によって全焼した瓦と明確に識別出来る。瓦が発泡していることは、瓦の表面が沸点という未だ測られたことのない途方もない温度に達したことを意味している。広島と長崎の両方の瓦が同質であると仮定すると、明らかに長崎の瓦に照射した熱線エネルギーの方が高い。これらの標本は、原爆研究において新たな知見をもたらす可能性を秘めている。　　　　　　　　　（田賀井篤平）

広島爆心地である島病院の被爆棟瓦、1945年10月11日、渡辺武男採集。長さ30cm (HN0145)。原爆（ウラニウム）の爆発の推定高度600 m。核爆発による熱線は数秒程度地上を照射した。熱線の照射温度は未定。瓦の表面は瞬間的に溶融し急冷され、ガラス粒が残された。わずかではあるが発泡した形跡がある
A damaged roof tile collected at hypocenter of the explosion in Hiroshima. L: 30 cm (HN0145)

長崎爆心地から北方約100 m（浦上刑務支所への登り口）にあった民家の瓦、1946年1月13日、長岡省吾採集、長さ16cm (HN077)。原爆（プルトニウム）の爆発の推定高度は500m。熱線の照射温度は不明。瓦の表面は激しく溶融して、溶けた部分が流れた跡がある。盛大な発泡が観察される
A damaged roof tile collected at ca. 100 m from the hypocenter of the explosion in Nagasaki. L: 16 cm (HN077)

A5 徳永重康のナウマンゾウ牙化石
Dr. Shigeyasu Tokunaga's tusk of *Palaeoloxodon naumanni*

このナウマンゾウの牙は1897年に田端駅を上野駅と王子駅の間に設置する際に、臼歯2本と共に発見された。田端の化石群は主に貝類からなり、1906年に後の早稲田大学教授である徳永重康によって記載された。このナウマンゾウの化石は田端の地層が鮮新世でなく更新世のものであると徳永が考えた根拠の一つとなった。徳永はその後も哺乳類化石の研究を精力的に行い、岐阜県から産出したデスモスチルス・ジャポニカスの記載等を行っている。　　　（久保　泰）

東京都北区田端駅構内産出、第四紀更新世、58×8.4cm (UMUT CV6004)
Tabata train station, Kita-ku, Tokyo, Pleistocene, 58×8.4 cm (UMUT CV6004)

A6 ナウマンのゾウ化石
Dr. Naumann's elephant fossil

この中央区江戸橋産出のナウマンゾウと小豆島沖産出のステゴドンの臼歯は、東京大学地質学

ナウマンゾウの臼歯、東京都中央区江戸橋産出、第四紀更新世、14.2×13cm (UMUT CV13810)
A molar of *Palaeoloxodon naumanni*, Edobashi, Chuo-ku, Tokyo, Pleistocene, 14.2×13 cm (UMUT CV13810)

教室の初代教授であった H. E. ナウマンにより、初の日本産哺乳類化石の論文「史前時代の日本のゾウについて」で 1881 年に記載された。ナウマンはこのナウマンゾウの臼歯を、インドで発見されていた *Elephas namadicus* と考えたが、1924 年に槇山次郎により *namadicus* の亜種として *Palaeoloxodon namadicus naumanni* が提唱され、さらに亀井節夫の研究により、現在はナウマンゾウ *Palaeoloxodon naumanni* が独立種と認められている。

（久保　泰）

ステゴドンの臼歯、瀬戸内海小豆島沖、第四紀更新世、21.9 × 11.7cm (UMUT CV13805)
A molar of *Stegodon orientalis*, Offshore of Syoudo-shima, the Seto inland sea, Pleistocene, 21.9 × 11.7cm (UMUT CV13805)

A7 オオシャコガイ
Giant clam

オオシャコガイは現生貝類中の最大種であり、殻長は 1m 以上に達する。熱帯西太平洋のサンゴ礁に分布する。シャコガイ類は世界に 10 種が知られており、全ての種が体内に褐虫藻を共生させ、熱帯のサンゴ礁の浅海に生息する。シャコガイ類は乱獲による減少が危惧されており、ワシントン条約によって国際的な商取引を禁止されている。

（佐々木猛智）

A8 シーボルトコレクション（アジサイ）
Siebold's collection (*Hydrangea Otaksa*)

シーボルト (Philipp Franz von Siebold, 1796–1866) はドイツの博物学者、医学者で、江戸時代後期（1823–1829）にオランダ商館付き医師として長崎に来日し、膨大な動植物標本を採集して日本植物研究に大きく貢献した。その一部が、2000 年に日蘭修好 400 年を記念してオランダ国立自然史博物館から当館に寄贈された。シーボルトは日本で妻とした女性を「お瀧さん」と呼び、アジサイに *Hydrangea Otaksa* と学名をつけた。

（清水晶子）

オオシャコガイ、産地未詳（熱帯西太平洋に分布）、殻長 57cm (UMUT RM20160216-TS-2)
The giant clam *Tridacna gigas* (Linnaeus, 1758), Tropical West Pacific, L: 57 cm (UMUT RM20160216-TS-2)

日本、1820 年代、シーボルト採集、長さ 50cm (SC027)
Japan (collected by Philipp Franz von Siebold in 1820's), L: 50 cm (SC027)

A9 日本で最初に咲いたハナミズキ
Cornus florida L., the first bloom in Japan

ハナミズキ（別名 アメリカヤマボウシ *Cornus florida* L.）は、今でこそ日本各地で春に色とりどりの花をつけているのが見られるが、日本に導入されたのはほぼ100年前の1915年（大正4年）であった。当時、日本からアメリカに贈った桜の返礼として40本が贈られ、そのうちの1本が小石川植物園に植栽された。この標本は来日2年後に押し葉標本にされた花をつけた標本で、おそらく日本で最初に咲いたハナミズキと考えられる。　　　　　　　　　　　（池田　博）

小石川植物園植栽、1917年5月7日採集、長さ46cm（TI00012953）
Cultivated in the Koishikawa Botanical Garden (7 May 1917 coll.), L: 46 cm (TI00012953)

A10 オオミヤシの種子
Seed of Coco de Mer (*Lodoicea maldivica*)

オオミヤシ（別名 フタゴヤシ、ウミヤシ）は、インド洋の西側に位置するセーシェル諸島特産のヤシ科植物。雌雄異株の高木で、樹高は30mに達し、長さ7mの巨大な葉をつける。種子は長さ50cm、重さ30kgに達するものがある。展示しているものはそこまで大きくはないが、充分にその大きさを感じることができる。近年、自生の株は減少し、自生地では厳重な保全がなされている。　　　　　　　　　　　（高山浩司）

セーシェル諸島産、採集日不詳、長さ33cm（TI00012954）
Seychelles Islands (collection data unknown), L: 33 cm (TI00012954)

A11 タコノキの果実
Fruit of *Pandanus boninensis*

小笠原諸島に固有な常緑小高木。幹の下部からたくさんの支柱根を出し、その姿が蛸に似ることから「タコノキ」の名がある。果実は球形で、パイナップルを思わせる集合果である。種子は海流で広がるほか、オガサワラオオコウモリ（*Pteropus pselaphon*）によっても散布される。近年は外来種のクマネズミ（*Rattus rattus*）による食害が深刻化している。展示しているものは果実である。　　　　　　　　　　　（池田　博）

小笠原諸島父島、2005年11月22日採集、長さ29cm（TI00012955）
Chichijima Island (Ogasawara Islands) (22 Nov. 2005 coll.), L: 29 cm (TI00012955)

A12 ゴバンノアシの果実
Fruit of *Barringtonia asiatica*

暖かい地方の海岸に生える常緑高木で、日本では沖縄（石垣島、西表島）にまれに生える。果実には四稜があり、水に浮いて海流で散布され、日本本土にも時折漂着する。果実の形が碁盤の脚の部分に似ることから「ゴバンノアシ」の名がついた。標本瓶の内側に白く見えるのはナフタリンの結晶で、防虫のために入れていたナフタリンが一度蒸発した後、標本瓶の中で再結晶したと考えられる。　　　　　　　　　　（池田　博）

台湾か、1920年代作成、高さ 26.5cm（TI00012957）
Taiwan? (curved in 1920's), H: 26.5 cm (TI00012957)

A14 ナンヨウソテツの雌雄球花
Male and female corns of *Cycas rumphii*

ソテツ属は雌雄異株で、東南アジアを中心に熱帯・亜熱帯に約100種が知られる。日本にはソテツ（*Cycas revoluta*）が分布し、南日本に野

南太平洋、トラック諸島、1915年1月採集、高さ 21cm（TI00012956）
Truck Islands, South Pacific (January 1915 coll.), H: 21 cm (TI00012956)

A13 シダ（ソテツモドキ）の根茎
Rhizome of fern (*Brainea formosa*)

早田文蔵（1874–1934）は台湾の植物の研究で有名であるが、独特の分類思想（動的分類）を提唱したことでも知られている。また早田は、植物の系統を明らかにするには、外部形態を比較すると同時に、解剖学的特徴といった内部形態や構造も重視する必要性を説いた。展示の標本は、シダの維管束系（中心柱）を示すために、早田が解剖したシダの根茎である。（池田　博）

南太平洋、ヤップ島、1939年9月採集、高さ 51.5cm（TI00012958）
Yap Island, Micronesia (September 1939 coll.), H: 51.5 cm (TI00012958)

生すると同時に、各地の庭に植栽される。展示の標本は椿や蘭の研究で著名な津山 尚（1910-2000）博士が1939年にミクロネシアのヤップ島で採集したナンヨウソテツで、松ぼっくりのように見える雄球花（小胞子嚢穂）と、発達途中の種子をつけた雌球花（大胞子嚢穂）である。

（高山浩司）

けて、牧野富太郎（1862-1957）、中井猛之進（1882-1952）、小泉源一（1883-1953）らが競って新種を記載した。この標本は中井猛之進が研究に用いた標本である。また、果実をつけた標本は、地衣類学者であった朝比奈泰彦（1881-1975）が採集したオオウバユリ（*Cardiocrinum cordatum* var. *glehnii*）の標本である。

（池田　博）

A15 パラグアイオニバスの花
Flower of *Victoria cruziana*

オニバス類は巨大な葉をつけることで有名である。パラグアイオニバスはオオオニバス（*Victoria amazonica*）とともに日本では植物園の温室で栽培され、直径1.5mに達する葉の上に子供を載せている写真を見ることもある。展示しているのはパラグアイオニバスの花の液浸標本で、刺だらけの花柄の先に大きな花をつける。日本に自生するオニバス（*Euryale ferox*）も葉の直径は1mを越す。　　　　　　　（池田　博）

日本国内各地、1930年代採集、高さ 90～210cm（TI00012960～12965）
Various locations in Japan (collected in 1930's), H: 90-210 cm (TI00012960-12965)

東京都立神代植物公園、2015年8月26日採集、高さ26cm（TI00012959）
Jindai Botanical Gardens (26 August 2015 coll.), H: 26 cm (TI00012959)

A16 大型植物標本（タケ・ササ類とオオウバユリ）
Culms of bamboos and fruit of *Cardiocrinum cordatum* var.*glehnii*

タケ・ササ類は日本を含む東アジアで多様化した仲間で、明治から大正、昭和の初期にか

A17 ネジレモダマの果実
Fruit of *Entada spiralis*

東南アジアの常緑広葉樹林内に生えるマメ科モダマ属のつる性木本。らせん状の巨大なさやにちなんで"スピラリス"の名がつけられた。モダマ属は約30種が知られるが、このように美しいらせん状のさやをつけるのは本種だけである。さやは節で少しくびれ、節と節の間に大きな種子がひとつずつ入っている。展示の標本は、

21

1994年にタイ王国のチェンマイで採集されたものである。　　　　　　　　　　　（高山浩司）

タイ王国チェンマイ、1994年採集、高さ45cm (TI00012966)
Chiang Mai, Thailand (1994 coll.), H: 45cm (TI00012966)

日本産および台湾産のクワガタ科・クロツヤムシ科・ゴミムシダマシ科甲虫標本、幅42cm (SF-14, SF-25)
Lucanid, passalid and tenebrionid beetles from Japan and Taiwan, W: 42 cm (SF-14, SF-25); selections from the collection of Prof. Chûjirô Sasaki (1857–1938), a pioneer of Japanese Entomology

▌A18 佐々木忠次郎教授関連 昆虫標本コレクション
Chûjirô Sasaki Insect Collection

佐々木忠次郎は東京帝国大学農科大学昆虫学の初代教授で、養蚕・農業害虫を研究した日本昆虫学の先駆者。国蝶オオムラサキの属名 *Sasakia* が献名されたことでも知られる。佐々木コレクションは本学農学部から最近移管されたもので、針刺し標本としては国内最古級。明治〜大正期の昆虫標本が主で、絶滅産地の昆虫が多く見られる。佐々木教授の他、三宅恒方、長野菊次郎、石原 保など、著名な昆虫学者由来の昆虫標本やタイプ標本も含まれる。
（矢後勝也）

▌A19 五十嵐邁博士蝶類コレクション
Suguru Igarashi Butterfly Collection

五十嵐邁博士は、蝶類の幼生期や形態を研究した昆虫学者。幼生期が未知だった珍種テングアゲハの調査団を結成し、インドで生活史を解明したことで有名。同博士の蝶類約10万点の標本や5千点の幼生期の描図・写真を本博物館が所蔵。東大工学部卒。大成建設取締役、信越半導体社長などを歴任した実業家でもあり、作家としても偉業を残した。芥川賞作家・芝木好子は同博士を主人公に見立てた小説「黄色い皇帝」を執筆し、TV放映もされている。（矢後勝也）

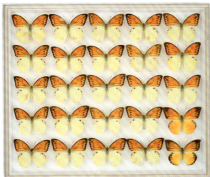

A20 ツリガネカイメン
Acanthascus victor, one of the largest sponges

海綿動物門・六放海綿綱・六放星目・ロッセラ科に属し、六放海綿類の中で最大。体長1m内外。体は和名の通り釣鐘状で、基部がやや曲っている。体の大部分はケイ酸質（ガラス）の骨片である。1891年に東京帝国大学理学部教授であった飯島魁博士により新種として発表された。飯島博士は明治〜大正期に活躍した動物学者で、海綿の他、縄文人や鳥類、魚類、寄生虫の研究などに従事し、日本鳥学会初代会長を務めたことでも知られる。（上島　励・矢後勝也）

インド・オーストラリア区のアゲハチョウ科・シロチョウ科蝶類標本、幅50cm (IGA-Pa1097, IGA-Pa1103, IGA-Pa1105, IGA-Pa1111, IGA-Pa1294, IGA-Pi2045)
Papilionid and pierid butterflies from the Indo-Australian region, W: 51 cm; selections from the collection of Dr. Suguru Igarashi (1924–2008), the first president of Butterfly Society of Japan (IGA-Pa1097, IGA-Pa1103, IGA-Pa1105, IGA-Pa1111, IGA-Pa1294, IGA-Pi2045)

ツリガネカイメン、19世紀収集、高さ76cm (H571)
Acanthascus victor (Ijima, 1897), H: 76 cm (H-571); one of the largest species in sponge (Phylum Porifera) of the class Hexactinellida

A21 アオザメ、ヒグマ、イノシシの脳
Brains of shortfin mako shark, brown bear and wild boar

このアオザメ(*Isurus oxyrinchus*)、ヒグマ(*Ursus arctos*)、イノシシ(*Sus scrofa*)の脳は、かつて医学部で集められていた動物の脳標本シリーズの一部である。医学部は中枢神経の解剖対象として脊椎動物の脳を重視してきた伝統があり、本標本群もその意図で収集された。新しく見える四角い容器は、読売新聞社の支援により2000年代に全国で脳の標本を展示する移動展が開かれた際に制作されたものである。

(遠藤秀紀・楠見　繭)

A22 ホソロリス、ボルネオメガネザル、コモンツパイの剥製
Stuffed specimens of red slender loris, western tarsier and common tree shrew

ホソロリス(*Loris tardigradus*)とボルネオメガネザル(*Tarsius bancanus*)は、解剖学・人類学の我が国における開祖といえる小金井良精博士によって収集された剥製である。コモンツパイ(*Tupaia glis*)は詳しい情報は欠けているが、1980年代から比較研究用に医学部に残されてきたことが知られている。いずれも希少な種で、本剥製としての学術的価値が高まっている。

(遠藤秀紀・楠見　繭)

アオザメ、イノシシ、ヒグマ、脳液浸標本
Shortfin mako shark, wild pig and brown bear. Fixed specimens of the brains

ホソロリス、剥製、体長280mm
Red slender loris. Stuffed specimen, L: 280 mm

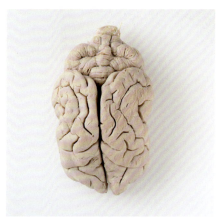

ヒグマ、脳液浸標本、全長120mm
Brain of brown bear. Fixed specimen, L: 120 mm

ボルネオメガネザル、剥製、体長120mm
Western tarsier. Stuffed specimen, L: 120 mm

コモンツパイ、剥製、体長 200mm
Common tree shrew. Stuffed specimen, L: 200 mm

A23 ムカシトカゲの液浸標本
Sphenodon punctatus, an unusual and unique reptile

ニュージーランドの狭い地域に生息し、19世紀後半から絶滅危惧種となっている希少な爬虫類で、日本には標本がほとんどなく、極めて貴重な標本である。いわゆるトカゲ（有鱗目トカゲ亜目）とは系統が全く異なるムカシトカゲ目に属し、原始的な形質を多く保持する。この目の現生種は *Sphenodon guntheri* と合わせて1属2種しか存在しない（他に絶滅種 *S. diversum* がいる）。額に第3の眼とも呼ばれる頭頂眼（parietal eye）を持つことでも知られる。寄贈者・西川藤吉は真円真珠の発明者として名高い。

（上島 励・矢後勝也）

ムカシトカゲ、ニュージーランド産、明治35年4月，西川藤吉氏寄贈
Sphenodon punctatus (Gray, 1842) from New Zealand, H: 43 cm (no registration no.); donated by Tōkichi Nishikawa (1874-1909), who is well-known as a cultured-pearl researcher patented the Mise-Nishikawa Method

A24 クジラの肋骨
Rib of whale

かつて医学部解剖学教室に収蔵され、現在総合研究博物館に収められているクジラの肋骨である。身体のごく一部が残されているうえ、個体の由来や種に関しては記録の無い骨である。東京大学医学部・総合研究博物館ではかつて小川鼎三博士、細川宏博士、神谷敏郎博士らがクジラの研究を精力的に行っていたため、当時の収集物であると推測される。（遠藤秀紀・楠見 繭）

クジラ、種不明、肋骨、全長1500mm
Whale, rib, L: 1500 mm; Species was not recorded

A25 アカカンガルーの毛皮
Skin of red kangaroo

毛皮標本の制作と維持は財政的に困難を極めるため、大学博物館でもその規模は大きくはない。アカカンガルー（*Macropus rufus*）の毛皮標本は横浜市金沢動物園から譲渡された死体から制作された。典型的な毛皮標本のように全身の形状が揃わないのは、死因の解明などを含め、現在は多岐にわたる研究テーマにより解剖が行われるため、毛皮は身体の一部分のみを残す解剖手法が採られるためである。

（遠藤秀紀・楠見 繭）

アカカンガルー、毛皮、全長700mm
Red Kangaroo, skin, L: 700 mm

A26 タイマイの剥製
Stuffed specimen of hawksbill turtle

カメ類の研究を進めている総合研究博物館で比較標本として使われてきた。このタイマイ (*Eretmochelys imbricata*) は、甲羅の形状や大きさなど、剥製が残す情報は少なくなく、単に展示物としてではなく、大学博物館では貴重な研究の一次資料として活かされている。本学医学部で長く収蔵されてきた標本である。

（遠藤秀紀・楠見 繭）

タイマイ、剥製、甲長 450mm
Hawksbill turtle, stuffed specimen, shell length: 450 mm

A27 「ルーシー」の立位復元、原研究資料
Original reconstruction of "Lucy"

猿人、アウストラロピテクス・アファレンシスの部分骨格標本「ルーシー」の立位復元。全身骨の 4 割程度が保存されており、他の部位は同種の別個体の化石骨から類推している。1978 年に記載研究を行った C. O. Lovejoy らが作成した個々の復元骨（レプリカ）を基に、立位に設置した。身長 110cm 程度の小柄な女性個体と思われている。諸説あるが、腰と膝を進展し、我々とほとんど変わらない直立 2 足歩行が可能だったと思われる。

（諏訪　元）

A28 ネアンデルタール幼児生体復元
Body reconstruction of a Neanderthal child

日本シリア調査団（隊長：赤澤 威）によるシリア・デデリエ洞窟調査 (1989–2011) では、中期旧石器時代の地層より、ネアンデルタール人の生活痕とともに人骨が見つかっている。3 体の幼児骨格のうち最も保存の良いデデリエ 1 号人骨（1993 年発見）について、骨格復元モデルに筋や皮下脂肪厚等の軟部組織を加えることにより、身長 82cm の少年として生体復元された（東京藝術大学 高橋彬・宮永美知代氏による）。

（近藤　修）

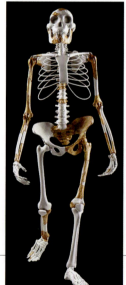

エチオピア、アファール地溝帯、320 万年前、高さ 106cm (A.L.288-1)
3.2 million years ago, Hadar (Afar Rift), Ethiopia, H: 106 cm (A.L.288-1)

シリア、デデリエ洞窟出土、1 号幼児生体復元モデル、高さ 78cm (Dederiyeh 1)
Dederiyeh 1 reconstruction, Dederiyeh cave, Syria, H: 78 cm (Dederiyeh 1)

A29 叉状研歯のある縄文時代人の頭骨
Jomon skull with tooth ablation and incision practices

渥美半島の伊川津貝塚で、鈴木 尚が 1937 年に発掘。叉状研歯とは上顎切歯に人口的に切痕状

の刻みを入れたものをいう。抜歯風習の最盛期の縄文時代晩期に限られ、東海から近畿地方に30例ほどが知られている。儀礼などにおける指導者であり、集団の代表的人物だったと推測されている。展示品は、最も典型的な叉状研歯の例として、多くの書物などで紹介されている。

（諏訪　元）

A31 弥生式土器発見者の縄文コレクション
Shozo Arisaka's Jomon collection

有坂鉊蔵（1861–1941）は軍人であり、同時に東京帝国大学工学部教授を努めた兵学家であったが、さらには考古遺物の収集家でもあった。1884年に現弥生キャンパス周辺で弥生式土器第1号（重要文化財）を発見したことは特によく知られている。展示標本は有坂が、東北各地の縄文時代諸遺跡で収集した石器、骨角器の一部。後年ご子息らが小学校で展示したことがあったため子ども向けのラベルがついている。

（西秋良宏）

日本、愛知県、縄文時代晩期、高さ18cm（伊川津44）
Jomon Period, Aichi Pref., Japan, H: 18 cm (Ikawazu No. 44)

A30 モース発掘の大森貝塚の深鉢土器
Clay pottery from the Omori shell mounds, excavated by E. Morse

大森貝塚の発掘は、日本における初めての科学的な考古学発掘として知られている。1877年の秋に、理学部動物学教室の教授モースと助手、学生らが発掘した。採集した遺物の総体については記録が残されていないが、その主要部は、1879年に本学初の紀要『The Shell Mounds of Omori』として出版されている。展示品は、その紀要の図版に掲載された252点のうち、保存の良い土器個体の一つである。　（諏訪　元）

日本、東北地方、縄文時代、有坂鉊蔵収集、幅32cm (AR11.2, 4)
Jomon Period, Tohoku district, Japan, W: 32 cm (AR11.2, 4); a selection from the collection of Prof. Shozo Arisaka (1861–1941), the discoverer of the first Yayoi pottery

日本、東京都、縄文時代後期、高さ12.5cm (5051)
Jomon Period, Tokyo, Japan, H: 12.5 cm (5051)

A32 古作貝塚出土の貝輪入り蓋付土器
Jomon pottery found with lid and shell bracelets

1928年の工事中に蓋付土器が2点発見された。知らせを受けた松村 瞭と八幡一郎が駆けつけ、発見状況と経緯を確認した。展示品の土器と貝輪は、第2号として記載されたものである。蓋付の状態で発見され、貝輪19点が土器の中におおよそ水平に重なりあったまま出土したと言う。縄文時代には貝輪を貴重品として土器に収め、貯蔵する風習があったのではないかと八幡は考察している。　　　　　　（諏訪 元）

日本、千葉県、縄文時代後期、高さ 15.5cm (A4117)
Jomon Period, Chiba Pref., Japan, H: 15.5 cm (A4117)

A33 縄文時代草創期の石槍
Stone spear-heads from the Incipient Jomon

旧石器時代が終わり、縄文時代草創期になると、大型の両面調整尖頭器、石槍が日本列島各地で作られる。日本で土器製作が開始される時期ではあるが、晩氷期直前の寒冷期（16,500–15,000年前頃）で、石器製作は旧石器的な要素をいくらか残している。展示品7点のうち6点が東北地方で収集された資料で、良質の珪質頁岩を素材に用いている。いずれも、大型で均整の取れた形状をなし、該期の石槍の特徴をよく表している。　　　　　　　　　　　　（佐野勝宏）

日本、秋田県綴子遺跡（左5点）・秋田県中山遺跡（右から2番目）・新潟県菅谷（右端）、縄文時代草創期、長さ 19.1cm（最大標本）(12665.1–7, 5074, 12449)
Jomon Period, Akita and Niigata Prefs., Japan, L: 19.1 cm (largest) (12665.1–7, 5074, 12449)

A34 麻生遺跡出土の土製仮面
Clay mask from the Aso-site

展示品は、1897年に人類学教室の大野延太郎が収集し、坪井正五郎によって学界に紹介された。その後、この標本の資料的、美術的価値が広く知られるようになり、1957年には重要文化財に指定された。いわゆる遮光器状に眼部が形成されているが、鼻から口にかけては遮光器土偶より写実的に造形されている。眼孔はなく、左右の目尻の上に小孔があるため、額などにかけて使われたとも思われている。　（諏訪　元）

日本、秋田県、縄文時代晩期、人類先史部門所蔵（レプリカ）、高さ 14.5cm (A4117)
Jomon Period, Akita Pref., Japan, H: 14.5 (A4117)

A35 縄文時代の装身具
Accessory items of the Jomon period

装飾品遺物の出土が、真福寺貝塚からが多いことは、大正・昭和期から指摘されてきた。展示品の土製品耳飾りは、1940年の発掘調査によると思われ、直径3から4cmのものが多く、小さいものは直径2cm未満である。腰飾りと呼ばれている鹿角製品は、短剣の柄として出発し、

縄文時代晩期には小型になり、装飾品化していった。先端が尖った小ぶりな鹿角棒を挿入し、腰からぶらさげていたと推測されている。

（諏訪　元）

日本、埼玉県真福寺貝塚、縄文時代後晩期、径 4.5cm（最大）
（8151、8484–8486、8488–8493、8496、8497、8503、AD1039、AD1048）
Jomon Period, Saitama Pref., Japan, D: 4.5 cm (largest)
(8151, 8484–8486, 8488–8493, 8496, 8497, 8503, AD1039, AD1048)

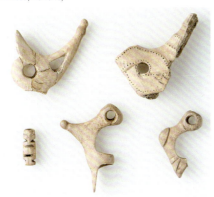

日本、岩手県門前貝塚、縄文時代中後期、岡山県津雲貝塚、縄文時代晩期、長さ 10.5cm（最大）（1017D1、1017D9、5001D1、5001D2、5001D3）
Jomon Period, Iwate and Okayama Prefs., Japan, L: 10.5 cm (largest) (1017D1, 1017D9, 5001D1, 5001D2, 5001D3)

A36 明治期収集の埴輪
Burial mound clay figurines collected in the late 1890s

日本の人類学を先導した坪井正五郎は、出土遺物から過去の生活習俗を読み取る試みを進めていた。1905 年には、古代人の風俗の記録として『人類学写真集』の第一作、土偶の写真集を出版している。坪井は 1913 年に急逝し、『人類学写真集』第二作として埴輪の写真集が出版されたのは、1920 年のことであった。展示品の埴輪は、「人類学写真集」に掲載された 2 点と、同じ遺跡から収集された 1 点である。（諏訪　元）

人物埴輪（坩をささげる女子）。日本、茨城県青柳、古墳時代、高さ 68.5cm（A830）
Kofun Period, Ibaraki Pref., Japan, H: 68.5 cm (A830)

顔埴輪（大耳の埴輪、まなじりを下げて笑う男子）。日本、茨城県高萩向原、古墳時代、高さ 33cm（A835）
Kofun Period, Ibaraki Pref., Japan, H: 33 cm (A835)

家形埴輪、日本、茨城県高萩向原、古墳時代、高さ99cm (A869)
Kofun Period, Ibaraki Pref., Japan, H: 99 cm (A869)

器工房跡で1965年に東京大学の調査団が発掘したものである。底に直径5cmほどの穴が開いているため、中に粘土と水を入れてかき回すと、砂利などの夾雑物が沈澱し、上層にはきめ細かな良質粘土が残る。高質な土器を作るために考案された粘土水簸(すいひ)装置と考えられる。

(西秋良宏)

▍A38 アメリカ大陸最古の黄金製装身具
The earliest gold ornaments of the Americas

大貫良夫(1937–)率いる調査団は神殿遺跡クントゥル・ワシにて、黄金製品を伴う墓を計8基発見し「ペルーで初めて考古学者が盗掘者より先に黄金に辿りついた」と評された。展示品は1997年出土の、蛇と化した髪と猛禽類の嘴を持つジャガーの横顔の形の耳飾りで、年代の確かな黄金製装身具として新大陸最古の事例である。村民を運営主体に、出土品を展示・保管する博物館を地元に設立するという前例のない村落開発も展開された。

(鶴見英成)

▍A37 古代土器工房出土の大型壺
Clay levigation jar of Ancient Mesopotamia

西アジアでは前4千年紀末頃からロクロを用いた土器製作が始まり、世界に先駆けて職人社会が発展する。本展示品は、青銅器時代初頭の土

イラク、テル・サラサートV号遺跡、前3000年頃、高さ94cm (4ThV. P56)
Early Bronze Age, Telul eth-Thalathat V, Iraq, H: 94 cm (4ThV. P56)

蛇ジャガー耳飾り(レプリカ)、ペルー、クントゥル・ワシ遺跡、形成期後期、クントゥル・ワシ調査団蔵、高さ23.9cm
Pair of gold ear ornaments with serpent-jaguar design (replica), Kuntur Wasi site, Peru, Early Horizon, Kuntur Wasi Project, H: 23.9 cm

A39 東京大学アンデス地帯学術調査団
The Scientific Expedition of the University of Tokyo to the Andes

1956年、ブラジル日系移民調査の際にペルーに立ち寄った泉 靖一 (1915–1970) はアンデス文明に心奪われ、文化人類学教室を拠点に日本初の新大陸考古学の調査団を組織した。1958年の第1回調査はペルー全土とボリビア、チリを含む広域踏査で、さまざまな時代、多様な考古資料の包括的なコレクションを本館に残した。踏査の過程でコトシュ遺跡に着目し、文明の起源を解明すべく1960年より発掘に着手し、画期的な成果を挙げることになる。　　(鶴見英成)

左：ピューマ文様彩文杯、ボリビア、ティワナク遺跡、ティワナク文化、高さ 14.8cm (049)、右：幾何学文様彩文鉢、ペルー、カワチ遺跡、ナスカ文化、高さ 11.9cm (016)
(Left) Beaker with painted puma design, Tiwanaku site, Bolivia, Tiwanaku Culture. H: 14.8 cm (049); (Right) Bowl with painted geometric design, Kahuachi site, Peru, Nazca Culture. H: 11.9 cm (016)

A40 江上波夫ユーラシア文化史コレクション
Namio Eagmi's Eurasian collection

江上波夫 (1906–2002) 本学名誉教授はユーラシア文化史学の大家であっただけでなく、無類の古物収集家でもあった。その収集コレクションはアジアを中心としたユーラシア各地の歴史、考古、美術、民族資料を多数含んでおり、文化勲章受章の主功績ともなった騎馬民族征服王朝説等、種々の文化モデル提唱の基礎となった。展示品は南、東アジアにみられる宗教的聖獣を表現した銅板。門の上部に取り付けて魔除けとされる。1935年10月7日、内蒙古踏査中に購入されたものらしい。　　(西秋良宏)

銅製人面飾版（ビーアン）、中国内蒙古、歴史民族資料、幅 61cm (EG03.86)
Copper ornament (bian), Inner Mongolia, W: 61 cm (EG03.86)

A41 銅鼓
Bronze drum

銅鼓というのは中国南部から東南アジアにかけて用いられた青銅製の祭具（楽器）。つり下げて叩く。紀元前5世紀頃以降興ったドンソン文化にルーツをもつとされ、日本の弥生時代にある銅鐸との関連性についても古くから議論がある。展示品は歴史民族資料。伝統的分類によればヘーガー第III型式。上面に蛙の装飾をもつ。江上波夫コレクション。　　(西秋良宏)

中国雲南省、歴史民族資料、高さ 61cm (EG03.500)
Yunnan Province, China, ethnographic material, Heger III type, H: 61 cm (EG03.500)

A42 タイ仏画
Buddhist painting of Thailand

ラタナコーシン時代。ラーマ7世（在位 1925–1935）頃か。托鉢用の鉢を手にした釈迦と侍者へ、女性たちが米や果物を捧げている。托鉢とは僧侶が食糧などを乞う修行のこと。信者はこれに応じ功徳を積む。功徳の最たるものが出家となるが、東南アジアなど上座部仏教地域では女性の出家が認められておらず、托鉢は女性にとって功徳の大切な機会となった。釈迦へ食事を供する話は、スジャータの乳糜供養やチュンダの供養など仏伝に多くみられ、しばしば絵画や彫刻の主題となった。江上波夫コレクション。
（三國博子）

A43 小堀巌乾燥地民族資料
Ethnographic materials in the Iwao Kobori Collection

小堀 巌（1924–2010）は乾燥地帯の地理学的研究を専門とし、ユーラシア大陸はもとより北アフリカ、新大陸まで世界の沙漠とそこに生きる人々の生態の野外調査を続けた人文地理学者である。なかでも終生の野外調査地となったのが北アフリカと中近東であった。それらのオアシスに頻繁に足をはこび、乾燥地に関する膨大な文化史的、自然史的記録を残した。展示品は、小堀が収集した民族学的資料の一部。（西秋良宏）

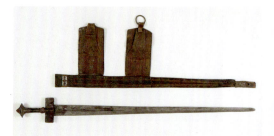

鞘付き剣、アルジェリア国サハラ地方、民族資料、長さ81cm（KB12.119）
Sword with sheath, Sahara, Algeria, L: 81 cm (KB12.119)

木製農具、北アフリカもしくは中近東、民族資料、長さ143cm。風選脱穀に用いられる（KB12.126）
Threshing stick, North Africa or Western Asia, L: 143 cm (KB12.126)

タイ、20世紀初頭、高さ 101cm（EG03.314）
Thailand, the early 20th century, H: 101 cm (EG03.314)

学術標本の現在
Cutting-edge research in
macroscopic sciences

2

2-1
太陽系から人類、そして文明へ
From solar system to humanity

学術標本から何を感じ取り、如何に新たな知を創生するか。壮大な地球圏とダイナミックな生命圏、そして人類の起源から文明の出現まで、56点の標本セットを一覧する。その多くは、まさに新たな発見を巡る標本そのものである。あるいは好奇心を呼び越こし、知の源泉となる学術標本である。宇宙空間から深海底まで、生物の多面性から文明の創出まで、元素、物質、ゲノム、新種、機能、体制、器官、発生、進化、変異、擬態、生活史、移動、人類、文化について、様々なインスピレーションを回廊状に一覧してみる。

　展示の標本は、本館を基盤に各界で活躍の研究者が、それぞれの専門領域と活動にそって選定したものである。分野としては、堅苦しい記述を並べると、固体惑星科学、惑星物質科学、生命地球科学、古生物学、進化形態学、動物分類学、水産資源学、昆虫体型学、保全生物学、進化発生学、比較形態学、遺体科学、古人類学、先史考古学、アンデス考古学、中近東考古学などが含まれる。

　太陽系から人類、そして文明へ。太陽系からは、イトカワとフォボス、それと火星起源の隕石などを展示する。海洋生物では、深海で発見された新奇な巻貝、本学の看板研究の一つのウナギ回遊解明の標本、腕足類と貝類初めてのゲノム解読標本などを展示する。太古の古生物としては、三葉虫の流体力学、近年発見の日本最古の陸生四肢動物化石などがある。チョウ類では、色鮮やかな全科を勢ぞろいし、渡りの実例を示めす。骨格と剥製を中心とした連続展示は、生命体の多面性と躍動感に溢れている。人類の進化と関わる展示はその起源に迫るものを含む。中でも、2009年のサイエンス誌発表のラミダス猿人関連品など、エチオピア外では、世界初めての常設出展である。文明史では、本館と関わりの深い西アジアとアンデスの各調査団の著名な発掘品を例示している。

諏訪 元
Gen Suwa

What do scientific materials and objects tell us, and how do we gain new, original knowledge? From the grandeur of the earth, the dynamism of life, to the origins of humans and civilizations, we display 56 scientific specimens (or specimen sets) that have inspired us at the University of Tokyo. These extend from the solar system to the abyssal sea and from the diversity of life to human civilization. These specimens were chosen by scientists covering a wide range of disciplines, including earth and planetary sciences, paleontology and paleobiology, evolutionary morphology and genetics, systematic biology, conservational biology, comparative morphology and dead body science, paleoanthropology and prehistory, and Andean and Near Eastern archaeology.

イトカワは、小惑星探査機「はやぶさ」が探査したS型小惑星で、これまでに人類が打ち上げた探査機の探査対象の中で最小の天体である。2005年に、はやぶさ探査機はイトカワの高解像度画像や可視・近赤外の反射スペクトルデータなどを取得した。展示品は、探査で得られたデータのうち、特に可視画像を用いて作られた高精度の数値形状モデルを基に作製されたイトカワの3Dモデル（1/2,000スケール）。イトカワの大きさは535×294×209mしかなく、密度は1.9g/cm³と大変低いため、小さな岩石が集まって形成されている「ラブルパイル型」と呼ばれる内部構造を持つ小惑星と考えられている。イトカワにはラフテレーンと呼ばれる岩がごつごつした地域と、スムーズテレーンと呼ばれる滑らかなレゴリスで覆われている地域がある。驚くべきことに、表面重力は地球の1万分の1以下という極めて小さなものでありながら、表面の岩石が流動した形跡が見つかっている。

　はやぶさ探査機はイトカワのミューゼスCリージョと呼ばれるスムーズテレーンに2回タッチダウンした。計画していたような理想的な形でサンプルが取得できたわけではなかったが、イトカワ表面から数千粒もの微粒子をサンプル容器に採取することができた。2010年、はやぶさ探査機はサンプルとともに地球へと帰還し、人類史上初めて小惑星からサンプルを取得した探査機となった。地上からの観測により、イトカワのようなS型と呼ばれる小惑星は、LLコンドライトと呼ばれる隕石の一種が熱変成を受けたものに類似していると考えられてきたが、これが予想通りであることがはやぶさ探査機によって確かめられた。探査機の観測とサンプル分析により、小惑星イトカワは、直径20km程度の天体が一旦粉々になった後で、その一部が再集積したものであり、その後地球に近い軌道へと移動したのだろうと考えられている。

（宮本英昭）

B1 小惑星イトカワの3D模型
(1/2,000スケール)

1/2,000 scale model of asteroid Itokawa

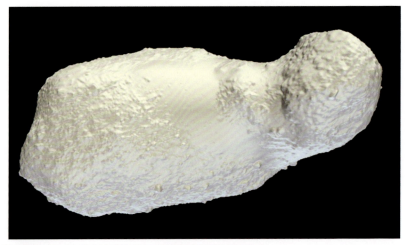

はやぶさ探査機のデータに基づく小惑星イトカワの数値形状モデル（SS00001）
Numerical shape model of asteroid Itokawa based on Hayabusa mission (SS00001)

Itokawa (S-type) is the target asteroid of the Hayabusa mission and by far the smallest asteroid ever explored by spacecraft. In 2005, Hayabusa performed scientific observations of the asteroid including obtaining high-resolution images, as well as visible and near-infrared reflectance spectra. The displayed item is a 1/2,000-scale, 3D model of Itokawa based on the best numerical shape model developed from images obtained by Hayabusa. The dimensions of Itokawa are only about 535×294×209 m. Because of its low bulk density of 1.9 g/cm^3, the asteroid is considered to be a rubble-pile asteroid, which literally means a pile of rocks. Itokawa displays both rough terrain, consisting of numerous boulders, and smooth terrain with generally smaller-scale materials when compared to the former. Amazingly, even under the asteroid's very low gravity (lower than 1/10,000 compared to that of Earth), evidence of the movement of surface materials is found.

The Hayabusa made two touchdowns on Itokawa's smooth terrain, named the MUSES-C Regio. Even though the original sampling plan could not be performed perfectly, thousands of very small particles were collected into the sample capsule and transported to the Earth in 2010. Thus, Hayabusa became the first sample-return mission from an asteroid. Ground-based observations indicate that the materials on an S-type asteroid, such as Itokawa, are similar to thermally metamorphosed LL chondrites, a remotely-based observation of which was directly validated by the Hayabusa mission. *In situ* observations and return-sample analyses indicate that there originally was a ~20-km-diameter parent body, which was catastrophically disrupted into smaller fragments before accumulating and being directed into typical orbit of a near-Earth object. (*Hideaki Miyamoto*)

小惑星イトカワの高解像度画像
Close-up image of the asteroid Itokawa

フォボスは火星に2つある衛星のひとつで、火星表面からおよそ6,000km離れた軌道上にある。これは太陽系で知られている衛星の中で最も惑星に近い軌道である。フォボスは地球の衛星である月よりもはるかに小さく、むしろ小惑星に近い形状（27.0 × 21.4 × 19.2km）である。展示品は14万分の1スケールのフォボスの模型で、過去の探査画像から作られた高精細の数値形状モデルに基づき作製されたものである。

　この衛星の起源はよくわかっておらず、2つの説が存在する。反射スペクトルの特徴が太陽系の中でも最も始原的な性質を持つと考えられているD型小惑星に類似していることから、小惑星が火星によって捕獲されたというのが、ひとつの仮説である。しかしフォボスの軌道は、離心率が0.0015、軌道傾斜角が1°と極めて小さいため、軌道上で集積して形成されたとする仮説もある。

　フォボスの起源や進化を知ることは、地球型惑星や小惑星の形成史や進化を知る上で極めて重要な情報をもたらす。フォボスは火星探査機によって予備的に探査されてはいるが、フォボス探査を主目的として行われた探査で成功した例は過去に無い。そのため高解像度撮像を含めた全球マッピングや重力計測など、フォボスの起源や進化を知る上でカギとなる観測が、いまだに行われていない。そこで東京大学を含む幾つかの機関の研究者らにより、フォボスサンプルリターン計画が提案されている。火星衛星探査（MMX）ミッションと呼ばれるもので、2020年代の打ち上げがJAXAで予定されている。

（宮本英昭）

B2 1/140,000 サイズのフォボス（火星の衛星）模型
1/140,000-scale Phobos model

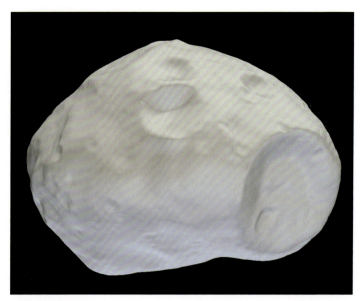

火星の衛星フォボスの数値形状モデル (SS00002)
Numerical shape model of Phobos, one of two satellites of Mars (SS00002)

Phobos is one of the two satellites of Mars. Phobos orbits about 6,000 km from the surface of Mars, which is anomalously close to its primary compared to any other moon in the solar system. The dimensions of Phobos are about 27.0×21.4×19.2 km, similar to those of asteroid Eros. The displayed item is a 1/140,000-scale, 3-D model of Phobos, generated using an optimal numerical shape model derived from numerous images obtained by previous missions. The origin of Phobos is still poorly understood. The reflectance spectra of Phobos show patterns similar to D-type asteroids, which are believed to be one of the most primitive bodies in the solar system, and thus this satellite might be a captured asteroid from the main belt. However, the orbit of Phobos does not support this possibility because its eccentricity and inclination to Mars are only 0.0015 and 1°, respectively, which is more consistent with an *in-situ* formation hypothesis (i.e., coalesced material from Mars due to a large impact event similar to that hypothesized for the Earth-Moon system).

Understanding both the origin and evolution of Phobos should provide important insight into fundamental questions regarding the formation of terrestrial planets and the evolution of asteroidal bodies. Even though Phobos has been studied using data acquired by several spacecraft, the primary mission objectives have concerned Mars, and thus critical observations, such as high-resolution global imaging and gravity measurements, have not performed. For this reason, planetary scientists of the University of Tokyo in concert with others have proposed the Phobos sample-return mission, which is now called the Mars Moon exploration (MMX) mission scheduled to be launched in the early 2020s.

(*Hideaki Miyamoto*)

火星の衛星フォボス(中央、黒っぽい天体)は、火星(背面)に極めて近い軌道に存在している
The orbit of Phobos (center, dark body) is anomalously close to Mars (background)

炭素質コンドライトは、太陽系に存在する固体物質の中で最も古い記録を残す隕石である。この種の隕石はコンドルールとよばれる球粒のほかに、多くの包有物も含む。その中にはカルシウムやアルミニウムに富んだ白色の包有物（CAI）が含まれている。このCAIは鉛同位体を用いた年代測定によると約45.7億年前に形成したことがわかっており、太陽系のなかで最も古い物質である。また元素存在度にも特異性があり、初期太陽系での物質進化過程を残していると考えられている。アエンデ隕石は地球で見つかった隕石の中でも最も質量の多い炭素質コンドライト（総重量2t）であり、展示している標本のように落下直後に大きな塊で回収されたことにより、均質な化学組成を持つことが明らかとなり、化学分析においては標準物質としても利用されている。1970年代よりこの隕石に含まれるCAIについて精力的に研究が行われている。

原始太陽系星雲では、高温ガス（2000K以上）の冷却に従い、熱力学的に安定する鉱物がガスから順次析出する。この過程を「凝縮」と呼んでいる。希土類元素（REEs）やアクチノイド（ThやUなど）も1500Kと高温のうちに固体へと凝縮する（ただし、これらの元素を主成分とする鉱物として析出するわけではなく、ほかの元素や鉱物と一緒に固相となる）。主要元素としては、1700-1500Kでカルシウムやアルミニウム、チタンなどがケイ酸塩鉱物や酸化鉱物として凝縮し、次に1400Kほどでマグネシウムやケイ素、鉄と続き、隕石に含まれる主要鉱物や金属を形成する。CAIには初期太陽系での凝縮過程で形成したと考えられる高温生成鉱物が多く含まれているだけではなく、より高温で凝縮したと考えられる超難揮発性元素からなる物質が見つかっている。さらにカルシウムやアルミニウムからランタノイドやアクチノイドまでの元素が、一様な濃度をもつ。このことから、アエンデ隕石に含まれるCAIは原始太陽系円盤の高温ガスか

B3 炭素質コンドライトに含まれるCAI
－太陽系最古の固体物質

CAI in carbonaceous chondrite
－ the oldest materials in the solar system

アエンデ隕石のかけら。1969年メキシコ、チワワ州に落下（ME00003）
A fragment of Allende meteorite. Fell on Chihuahua, Mexico in 1969 (ME00003)

ら凝縮した物質の集合体であることが明らかとなった。現在ではCAIにも様々な種類があり、より複雑なプロセスを経て形成されたと考えられているが、少なくとも原始太陽系でのガスから固体への凝縮過程で説明が可能な物質が多く含まれているという事実は揺るがない。

(新原隆史)

Carbonaceous chondrites are meteorites comprising some of the oldest solid materials in the solar system; these include sphere-shaped particles (chondrules), as well as a variety of inclusions which contain Ca- and Al-rich inclusions (CAIs). Based on Pb isotope dating, CAIs are determined to be the oldest material in the solar system, formed about 4.57 billion years ago. CAIs also have a unique elemental-composition signature, believed to clearly record the chemical evolution of materials in the early solar system. The Allende chondrite is the largest carbonaceous chondrite ever found on Earth with a total mass of 2 t. Some large mass fragments, such as the display specimen, have been recovered composed of a homogeneous chemical composition; this meteorite is considered to be a geochemical standard. CAIs in Allende have been studied vigorously since the 1970s.

With a decrease in temperature from about 2000 K in the solar nebula, gases precipitate to form more thermodynamically stable minerals. This physical process is called condensation. Rare earth elements (REEs) and actinides (e.g., Th and U) condense at high temperatures (~1500 K) along with other major elements and minerals. Among the major elements, Ca, Al, and Ti condense at about 1700-1500 K, forming silicate and oxide minerals. With a further decrease in temperature to about 1400 K, Mg, Si and Fe condense to form the major minerals and metals ubiquitously observed in meteorites.

Researchers have revealed the presence of minerals formed at high temperatures in CAI as a result of the condensation process in the solar nebula, as well as the presence of super refractory elements which are considered to have formed at even higher temperatures. The elemental abundances of CAIs in the Allende meteorite are independent of their geochemical characteristics, suggesting that the CAIs are remnants of materials condensed at high temperatures which reflect the evolutional process of materials in the solar nebula. Since a wide variety of CAIs have been identified to date, they are considered to have experienced a more complex process. Even so, CAIs in the Allende meteorite contain many materials which still can be aptly explained by the condensation process from gas to solid in the solar nebula.

(*Takafumi Niihara*)

1976年、NASAの火星着陸機「バイキング」は火星表面へと降り立ち、数々の調査を行った。その中には火星大気組成の分析も含まれていた。さて火星表面に他から来た天体が衝突すると、表面の岩石が火星から放り出されることがある。このとき、岩石の一部が溶融し火星大気を岩石中に閉じ込めることがあるだろう。こう考えたNASAのボガード博士らは、EET 79001と呼ばれる隕石に閉じ込められていた大気の同位体組成を調べたところ、バイキング探査機が測定した火星大気組成と同じであることが明らかになった。こうして、ある種の隕石が火星起源であることが確認された。

　火星隕石は岩石学的特徴により主に、シャーゴッタイト、ナクライト、シャシナイトやALH 84001に分けられている。これらの隕石は火星での火成活動で形成したと考えられている。シャーゴッタイトは岩石学的分類により、玄武岩質、レルゾライト質、およびオリビンフィリックに、さらに化学的特徴から、不適合元素に富むもの、乏しいもの、その中間のものに分けられる。これらの違いは、火星で生じたマグマの起源物質の違いによるものと考えられている。放射性同位体を用いた年代測定によると、ALH 84001は約41億年前、ナクライト・シャシナイトは約13億年前に、シャーゴッタイトは5億年前から1億8千万年前の火成活動で形成したものであった。

　展示しているザガミ隕石（切断スラブ）は約2億年前に形成した不適合元素に富む玄武岩質シャーゴッタイトであり、この隕石に含まれる輝石の化学組成の累帯構造を調べると、2段階での結晶成長の痕跡がうかがえる。第一段階はマグマ溜まり内での結晶化である。十分にゆっくりと結晶が成長することにより、鉱物の組成は均質なものとなる。第二段階は表層での急速な冷却過程であり、鉱物の組成は連続して変化をする（累帯構造）。このように火星起源隕石を調べることで、過去の火星の火山活動や、地殻物質の形成過程に関する知見を得ることができる。

（新原隆史）

B4 玄武岩質シャーゴッタイト
―2億年前の火星火山の記録

Basaltic shergottite
— Martian volcanism ~ 200 million years ago

In 1976, two NASA landers, Vikings I and II, landed on the surface of Mars and measured the atmospheric composition. This compositional information could then be compared from rocks ejected from the Martian surface through relatively large impact events which eventually land on Earth. Due to the relatively high temperatures and pressures during Martian impact events, a small portion of the rocks become molten, capturing Martian atmosphere upon solidification, which can be sampled and compared with the Viking data once collected from the surface of Earth. Dr. Donald Bogard, a NASA scientist, measured trapped gas in the Martian shergottite EET 79001 and found that the isotopic composition of the trapped gas is consistent with that of the Martian atmosphere measured by the Viking landers, indicating that the rock really had come from Mars.

Martian meteorites are presently classified into mainly four types: shergottite, nakhlite, chassignite, and ALH 84001. These rocks are considered to be products of igneous processes on Mars. Based on petrological signatures, shergottites are further classified into three types: basaltic, lherzolitic, and olivine-phyric. Shergottites are also classified based on their chemical characteristics into three types: enriched, depleted, and intermediate, having high, poor, and moderate abundances of incompatible elements, respectively. Based on whole-rock radio isotope dating, ALH 84001 formed about 4.1 billion years ago. The formation ages of nakhlite and chassignite meteorites are determined to be about 1.3 billion years ago. Shergottites have a wide range of formation ages from about 180 million to 500 million years ago.

The displayed item is a cut slab of an enriched basaltic shergottite, Zagami. The chemical zoning structures of pyroxene grains in Zagami suggest a two-stage crystallization process: (stage 1) crystallization inside a magma chamber indicated by homogeneous core composition due to slow cooling, and (stage 2) rapid cooling near the surface which results in a gradient of compositional zoning. Based on such information recorded in Martian meteorites, we are able to obtain a picture about the past igneous activity and crustal evolution on Mars.

(*Takafumi Niihara*)

ザガミ隕石。1962 年ナイジェリアに落下、不適合元素に富む玄武岩質シャーゴッタイト（ME00116）
Zagami meteorite. Fell on Nigeria in 1962. A basaltic shergottite enriched in incompatible elements (ME00116)

NASAの彗星探査機「スターダスト」は、1999年に短周期彗星であるヴィルト第2彗星（81P/Wild 2）に向けて打ち上げられた。2004年にこの彗星の核やその周囲（コマと呼ばれる）の撮影および放出される微小な塵を採取し、2006年に地球へと帰還した。スターダストが持ち帰った粒子はNASAのジョンソン宇宙センターに保管され、公募により世界中の研究者に試料が配分されている。展示している標本は、透過型電子顕微鏡での観察用に薄くスライスされたスターダストの粒子である。

短周期彗星は太陽系外縁部のカイパーベルトで形成し、より始原的な物質（鉱物や有機物）を保存していると考えられており、初期太陽系の情報を保持している天体の一つであると考えられている。地球に落下してくる隕石の多くが太陽に近い領域から飛来するのに対し、カイパーベルトは太陽系の外縁であるため、原始太陽系星雲の縁辺部についての情報が得られるのではないかと期待されていた。

スターダストが持ち帰った試料の多くは、およそ30μmほどの大きさしかない粒子であるが、その分析から驚くべき結果が多数報告された。まず粒子の化学組成について、地球で発見されている隕石のうち、CIコンドライトに近いことが判明した。CIコンドライトは最も太陽の組成に近い化学組成を持つ隕石である。さらに、コンドライト隕石に普遍的に含まれる、コンドルールという球粒も発見された。コンドルールはケイ酸塩鉱物で構成された大きさ約1mm以下の球状の物質であり、原始太陽系円盤内で前駆物質を溶融するような加熱過程とその後の急冷過程により形成したと考えられている。スターダストの粒子を構成する主要な鉱物は輝石やカンラン石であり、それらの組成幅は幅広いものであった。さらに、炭素質コンドライトに見られる、カルシウムやアルミニウムに富む超難揮発性の包有物（CAI）と同様の物質も存在していた。これらの物質は太陽近傍の高温領域でしか形成しえないため、初期太陽系での大規模な物質移動があった証拠であると考えられている。

（新原隆史）

B5 太陽系内での大規模な物質輸送
－彗星塵に残された記録

Dynamic transportation in the solar system recorded in cometary particles

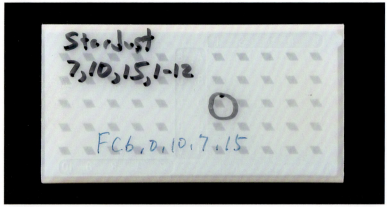

スターダスト試料の透過型電子顕微鏡用スライス標本（FC6,0,10,7,15）
A thin slice of a Stardust particle for transmission electron microscope observation（FC6,0,10,7,15）

NASA's cometary spacecraft, Stardust, was launched in 1999 to a short-period comet, 81P/Wild 2. The spacecraft observed the coma (i.e., the nebulous envelope around the nucleus of the comet) in 2004 and captured and returned fine-grained particles emitted from the comet to the Earth in 2006. These particles, which are stored at the NASA Johnson Space Center, are internationally distributed to researchers through public offering. The displayed sample is a thin sliced specimen for transmission electron microscope observation.

Short-period comets are believed to have formed in the Kuiper belt (the outer region of the solar system beyond Neptune, which preserves primordial minerals and organic materials). They are thus important bodies from which to study the early history of the solar system. Contrasting with main-belt asteroids which are considered to be the parent bodies of most meteorites, Kuiper belt bodies are expected to yield information on the outer region of the solar nebula.

Although Stardust returned only tiny particles (most nearing 30 μm), their analyses yielded many surprising results. These include: (1) chemical compositions approximating those of CI chondrites and which best compare to the Sun's composition; (2) chondrules, which are ubiquitously observed among chondritic meteorites, sphere-shaped, smaller than 1 mm, composed of silicates, and considered to have experienced both vigorous heating processes which melt precursor materials and rapid cooling processes in the solar nebula; (3) wide-ranging chemical compositions including pyroxene and olivine; and (4) Ca and Al-rich refractory inclusions, similar to those widely observed among carbonaceous chondrites. These results are considered as evidences of a large-scale exchange of materials within the inner and outer solar nebula.   (*Takafumi Niihara*)

ヴィルト第2彗星の核
Comet Wild 2 (81P/Wild) nucleus

レアアース（希土類元素；Rare-Earth Elements）とは、元素周期律表第III族に属するランタノイド15元素（またはランタノイドとイットリウムを加えた17元素：REY）の総称であり、そのうち前半の7元素を軽レアアース、後半の8元素を重レアアースと称する。レアアースは、ハードディスクやニッケル水素電池用の水素吸蔵合金、自動車用排気ガス浄化触媒から、人工衛星の通信システムや戦闘機のジェットエンジン用耐火材にいたるまで、さまざまなハイテク産業の素材原料として用いられており、現代社会にとって無くてはならない資源である。

軽レアアース鉱床は中国をはじめ米国や豪州など世界中に分布するが、ウランやトリウムなども同時に産出するため、抽出過程での放射性元素の処理がネックとなり、開発が極めて困難となっている。さらに、中国一国のレアアース生産量が世界全体の約90％を占めているため、レアアースの世界的な供給不足や価格急騰が生じやすい。

本学大学院工学系研究科の加藤泰浩らの研究グループは、太平洋の4,000m以深の深海底にレアアースを高濃度で含有する「レアアース泥」が広範に分布していることを発見した。太平洋全域から採取した2,000を超える膨大な数の深海底の泥試料の全岩組成分析により、タヒチ周辺の南東太平洋においては、1,000〜1,500ppmの泥が2〜10m程度の厚さで、ハワイを中心とした中央太平洋では400〜1,000ppmもの泥が最大70mの厚さで分布することが明らかになった。展示している標本は太平洋から採取したレアアース泥の一部である。この2つの海域での資源量を計算してみると、現在陸上に存在するレアアース埋蔵量の約800倍になる。加えて、レアアース泥は地上のレアアース鉱床の開発と比して、探査が容易なこと、放射性元素をほとんど含まないこと、希酸で容易にレアアースの抽出が可能なことから、従来のレアアース開発が引き起こす環境問題と安定供給の課題を一挙に解決する可能性を秘めた鉱物資源として有望視されている。

（逸見良道）

B6 レアアース泥
－新たな海底鉱物資源の発見

REY-rich mud
－ discovery of a new marine mineral resource

太平洋の海底から採取されたレアアース泥（KR13-02 PC05 REY-rich mud; DSDP Site 573B, 42-1, 15-17; DSDP Site 573B, 42-2, 62-64; DSDP Site 573B, 42-3, 19-21; DSDP Site 573B, 42-4, 63-65; DSDP Site 573B, 42-4, 132-134）
REY-rich mud samples from the deep-sea floor in the Pacific Ocean （KR13-02 PC05 REY-rich mud; DSDP Site 573B, 42-1, 15-17; DSDP Site 573B, 42-2, 62-64; DSDP Site 573B, 42-3, 19-21; DSDP Site 573B, 42-4, 63-65; DSDP Site 573B, 42-4, 132-134）

Rare earth elements (REEs) are the set of fifteen lanthanide elements, with scandium and yttrium sometimes included in the set often referred to REY. Among the REEs, in order of atomic number, the first seven are termed light REEs and the last eight heavy REEs. REEs are extensively used in modern technology such as hydrogen-absorbing alloys for hard disks and nickel-metal hydride batteries, catalysis for automobile exhaust, satellite telecommunication systems, and refractory material for jet engines.

Ore deposits, which mainly comprise light REEs, are distributed throughout the world, mostly in China, the United States, and Australia. Their production is extremely difficult because light REEs contain Uranium and Thorium that generate harmful radio isotopes. Furthermore, their production can severely damage the environment. In addition, because the production of REE by China dominates 90% of the total worldwide production, a fundamental solution is strongly anticipated to avoid a potential short supply or a sudden rise in the REY price.

A research group of the School of Engineering, the University of Tokyo, led by Yasuhiro Kato, discovered large-scale, deep-sea REY-rich mud highly enriched in REY along the floor of the Pacific Ocean, at ocean depths greater than 4,000 m. Based on the whole-rock compositional analyses of more than 2,000 deep-sea mud samples, they discovered: a layer of mud with thickness ranging from 2 to 10 meters containing 1,000 to 1,500 ppm of REY in the southeastern Pacific near Tahiti, and a layer of mud with thickness reaching 70 meters containing 400 to 1,000 ppm of REY in the central Pacific around Hawaii. The displayed samples are examples of deep-sea mud containing abundant REEs. The estimated total amount of REY for both regions is 800 times that of the current estimated onland REE deposit. Developing REEs-enriched, deep-sea mud has the following three advantages over conventional onland REE production: (1) easier to explore, (2) easier to extract using diluted acid, and (3) overall less content of radio isotopes. Thus, deep-sea mud is considered to be a favorable source of REY offsetting the otherwise likely future short supply and price increase.

(*Ryodo Hemmi*)

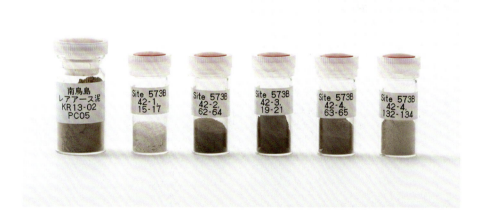

鉄資源のおよそ80％は縞状鉄鉱層から得られている。縞状鉄鉱層の大部分は、35億年前から19億年前の間に海底に堆積したもので、産地はオーストラリア、北米、南アフリカ、インド、グリーンランドなどの古い地質帯に限られ、日本のように新しい地質には存在しない。縞状鉄鉱層はその名が示す通り縞状の構造をもち、主に石英からなる白色層と、鉄の鉱物を多く含む赤褐色から黒色の層が交互に積み重なってできている。鉄の鉱物は酸化鉄である磁鉄鉱や赤鉄鉱などからできており、硫化物の黄鉄鉱を含む場合もある。鉄は2価では水に溶けやすく、3価だと水に溶けにくい性質を持つ。もともと地球は今よりも還元的な環境にあり、鉄は2価の状態で海水に溶けていた。生物の光合成により増加した酸素によって鉄は酸化されて3価になり沈殿した。これが縞状鉄鉱層の大きな成因と考えられている。縞状鉄鉱層は地質学的な特徴からアルゴマ型とスペリオル型の2つに分けられる。

アルゴマ型は、スペリオル型に比べ鉱床規模が小さく、火山岩を伴い、主に35億年前から27億年前に生成したとされている。スペリオル型は、鉱床規模が大きく、大陸からの砕屑物を伴い、主に27億年前から19億年前に生じたと考えられている。鉄は海底熱水噴出などにより海水に供給されたと考えられているが、これらのタイプの違いを説明するには、堆積環境や熱水の供給源の違いなども考慮してモデルを組み立てていかなくてはならない。

縞状鉄鉱層は鉄を30％程度含んでいるが、これでは鉄鉱石としては品位が低すぎる。そのため、鉄鉱石として採掘されるのは、熱水や天水の作用などにより二次的に鉄の含有量が上がったものに限られる。

展示標本は、西オーストラリアのマウントホエールバックの鉄鉱石である。25億年前に堆積したスペリオル型の縞状鉄鉱層から二次的に鉄富化した鉱床で、赤鉄鉱が緻密に集合した高品位な鉄鉱石である。　　　（清田　馨）

B7 高品位鉄鉱石
Highly enriched iron ore

About 80% of iron resources are obtained from banded iron formations (BIFs). Most BIFs were sediments deposited from a time span ranging from 3.5 to 1.9 billion years ago. BIFs are found only on cratons such as Australia, North America, South Africa, India, and Greenland. BIFs typically consist of repeated layers of red-brown to black iron oxides (magnetite and/or hematite), alternating with iron-poor bands. Iron minerals may include sulfide such as pyrite. Fe^{2+} is soluble in water, while Fe^{3+} insoluble. Since early Earth had a more reducing surface environment, iron was abundantly in the form of Fe^{2+} in sea water. Oxygen released by photosynthesis oxidized Fe^{2+} to insoluble Fe^{3+} in sea water, forming BIFs. BIFs are classified into two types: (1) Algoma-type, which is smaller and accompanied by volcanic rocks, formed mainly between 3.5 and 2.7 billion years ago, and (2) Superior-type, which is larger and accompanied by detritus from continents, formed mainly between 2.7 and 1.9 billion years ago. In order to explain the difference between the two types, numerous factors must be considered including the depositional environment (e.g., chemistry, pH, submarine vs. onland, concentration of metals, source and amount of hydrothermal activity).

BIFs contain generally 30% (or less) iron, and thus mining involves moving tremendous amounts of ore and waste. Higher-grade iron ore, on the other hand, is highly concentrated in iron through localized hydrothermal and/or groundwater alteration (i.e., leaching from crustal materials) of BIF.

The specimen displayed is iron ore from Mount Whaleback, Australia. This deposit is altered Superior-type BIF formed 2.5 billion years ago. The ore is compact massive hematite, highly enriched in iron.

(*Kaoru Kiyota*)

鉄鉱石。オーストラリア・マウントホエールバック産、海外製鉄原料委員会寄贈（EN101034）
Iron ore from Mount Whaleback, Australia (EN101034)

現在の海底には、マンガン団塊と呼ばれる、直径1mmから20cm程度の球形の塊や、海底の岩盤を覆うマンガンクラスト（多くは1cm以下の厚さ、最大で15cm厚）が広く世界中に分布している。これらはいずれもマンガン酸化物と鉄酸化物を主成分とする黒色の物質であり、海水に含まれるマンガンと鉄が化学的に堆積して生成したものであるが、成長速度は100万年で1mmから1cm程度と極めて遅い。マンガンや鉄がどのような形態で海中に存在しているのかは必ずしも明確ではなく、これらの金属元素が堆積する機構も解明されていない。マンガン団塊、マンガンクラストはマンガン酸化物と鉄酸化物を主としているが、資源として注目されるのは、副成分として含まれる、ニッケル、銅、コバルト、白金、希土類などである。これら有用元素の濃集度は、陸上の鉱床と同程度かやや高い程度であるが、鉱量が大きいことから有望な将来の資源とみなされている。

現在稼行されている最大のマンガン鉱床は、古原生代に形成された南アフリカのカラハリマンガン鉱床である（形成年代は24億年前から22億年前）。この鉱床は、マンガンの埋蔵量も産出量も世界の半分以上を占める、巨大な鉱床である。カラハリマンガン鉱床は、縞状鉄鉱層と交互に積み重なっており、海底でマンガンが堆積してできた鉱床と考えられている。海の環境は地球の進化とともに変わってゆくため、大規模マンガン鉱床が生成する条件はこの限られた時期しか整わなかったと考えられる。

展示標本は、長野県浜横川鉱山のマンガン鉱石である。古生代に海底で堆積したマンガンが変成作用を受けて生じた層状マンガン鉱床である。日本に存在する1000以上のマンガン鉱床の大半は、古生代から中生代に同様のプロセスを経て形成された層状マンガン鉱床であり、現在の海底に見られるマンガン団塊やマンガンクラストの堆積環境とは大きく異なる。すでに国内のマンガン鉱山は全て休止してしまったが、当館に収蔵されている様々な鉱山のマンガン鉱石から、鉱床が形成された年代や環境を調べることで、鉱床形成当時の海洋に関する情報を導き出す手がかりになると期待される。

（清田　馨）

B8 マンガン鉱石
－過去の海洋環境を知る手掛かり

Manganese ore, as a clue for paleoceanography

Manganese nodules, which are balls with a diameter generally ranging from 1 mm to 20 cm, are widely found on the sea floor. Manganese crusts, which envelop rock masses with thicknesses generally thinner than 1 cm (maximum 15 cm), are also widely found on the sea floor. Manganese crusts and nodules are black and mainly include manganese and iron oxides. Their formation is estimated to be a few mm per a million years, however, the mechanism of chemical sedimentation of oxides is not fully understood. Manganese crusts and nodules are expected to be future resources, because they include diverse precious sub-components, including nickel, copper, cobalt, platinum, and rare earth elements.

The largest manganese deposit, Kalahari, formed in the ocean 2.4-2.2 billion years ago; thus a significant paleoceanographic record at that time of its formation.

The display item is a manganese ore from the Hamayokokawa mine, Nagano, Japan. More than a thousand manganese mines once operated in Japan. The mine involved a bedded manganese deposit formed at the sea floor in the Paleozoic era. Many ore specimens from various manganese deposits have been collected in this museum. By studying the ore specimen, we can obtain the paleoceanographic information at the time when the deposit formed.

(Kaoru Kiyota)

マンガン鉱石。長野県浜横川鉱山産、1970年渡辺武男採集 (PM990015)
Manganese ore from Hamayokokawa mine, Nagano, Japan (collected by Takeo Watanabe in 1970) (PM990015)

サンゴとは刺胞動物のうち硬い骨格を持つものを指し、特にサンゴ礁を形成するものを造礁サンゴという。造礁サンゴは体内に褐虫藻という微小な藻類を共生させており、褐虫藻の光合成産物を利用して成長することができる。そのため、造礁サンゴが生育できるのは日当たりの良い熱帯の浅海に限られる。

ハマサンゴ類は造礁サンゴの中でも古環境変動の研究で注目されているサンゴである。ハマサンゴ類は塊状の骨格を形成し、巨大なものでは3mを超える大きさのものが知られている。サンゴには季節によって成長の早い時期と遅い時期がある。従って、骨格の断面には樹木の断面に見られるものと同じような年輪が刻まれている。年輪に沿ってサンゴの成長量の変動を測定したり、年輪に沿って同位体比や微量元素の変動を測定することによって、過去の環境の変化を推定することができる。

展示標本の産地である喜界島は島全体がサンゴ礁が隆起してできた島であり、隆起サンゴ礁段丘がよく発達する。段丘の標高は高いところで200mにも達し、その年代は12万年前に遡ると推定されている。このような長時間の変動の記録がある場所は限られており、過去の地球環境を研究する好適な場所として注目されている。

長寿サンゴを用いた研究には、数百年の長期にわたる環境変動を連続して追跡できる長所がある。そして、化石サンゴを用いれば、年代測定と成長輪解析と同位体分析を組み合わせることにより、過去に起きた環境変動の実証的研究を行うことができる。喜界島の化石サンゴの標本からは実際に過去の水温と塩分の復元が行われている。　　　　　　　（佐々木猛智・茅根　創）

B9 ハマサンゴ類
－古環境復元に用いられる長寿サンゴ

Porites
－ long-lived coral used for paleoenvironmental reconstruction

ハマサンゴ属の1種。鹿児島県喜界島、完新世（KK-St-4 *Porites* sp.）
The coral *Porites* sp. from Kikai Island, Kagoshima Pref., Holocene (KK-St-4 *Porites* sp.)

Porite is one of the major groups of reef-bulging corals whose massive colonies attain more than 3 m. With advantage of its long life, this group of coral has been used for paleoenvironmental studies. In calcium carbonate coral skeleton, annual growth rings are visible in a section like those of wood. Fluctuation in sea surface temperature can be reconstructed by a combination of measuring growth rings, isotope profiles, and radioactive dating. The Kikai Island is made up of coral reefs, and it is estimated that the island have uplifted in about 200 m in altitude in the past 120,000 years. Fossil corals in the island have greatly contributed to advances in long-term paleoenvironmental studies.

(*Takenori Sasaki & Hajime Kayane*)

参考文献 References

Morimoto, M. *et al*. (2004) Seasonal radiocarbon variation of surface seawater recorded in a coral from Kikai Island, subtropical northwestern Pacific. *Radiocarbon* 46: 643-648.

Morimoto, M. *et al*. (2007) Intensified mid-Holocene Asian monsoon recorded in corals from Kikai Island, subtropical northwestern Pacific. *Quaternary Research* 67: 204–214.

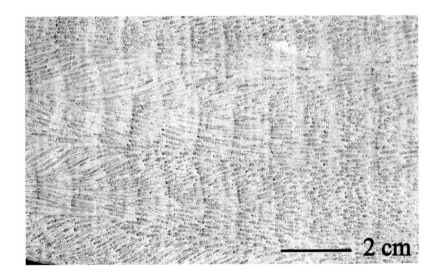

年輪の拡大図
Enlarged view of annual rings

より大型の生物は小型の生物よりも長生きであることが多い。しかし、生物の寿命は体の大きさとは必ずしも対応しない。アイスランドガイはありふれた大きさの二枚貝であるが、極めて長寿命であることが知られており、貝類では最も長生きな種である。現時点での最高齢記録は507齢とされている。

生物の寿命を知るにはいくつかの方法がある。特に、貝類のように骨格を形成する生物の場合には以下のような手法が可能である。(1) 直接飼育：飼育環境下で生存期間を確認する。(2) 標識採集：マーキングをして野外に放し、定期的に採集して、成長速度を見積もり、寿命を推定する。(3) 成長輪解析：貝殻の断面には成長輪が確認される。成長輪の形成パターンから寿命を推定する。(4) 酸素同位体比：酸素同位体比の変動から1年の水温変化を推定することができ、年輪を確認できる。(5) 年級群解析：定期的に採集して多数個体の体サイズの分布をグラフ化し、年級群を区別することにより年齢を推定する。

上記の手法はそれぞれ長所短所があり、複数の手法を組み合わせて寿命に関する研究が行われている。貝殻にはしばしば多数の障害輪が形成されているが、これが年輪とは限らない。例えば、悪天候の期間や産卵による成長休止期などにも成長障害輪ができる。従って、年輪を確実に特定するためには、貝殻の巨視的な見た目ではなく、微視的な成長線解析や同位体の解析が欠かせない。

アイスランドガイは成長が遅いため年輪の間隔が狭く、過去の研究では精密な解析が困難であった。しかし、近年の研究技術の向上により精査された結果、最長で500年以上に達することが判明した。

（佐々木猛智）

B10 アイスランドガイ
－世界最長寿の貝

Arctica islandica
－ the longest-lived mollusc in the world

Generally large-size animals have longer age than small ones, but the rule does not always stand strictly. The bivalve *Arctica islandica* is well-known for its extraordinary longevity, although its shell size is average for common bivalves. The maximum record of the species reported so far in literature is 507 years. Since the species grows extremely slowly, it was difficult to determine its age precisely, but advanced recent technology made it possible to infer a life history in detail. In general, ages of shells with accretionary growth can be determined by a combination of various methods such as (1) culture in aquarium, (2) mark-and-recapture experiment in the field, (3) growth ring analysis in sections of shells, (4) isotope analysis along growth axis, and (5) age-class analysis from size distribution.

(*Takenori Sasaki*)

参考文献 **References**

Butler, P. G. *et al*. (2013) Variability of marine climate on the North Icelandic Shelf in a 1357-years proxy archived based on growth increaments in the bivalve *Arctica islandica*. *Palaeogeography, Palaeoclimatology, Palaeoecology* 373: 141–151.

アイスランドガイ (*Arctica islandica* (Linnaeus, 1767))。アイスランド西方沖、水深 15-30m (UMUT RM20160216-TS-1)
The ocean quahog *Arctica islandica* from west off Iceland, 15-30 m deep (UMUT RM20160216-TS-1)

1990年代に様々な生物でゲノム解読が始められ、ヒトゲノムプロジェクトが完成したのは2003年であった。その後、様々なモデル生物でゲノムが解読されてきたが、海産無脊椎動物での解読は一部の生物に限られていた。

貝類でゲノムを解読する試みはいくつかのグループで行われていたが、最初にドラフトシーケンスが発表されたのはアコヤガイである (Takeuchi *et al.* 2012)。同じ年の半年後にはマガキのゲノム解読が発表され (Zhang *et al.* 2012)、2012年は貝類のゲノム研究の幕開けとなった年である。その翌年、2013年にはアコヤガイのゲノムの詳細についての論文12編がZoological Science誌に発表された (Endo & Takeuchi 2013 ほか)。その後2015年にはタコのゲノム配列が解読された (Ibertin *et al.* 2015)。

腕足類では2015年に最初のゲノムデータがミドリシャミセンガイで発表された (Luo *et al.* 2015)。この研究のデータから明らかになったことは、(1) 腕足類の動物における系統上の位置には様々な説があったが、多数遺伝子を用いた系統解析の結果、腕足動物は環形動物より軟体動物に近縁であることが分かった。(2) シャミセンガイ類は脊椎動物の骨格と同様にリン酸カルシウムの貝殻を持つが、脊椎動物の骨形成に関与する遺伝子を欠いており、リン酸カルシウムを独立に獲得したものと考えられる、(3) 腕足類の殻形成遺伝子には軟体動物と共通するものがあるが、腕足類で独自性を獲得している。展示標本はゲノムを抽出した個体であり、重要な研究の証拠標本である。 （佐々木猛智）

B11 貝類と腕足動物のゲノム解読標本
Genome-sequenced specimens of Brachiopoda and Mollusca

ミドリシャミセンガイ (*Lingula anatina*)。奄美大島笠利湾、Yi-Jyun Luo 博士・竹内猛博士 (沖縄科学技術大学院大学) 寄贈 (UMUT RB32352)
The ligulate brachiopod *Lingula anatina* from Kasari Bay, Amami-Oshima, Kagoshima Pref.; specimen donated by Dr. Yi-Jyun Luo and Dr. Takeshi Takeuchi (OIST) (UMUT RB32352)

Whole-genome sequencing first started in the 1990s, and since then genome structure of many speices has been revealed in vertebrates. Genome studies of invertebrates were launched later, and in molluscs fist genome data was published for the pearl oyster *Pinctada maxima* in 2012. A recent genome study on brachiopod (*Lingula anatina*) genome published in 2015 revealed (1) that mollusks and brachiopods are phylogenetically close, (2) some common genes of biomineralization are shared between mollusks and *Lingula*, but not between vertebrates and *Lingula*, and (3) *Lingula* also has acquired unique shell matrix genes. Specimens on exhibit are voucher specimens of genome sequencing for *Pinctada fucata* and *Lingula anatina*.

(*Takenori Sasaki*)

参考文献 References

Takeuchi, T. *et al*. (2012) Draft genome of the pearl oyster *Pinctada fucata*: a platform for understanding bivalve biology. *DNA Research* 19: 117–130.

Endo, K. & Takeuchi, T. (2013) Annotation of the Pearl Oyster Genome. *Zoological Sicence* 30: 779–780.

Luo, Y.-J. *et al*. (2015) The Lingula genome provides insights into brachiopod evolution and the origin of phosphate biomineralization. *Nature Communications* 6: 8301.

アコヤガイ (*Pinctada fucata*)。三重県志摩、竹内 猛博士 (沖縄科学技術大学院大学) 寄贈 (UMUT RM32351)
The pearl oyster *Pinctada fucata* from Shima, Mie Pref.; specimen donated by Dr. Takeshi Takeuchi (OIST) (UMUT RM32351)

異常巻アンモナイトの1種、ニッポニテス・ミラビリスは世界的に有名な珍奇なアンモナイトである。本種が有名である理由は3つある。（1）他のアンモナイト類とは全く形が異なっており、形の珍奇性において特異である。（2）産出頻度が極めて低い。産地によっては破片として産出することは稀ではないが、完全個体を得ることは困難である。（3）1980年代に本種を材料として理論形態学の研究材料として革新的な研究が行われ、世界の古生物学者の注目を集めた。従って、形の特異性、希少性、学術上の重要性の全てを兼ね備えた珍品稀種のアンモナイトということになる。

アンモナイト類はオウムガイ類と類似して平面的に螺旋状に巻くものが普通である。しかし、異常巻アンモナイトと呼ばれる一群は、複雑に立体的な螺旋を描く。ニッポニテス・ミラビリスは1904年に矢部長克博士によって記載された。矢部博士は本種が規則的に蛇行することを記載時に指摘していたが、標本が1個体しか得られていなかったことから、異常巻アンモナイトは奇形ではないかという疑いを持たれていた。しかし、後に追加標本が得られ、極めて規則的な形であることが確認された。

1980年代に岡本隆博士はコンピュータシミュレーションによりニッポニテスの形態をコンピュータ上で再現した。ニッポニテスの初期殻は近縁種であると考えられるユーボストリコセラス・ジャポニカムの殻に類似しており、殻を螺旋に成長させ左右へ定期的に蛇行させることにより画像ニッポニテスの形を創出できる。この蛇行は、生息姿勢を調節するためのフィードバック機構によって形成されたという仮説が提唱された（成長方向調節モデル）。岡本博士の一連の研究は、殻の成長プログラムのほんの一部を修正するだけでニッポニテスのような他とはかけ離れたような形が跳躍的に進化することを示した点で世界の古生物学者に強烈なインパクトを与えた。

（佐々木猛智）

B12 ニッポニテス
―異常巻アンモナイトの珍奇種

Nipponites
― the rarest species of heteromorph ammonite

Nipponites mirabilis Yabe, 1904. 北海道小平町達布、白亜紀。Yabe (1904: 20, pl. 4, figs. 4-7)で図示されたホロタイプ、同一標本を別の角度から見た画像（UMUT MM7560）

Nippiness is probably the most famous ammonites in the world for three reasons: (1) its shell morphology is exceptional and deviated remarkable from normal planispiral forms of ammonites, (2) abundance of specimens is incredibly low, especially for complete specimens with fragile shell morphology, (3) the species was highlighted in the 1980s as a material for theoretical morphology. When the species was described in 1904, there was a doubt of abnormalitiy. Theoretical modelling by Dr. Takashi Okamoto in the 1980s elegantly revealed that *Nipponites* can be derived from an ancestral helicoidal form by a slight change in growth parameters, (2) a winding mode of growth is possibly controlled for stabilization of posture, and (3) sudden morphological evolution can be achieved by simple modification of genetic growth program. (*Takenori Sasaki*)

参考文献 References

Okamoto, T. (1988) Developmental regulation and morphological saltation in the heteromorph ammonite *Nipponites. Paleobiology* 14: 272–286.

Okamoto, T. (1989) Comparative morphology of *Nipponites and Eubostrychoceras* (Cretaceous nostoceratids). *Transactions and Proceedings of the Palaeontological Society of Japan*. New Series, no. 154: 117–139.

Yabe, H. (1904) Cretaceous Cephalopoda from the Hokkaido. Part 2. *Turrilites, Helicoceras, Heteroceras, Nipponites, Olcostephanus, Desmoceras, Hauericeras*, and an undetermined genus. *Journal of the College of Science, Imperial University of Tokyo* 20: 1–45, pls. 1–6.

The heteromorph ammonite *Nipponites mirabilis* Yabe, 1904 viewed from two different angles; Holotype, Obira, Hokkaido, Japan, Cretaceous (UMUT MM7560)

およそ5.4億年前から2.5億年前の古生代と呼ばれる時代には、現世に存在しない奇妙な形をした生物が数多く繁栄していた。三葉虫と腕足動物は、当時の海洋を席巻した中心的な無脊椎動物である。

三葉虫の多くは、海底を闊歩する底生生活者であった。ところが、ある種の三葉虫は、外骨格の流体力学的特性を生かして遊泳能力を獲得し、水柱への進出に成功した。展示標本の*Remopleurides*や*Hypodicranotus*は、遊泳性三葉虫の代表格である (Shiino *et al.* 2014)。行動様式の進化は、視覚の機能にも見て取れる。例えば*Remopleurides*や*Hypodicranotus*の複眼は、遊泳方向に調和するよう前後に細長く伸びた形態をしている。この複眼は、直径50μmほどの個眼（レンズ）で構成されている。三葉虫の中でもきわめて解像度が高く、優れた運動性能に相応する視覚特性を有していたのである。

活動的な生態に根ざして進化を遂げた三葉虫に対し、腕足動物は著しく静的な適応戦略を見せる。腕足動物は、一見すると二枚貝にそっくりだが、まったく異なる体制を備えた独自のグループである。殻の中にある多数の触手を備えた触手冠は、海水中のエサを捕まえる濾過器官である。すでに絶滅した腕足動物*Paraspirifer*は、海底の流れに身を任せるだけで、螺旋状の渦流を自動的に形成する形態機能を備えていた。殻の内側にある螺旋状の触手冠は、渦流からの濾過摂食に効率的である。螺旋の骨組みを備える*Paraspirifer*の殻形態は、無気力な生存戦略を実現する巧妙な形態機能を備えていた。

動体に生命活動を統合した三葉虫と、静物のような生物である腕足動物。対照的な適応戦略にみえる両者は、機能を追求した劇的な形態進化の証拠として通底している。　　（椎野勇太）

B13 腕足動物スピリファー類と三葉虫
―化石から機能を探る

Spiriferide brachiopod and swimming trilobites
― exploring fossil functionality

遊泳性三葉虫*Remopleurides nanus*（上）と腕足動物スピリファー類*Paraspirifer bownockeri*（下）。*Paraspirifer*のCT画像を見ると、殻の内側に螺旋状の濾過器官の痕跡が残されている（右下）(20160407-YS-1, 2)

Fossil specimens of swimming trilobite *Remopleurides nanus* (upper) and spiriferide brachiopod *Paraspirifer bownockeri* (lower). CT tomography realised 3D reconstruction of *Paraspirifer*, showing the evidence of a spiral feeding organ (lower right) (20160407-YS-1, 2)

In contrast to the modern "normality" in animal shapes, fossil skeletal invertebrates during the Palaeozoic era (540-250 million years ago) exhibit bizarre appearances that are unimaginable for their biological performances. Of these, trilobites and brachiopods were successful in the ancient sea, which dramatically diversified around the world.

Trilobites are the group of arthropods, the appearance that resembles "pill bug". Almost trilobites have a walking mode of life, while some acquired a swimming capability to utilise the seawater column. Displayed specimens, *Remopleurides* and *Hypodicranotus*, provide the great examples of swimming trilobites with sophisticated exoskeletons (Shiino *et al.*, 2012). Their compound eyes consist of thousands of tiny lenses, each with approximated 50 μm, eventually enhancing the visual ability. It is the functional requirement for high-speed swimming.

Brachiopods are benthic animals with two valves, encapsulated soft parts. They look like clams at a glance, but are taxonomically different. It is noteworthy that they have the tentaculate organ inside the shell to sieve small food particles from the seawater. Hydrodynamic analyses revealed the functionality of an extinct brachiopod P*araspirifer* whose shell could generate spiral feeding flows to do nothing but "cast adrift" on the sea bottom (Shiino *et al.*, 2009). Surprisingly, *Paraspirifer* has a pair of spiral feeding organs, which is advantageous for the filtration from the spiral flows.

Trilobites and brachiopods seem to provide opposite directions of adaptive strategy in a way of dynamic or static lifestyle, respectively. Nevertheless, they may share an evolutionary scenario of morpho-functional optimisation to ensure the integration of biological performances.

(*Yuta Shiino*)

参考文献 References

佐々木猛智・伊藤泰弘（編）（2012）『東大古生物学―化石からみる生命史』東海大学出版会。

椎野勇太（2014）『凹凸形の殻に隠された謎―腕足動物の化石探訪』東海大学出版会。

Shiino, Y. *et al.* (2009) Computational fluid dynamics simulations on a Devonian spiriferid *Paraspirifer bownockeri* (Brachiopoda): Generating mechanism of passive feeding flows. *Journal of Theoretical Biology* 259: 132–141.

Shiino, Y. *et al.* (2012) Swimming capability of the remopleuridid trilobite *Hypodicranotus striatus*: Hydrodynamic functions of the exoskeleton and the long, forked hypostome. *Journal of Theoretical Biology* 300: 29–38.

Shiino, Y. *et al.* (2014) Pelagic or benthic? Mode of life of the remopleuridid trilobite *Hypodicranotus striatulus*. *Bulletin of Geosciences* 89(2): 207–218.

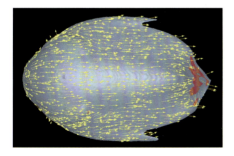

遊泳性三葉虫の遊泳性能解析。骨格表面の流れを示すベクトルはなだらかで、流線形となっていることがわかる
Hydrodynamic analysis of swimming trilobite *Hypodicranotus striatulus*. Vector representations on the exoskeletal surface imply the streamlining shape, so as to swim in effortless way

腕足動物スピリファー類の螺旋状渦流。解析結果から流線を表示した
Computational fluid dynamics simulation revealed the generation of spiral flows inside the shell of brachiopod *Paraspirifer*. White lines were visualised streamlines

本種は2001年にインド洋の深海で発見され、2003年にScience誌にその存在が報告された (Warén et al. 2013)。しかし、分類学的には記載されず、長い間「スケーリーフット」と呼ばれてきた（和名としてウロコフネタマガイという名称も提唱されている）。発見から14年後に、Chen et al. (2015) によって記載され Chrysomallon squamiferum という学名が与えられた。展示標本は記載に用いられたパラタイプ標本である。

本種はインド洋の深海の熱水噴出域に生息しており、産地は3海域ある。(1) 最初に発見されたのは「かいれいフィールド」である。この場所はアフリカプレート・オーストラリアプレート・南極プレートが接するロドリゲス三重会合点に近い。(2) 後に、この場所よりも北にある「ソリティアフィールド」からも見つかった (Nakamura et al. 2012)。(3) タイプ産地は、上記の産地よりも南西部にあるLongqiフィールド (＝ドラゴンフィールド) である。いずれの場所でも化学合成群集に固有の生物とともに発見されている。

本種が注目された理由は足に鱗状の棘を持つ点にある。黒い鱗は硫化鉄を含んでおり、後生動物の中で唯一、硫化鉄の硬組織を形成する生物として有名になった。ただし、後に「ソリティアフィールド」から発見された個体は白く、殻や鱗に硫化鉄を含まないことが明らかになった。

本種の鱗には防御の機能があると考えられる。一般的な巻貝では、蓋を使って身を守っている。しかし、本種の場合は幼若個体では蓋があるが、成長とともに退化し、蓋の代わりに足の表面にある鱗で殻口を塞ぎ身を守ると考えられている (Chen et al. 2015)。　　（佐々木猛智）

B14 ウロコフネタマガイ（スケーリーフット）
－足に鱗を持つ深海の巻貝

Chrysomallon squamiferum
－ deep-sea snails with scale-bearing foot

ウロコフネタマガイ (*Chrysomallon squamiferum* Chen et al., 2015)。パラタイプ標本、南西インド洋海領の熱水噴出域、南緯37度47.027分、東経49度38.963分、水深2,780m、英国南極研究所寄贈 (UMUT RM31814)
The scaly-foot gastropod *Chrysomallon squamiferum* Chen et al., 2015 collected from a hydrothermal vent in southwestern Indian Ocean, 2780 m deep; paratype donated from British Antarctic Survey (UMUT RM31814)

A new gastropod species was found from a deep-sea hydrothermal vent in the middle of the Indian Ocean in 2001 and reported in the journal Science in 2003. It has remained undescribed and called "scaly-foot gastropod". Fourteen years after its discovery, the species was formally described as *Chrysomallon squamiferum* by Chen *et al.* (2015). The specimen on exhibit is one of two paratype specimens donated to this museum. The new species is notable for iron sulfide-based scales coving an entire area of the foot. Normally gastropods protect themselves by sealing an aperture with an operculum, when attached by predators. In *C. squamiferum*, the operculum exsits in juveniles but reduced with growth. Instead, a scale-bearing foot can completely plug an aperture, after the foot is folded and retracted. Therefore, the characteristic scales are considered to function as a protective device analogous to an operculum in other gastropods. (*Takenori Sasaki*)

参考文献 References

Chen, C. *et al*. (2015) The 'scaly-foot gastropod': a new genus and species of hydrothermal vent-endemic gastropod (Neomphalina: Peltospiridae) from the Indian Ocean. *Journal of Molluscan Studies* 81: 322–334.

Chen, C. *et al*. (2015) How the mollusc got its scales: convergent evolution of the molluscan scleritome. *Biological Journal of the Linnean Society* 114(4): 949–954. doi:10.1111/bij.12462.

Nakamura, K. *et al*. (2012) Discovery of new hydrothermal activity and chemosynthetic fauna on the Central Indian Ridge at 18°–20°S. *PlosOne* 7(3) e32965.

Warén, A. *et al*. (2003) A hot-vent gastropod with iron sulfide dermal sclerites. *Science* 302(5647): 1007.

Chrysomallon squamiferum の生体写真 (提供：Chong Chen 博士) Live animal of the scaly-foot gastropod *Chrysomallon squamiferum* Chen *et al*., 2015 (image through the courtesy of Dr. Chong Chen)

ウロコフネタマガイ (*Chrysomallon squamiferum* Chen *et al.*, 2015)。パラタイプ標本、足の表面の鱗の拡大 (UMUT RM31814)
Chrysomallon squamiferum Chen *et al.*, 2015. Paratype; enlarged view of scales covering the surface of the foot (UMUT RM31814)

ウナギは海と川を移動する回遊魚であり、その一生は旅の中にある。旅の始まりと終わりはともに産卵場であるが、それがどこにあるのか、長い間謎とされていた。卵から孵化したウナギはレプトセファルスと呼ばれる仔魚となる。この透明なオリーブの葉のような幼生が海流により運ばれる。これがウナギにとって最初の長旅だ。陸地に近づくとレプトセファルスはシラスウナギへと変態する。河口域に到達したシラスウナギは河川へ遡上し、川や沼で10年前後成長する。やがて、成長したウナギは成熟が始まると帰り旅の準備を始め、秋の増水時に川を下って外洋の産卵場へと旅立つ。これが二度目の長旅になる。何千キロもの旅をして産卵場に帰り着いた親魚は産卵し、一生を終える。

こうした複雑な生活史をもつウナギの産卵場調査に、東京大学が本格的に乗り出したのは1973年のことである。当時、東京大学海洋研究所が保有していた研究船「白鳳丸」による第一次ウナギ調査航海（KH-73-2次航海）がそれである。東京大学海洋研究所（当時）の西脇昌治教授を中心としたこの航海で採取されたレプトセファルスは1尾だったが、続く1973年の第二次ウナギ調査航海（KH-73-5次航海）では、台湾東方海域で全長約50mm前後のレプトセファルスが52尾採取された（Tanaka 1975）。展示品のニホンウナギのレプトセファルスの標本は、そのひとつである。

その後、約40年間に亘って研究船によるニホンウナギの回遊と繁殖生態に関する調査研究が続けられた。推定産卵場は、レプトセファルスの輸送経路を遡っていくことにより、沖縄南方海域、台湾東方海域からフィリピンのルソン島東方海域へ南下し、さらに北赤道海流を遡行・東進してマリアナ諸島西方海域に到達した。こうした研究の進展に伴い、採集されるレプトセファルスのサイズは小さくなっていった。つまり、ウナギの産卵場調査の歴史は、広大な海の中でより小型のレプトセファルスを求め続けた歴史といえる。1991年には、東京大学海洋研究所の塚本勝巳教授のグループがマリアナ諸島西方海域で全長10mm前後のレプトセファルスを約

B15 ニホンウナギの卵とレプトセファルス
— 産卵場調査で採取された標本

Egg and leptocephalus of Japanese eel *Anguilla japonica*

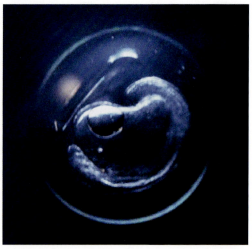

ニホンウナギ *Anguilla japonica* の卵。マリアナ西方海域、2012年（白鳳丸 KH-12-2次航海）に採取
An egg of the Japanese eel *Anguilla japonica* collected from west off Mariana Islands in 2012 (cruise KH-12-2 of the research vessel Hakuho-maru)

1,000尾採集し、これによって産卵場はマリアナ諸島西方海域とほぼ特定された(Tsukamoto 1992)。こうした調査研究の過程でウナギの孵化日を推定するために用いられたのが、内耳の中にある耳石と呼ばれる炭酸カルシウムの結晶である。この耳石を研磨して顕微鏡で観察すると、1日に1本ずつ形成される同心円状の日周輪が見える。この耳石による日齢査定を行うことで、ニホンウナギは夏の新月前後に孵化していることが明らかとなった。

そして、2009年、ついに西マリアナ海嶺においてニホンウナギの卵が発見された(Tsukamoto et al. 2012)。展示品の卵は、産卵場の形成メカニズムを調べるために行われた2012年のKH-12-2次航海で採取された標本のひとつである。透明な直径1.6mm程度の浮性卵で、海中を漂いながら分散する。世界に分布するウナギ属魚類の中でも、これまで卵が発見されているのはニホンウナウギだけである。　　（黒木真理）

Eels are migratory fish that spend their juvenile stages in freshwater and their larval and adult stages in the ocean. The spawning sites of eels have been a long-standing mystery. Their life history starts from an egg, then they become laterally compressed transparent larvae called leptocephali, which metamorphose into juveniles and then finally mature as adults. Juvenile eels can be found in estuaries as well as all the way into the upper reaches of rivers and lakes, and they grow for about ten years. For spawning, eels travel downstream and into the sea. Surveys in search of the spawning area of the Japanese eel Anguilla japonica started in 1973 in Japan. After long-term efforts, eggs were finally found offshore in the ocean west of the Mariana Islands in 2009. Sites of the spawning behavior of other eel species still remain totally unknown.

(*Mari Kuroki*)

参考文献 References

黒木真理・塚本勝巳 (2011)『旅するウナギ―1億年の時空をこえて』東海大学出版会.

Tanaka, S. (1975) Collection of leptocephali of Okinawa Islands. *Bulletin of the Japanese Society for the Science of Fish* 41: 129–136.

Tsukamoto, K. (1992) Discovery of the spawning area for the Japanese eel. *Nature* 356: 789–791.

ニホンウナギ *Anguilla japonica* の初期成長過程
Early growth stages from egg to leptocephalus of the Japanese eel *Anguilla japonica*

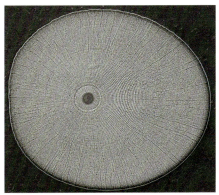

ルソンウナギ *Anguilla luzonensis* のレプトセファルス（全長 51.2mm）の耳石の断面（最大径 163μm）。輪紋構造から推定 138 日齢
Otolith (maximum diameter 163 μm) of Luzon eel *Anguilla luzonensis* leptocephalus in 51.2 mm total length. Estimated age from otolith growth increments is 138 days

ヘリコプリオンは、主にペルム紀前期の地層から見つかる螺旋状に繋がった歯である。左右の歯が正中で癒合しており、新しい大きな歯が螺旋の外側に加わって成長し、130以上の歯が繋がったものもある。最初の標本が1886年に報告され、ヘリコプリオンという名前が1899年につけられて以来、ヘリコプリオンが体のどの部分のどういう機能をもつ器官かは、古生物学者の頭を長い間悩ませ続けてきた。摂食のための顎の歯か、あるいは防御のために背びれや尾についていたというのが主要な説であった。2013年の軟骨が保存された標本をCTスキャンした研究で、ヘリコプリオンは原始的な全頭亜綱（ギンザメの仲間）とされ、上顎に歯は無く、この螺旋状の下顎の歯が口腔全体を占め、顎の後方から新しい歯が付け加わることなどが明らかになった。螺旋状の歯は下顎が閉じることで、後背側に回転し、食べ物を口腔の奥に押し込みながら裁断していたと考えられる。歯に傷跡が少ないことや、硬い殻をもつ餌は顎を閉じる時に滑り出してしまうと考えられることから、ヘリコプリオンは柔らかい餌を食べていたと推測されている。

　本標本は、1897年に群馬県の足尾帯から産出したが、その分類が不明で、当時の地質調査所所長の巨智部忠承が万国地質学会への参加時に写真をロシアに持って行き、海外の研究者に聞いたが、誰にも分類はわからなかった。その後、ロシアで同様な化石が1898年に産出し、1899年にそれをヘリコプリオンとして記載したカルピンスキーが記載論文を巨智部に送り、それを参考にして東京帝国大学地質学教室卒業生の佐川榮二郎が1900年に地学雑誌に報告を、1903年には東京帝国大学の大学院生であった矢部長克が英文で報告を書いている。19世紀末にすでに地質・古生物分野で活発な国際交流があったことを裏付ける点で学史上も重要な標本である。

（久保　泰）

B16 ヘリコプリオン・ベッソノウィ
―アンモナイトと見間違うギンザメの歯

Helicoprion bessonowi
― teeth of holocephalan that look like ammonoid shell

ヘリコプリオン・ベッソノウィ。群馬県みどり市東町花輪産出、ペルム紀前期、25.6 × 19.8cm（UMUT PV07477）
An Early Permian *Helicoprion bessonowi* found from Midori-city, Gunma Pref. 25.6 × 19.8 cm (UMUT PV07477)

Helicoprion is spiral-tooth whorl that is mainly found from Early Permian strata. Since the first *Helicoprion* was found in 1886 and named in 1899, its function and form had been puzzled paleontologists. An external defensive structure and a feeding structure were two major hypotheses. A 2013 study that CT scanned the *Helicoplion* with surrounding endoskeletal elements revealed that *Helicoprion* is the lower jaw teeth of a Holocephali. The whorl occupied most of oral cavity, which bears no upper tooth. The closure of jaw rotates teeth posterodorsally that pushed the food posteriorly and sliced it.

This specimen was found from the Asio Terrane of Gunma prefecture in 1897. Dr. Tadatsugu Kochibe, the head of the geological survey of Japan at that time, brought the photograph of this specimen to International Geological Congress at Russia to ask its classification, but nobody could answer. In 1898, a similar fossil was found from Russia and was named as *Halicoprion* in 1899 by Dr. Alexander Karpinsky, who sent the description to Dr. Kochibe. Then, in 1900, Mr. Eijiro Sagawa wrote a report of this specimen by referencing Karpinsky's work to the Journal of Geography in Japanese and in 1903, Hisakatsu Yabe wrote the report in English. History of this specimen shows an active international interaction existed in the area of geology and paleontology before the end of 19th century. (*Tai Kubo*)

参考文献 References

Tapanila, L. *et al*. (2013) Jaws for a spiral tooth whorl: CT images reveal novel adaptation and phylogeny in fossil *Helicoprion*. *Biology Letters* 9: 20130057.

Yabe, H. (1903) On a *Fusulina*-limestone with *Helicoprion* in Japan. *The Journal of the Geological Society of Japan* 10: 1–13.

佐川栄二郎 (1900)「日本及ロシアに出でし最古魚類遺歯」『地学雑誌』12: 26–29。

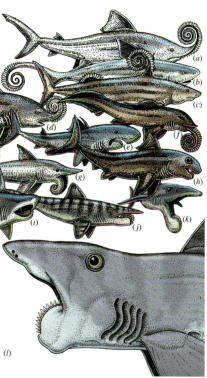

CT撮影によるヘリコプリオンとその周囲の軟骨。pf：側口蓋窩、qf：側方形骨窩、qmf：方形下顎窩 (Tapanila *et al*. 2013: Fig. 2)
CT image of *Helicprion* with surrounding cartilages. pf, lateral palatine fossa; qf, lateral quadrate fossa; qmf, quadratomandibular fossa (Tapanila *et al*. 2013: Fig. 2)

ヘリコプリオンの様々な復元 (a-k) と最新の復元 (l) (Tapanila *et al*. 2013: Fig. 1)
Various reconstructions of *Helicoprion*. (a-k) previous reconstructions; (l) the reconstruction base on 2013 study (Tapanila *et al*. 2013: Fig.1)

約2億5000万年前から6600万年前の中生代には、魚竜、長頸竜類、モササウルス類、海ワニ、海ガメなど多様な爬虫類が海に進出し、現在の鯨類や鰭脚類のように海の食物網における上位の捕食者の地位を占めていた。長頸竜類は三畳紀末から白亜紀末まで繁栄した分類群で、その中には頸椎が70以上あり、全身の半分以上の長さの首をもつ種もいた。ポリコチルス科は長頸竜類としては相対的に首が短く、白亜紀に栄えた分類群である。本標本は北海道小平町の白亜紀後期の約9500万年前の中部蝦夷層群から産出した。展示されている右前肢だけでなく、同じ個体に由来する椎骨、肋骨、肩帯の右半分、断片的な腰帯、次項に紹介する胃内容物も見つかっている。頸椎と頸肋骨が一か所で関節することやエラスモサウルス科に広くみられる頸椎側面の稜がない事など、主に頸椎の特徴からポリコチルス科と判断された。論文が出版された2000年には、東アジアで唯一のポリコチルス科化石であった。その後、北海道から数点のポリコチルス科が報告されており、福島県や香川県からもポリコチルス科の可能性のある化石が報告されている。

　日本からはこのポリコチルス科の化石以外にも多様な海生爬虫類の化石が産出している。最古の魚竜の一つであるウタツサウルス。白亜紀後期の地層からみつかるオサガメに近縁なメソダーモケリス。南極やニュージーランドから近縁種が知られるモササウルス類のタニウハサウルス・ミカサエンシス。三次元的に保存された頭骨から両眼視できることが明らかになったモササウルス類のフォスフォロサウルス・ポンペテレガンス。北太平洋最古のエラスモサウルス科長頸竜類であるフタバサウルスなどである。無脊椎動物の研究等から地層の詳細な年代が明らかになっていることや、東アジア地域において日本以外で海生爬虫類を多産する地域が少ない事などから、日本における中生代海生爬虫類の研究は、各分類群の古生物地理や生息時代のレンジを考える上で極めて重要な意義を持っている。

（久保　泰）

B17 ポリコチルス科長頸竜類の右前肢
―日本の中生代海生爬虫類の多様性

The right forelimb of polycotylid plesiosaur
― diversity of Japanese marine reptiles

ポリコチルス科の右前肢。北海道小平町産出、白亜紀後期、70.8 × 19.6 cm (UMUT MV19965)
Right forelimb of polycotylid plesiosaur found from the Late Cretaceous strata of Obira-cho, Hokkaido. 70.8 × 19.6 cm (UMUT MV19965)

During the Mesozoic, various reptiles, such as ichthyosaurs, plesiosaurus, mosasaurus, sea turtle and crocodilians, secondarily adapted to the sea and acted as predators in oceanic food web. Plesiosaurs prospered from the Late Triassic till end of the Cretaceous, some species of plesiosaurs possessed the neck that is consist of more than 70 cervicals and longer than the half of its body length. Polycotylid plesiosaurs had relatively short neck and lived during the Cretaceous. This polycotylid specimen was found from the Late Cretaceous Middle Yezo Group of Obira town, Hokkaido. Vertebra, ribs, right half of pectoral girdle, fragmentary pelvic girdle and gut contents that belong to the same individual co-occurred with this right forelimb. This specimen was diagnosed as polycotylid, because cervicals have articular facets for single headed rib and cervicals lack the lateral ridge, which is common for elasmosaurid plesiosaurs. This specimen was first polycotylid from East Asia, when it was reported in 2000. Subsequently, several polycotylid specimens were found from Japan.

Various marine reptiles were found from Japan. These are: one of the oldest ichtyosaurus, *Utatsusaurus*, *Mesodermochelys* that is endemic to the Late Cretaceous of Japan and closely related to leathaerback turtle, Mosasaurid *Taniwhasaurus mikasanesis* that has close relatives found from Antarctica and New Zealand, Mosasaurid *Phosphorosaurus ponpetelegans*, which three dimensionally preserved skull indicates its binocular vision, and *Futabasaurus*, the oldest elsamosaurid plesiosaur from northern Pacific. Because age of Mesozoic marine sediments of Japan were intensively studied and also because Japan is the only country in East Asia that yield various marine reptiles, studying Japanese marine reptiles can contribute to understand biogeograpny and living ranges of marine reptiles.

(*Tai Kubo*)

参考文献 **References**

Sato, T. & Storrs, G. W. (2000) An early polycotylid plesiosaur (Reptilia: Sauropterygia) from the Cretaceous of Hokkaido, Japan. *Journal of Paleontology* 74: 907–914.

Sato, T. *et al*. (2012) A review of the Upper Cretaceous marine reptiles from Japan. *Cretaceous Research* 37: 319–340.

ポリコチルス科が産出した露頭の様子（提供：棚部一成東京大学名誉教授）
The outcrop of the poltycotylid (courtesy of Kazushige Tanabe, professor emeritus of the University of Tokyo)

露頭の拡大画像。椎骨の断面が見える（提供：棚部一成東京大学名誉教授）
A close up photo of the outcrop. A section of vertebrae is exposed (courtesy of Kazushige Tanabe, professor emeritus of the University of Tokyo)

絶滅脊椎動物の食性を推定することには大きな困難が伴う。主な食性の推定方法としては、歯の概形、炭素同位体や窒素同位体、歯に残る顕微鏡レベルの微細な傷、化石の腹部に残された胃内容物等を用いる手法がある。しかし、中生代の脊椎動物では、同位体は続成作用により生息時とは変化している可能性が高く、歯の微細な傷の解析も比較可能な現生脊椎動物が少なく解釈に困難が伴う。また、歯の概形による推定では、肉食、草食等の大きなカテゴリーでしか食性を判別できない。このため、胃内容物の化石は現在のところでは中生代脊椎動物の食性復元において最も説得力のある証拠である。

　本標本は、前項で紹介した北海道小平町のポリコチルス科長頸竜類の胃内容物化石で、イカ、タコ、オウムガイやアンモナイトを含む分類群である頭足綱の複数の顎器が長頸竜の腹肋骨と共に含まれる。これらの顎器は形態から頭足類の中でもアンモナイト亜綱のものとされ、長頸竜類がアンモナイト亜綱を摂食した証拠と考えられている。この化石以外にも長頸竜類の胃内容物としては、魚の骨を含むものが数多く発見されている。首の長い長頸竜類であるエラスモサウルス科の胃内容物としては、二枚貝や巻貝、甲殻類が発見された例がある。また、大型で首が短いタイプの長頸竜であるプリオサウルスの化石が恐竜の化石と共産した例があり、胃内容物とは断定できないものの、流れてきた恐竜の死体をあさった可能性が指摘されている。

　このポリコチルス科の標本からは胃石も見つかっている。胃石はエラスモサウルス科など首の長い長頸竜類ではよく見つかるが、ポリコチルス科などの首の短いタイプの長頸竜類でみつかることは少ない。長頸竜類では、推定される体重に対して胃石の重量が小さいことから、胃石は浮力の調節ではなく、食べ物の消化を助けるために使われたと考えられている。胃石の概形から胃石の採集地を推定する研究も行われており、多くの場合、河川あるいは沿岸域で胃石を飲み込んでいたという結果が得られている。実際、河川の堆積物からも長頸竜類の化石が産出し、一部の種は河川でも生息していたことが明らかになっている。

（久保　泰）

B18　ポリコチルス科長頸竜類の胃内容物
―太古の被食捕食関係の直接的な証拠

Stomach contents of a polycotylid plesiosaur
― direct evidence of predator-prey relationship of deep time

ポリコチルス科の胃内容物。北海道小平町産出、白亜紀後期、13.1 × 6cm (UMUT MV 19965)
Stomach contents of polycotylid plesiosaur found from the Late Cretaceous strata of Obira-cho, Hokkaido. 13.1 × 6 cm (UMUT MV19965)

Estimating diet of extinct vertebrates involves difficulties. Popular methods of diet reconstruction are macro morphology of tooth, carbon and nitrogen isotopes, microwear on tooth, and stomach contents of fossil skeleton. However, in application to Mesozoic vertebrates, isotope analyses were usually not applicable due to diagenesis and interpretations of microwear are difficult due to the lack of modern analogues. Macro morphology of tooth can reveal only rough diet category, such as carnivore and herbivore. Therefore stomach contents are currently the strongest evidence in reconstructing diet of Mesozoic vertebrates.

The specimen described here is the stomach contents of polycotylid presiosaurs from Obira town, Hokkaido, which forearm was shown in the previous pages. The specimen exhibit several gastralia and jaws of cephalopods, the group that includes squids, octopuses, *Nautilus*, and ammonites. Morphologies of jaws indicate its affinity to ammonoids and this specimen is considered as the evidence of plesiosaurs prayed on ammonoids. Beside this specimen, fish bones were often found as stomach contents of plesiosaurs. Also, bivalves, gastropods, and crustaceans were found as stomach contents of a elasmosaurid, long-necked plesiosaur. Dinosaur bones co-occurred with large short-necked plesiosaur, *Pliosaurus*, and scavenging of floating dinosaur was proposed as an possible scenario.

Gastroliths were also occurred with this policotylid. Gastroliths were often found with long-necked plesiosaur, but it is rarely found from short-necked plesiosaur like policotylids. Gastroliths perhaps helped digestion. Based on its morphology, gastroliths of various plesiosaurs were inferred to have been swallowed at river mouth and coast. Some plesiosaur remains were found from river deposits, which probably lived in rivers.

(*Tai Kubo*)

参考文献 References

Sato, T. & Tanabe, K. (1998) Cretaceous plesiosaurs ate ammonites. *Nature* 394: 629–630.

標本中の頭足類の顎器の位置
Location of faws of ammonoids in the specimen

共産した胃石
A gastrolith of polycotylid plesiosaur

最古の陸生四肢動物は約3億8000万年前から3億6000万年前のデボン期後期に出現したが、日本の陸生四肢動物化石の記録はかなり時代がくだり、宮城県唐島の稲井層群平磯層から発見された、約2億5000万年前の本標本が最古のものである。本標本が属する迷歯亜綱分椎目は石炭紀から白亜紀にかけて生息した原始的な両生類で、三畳紀のものは扁平な体型で巨大な頭蓋をもち、現在のワニのような生態的地位を占め、大型のものでは体長6mにおよんだ。本標本では右下顎の関節部およびそれより後方の部位が保存され、側方からは上顎の関節を受けるU字型の関節の形を明瞭に見て取ることができる。この関節窩の大きさや、関節窩の前方の突起の背側への強い張り出し、関節窩よりも後方の部分が比較的大きいことなどの特徴から、本標本は分椎目の中でもカピトサウルス上科に属すると判断された。

本標本が発見された稲井層群が属する南部北上帯は、シルル紀から白亜紀まで3億5千万年もの連続層序をもつ日本で唯一の地層であり、日本列島の形成過程を考える上で極めて重要である。近年では、砂岩中のジルコンを解析することで、砂岩の供給源(後背地)の大陸を調べる研究がさかんに行われている。その結果、シルル紀からデボン期にかけては南部北上帯は大陸縁辺に存在したが、一方で稲井層群を含むペルム紀からジュラ紀前期までは、大陸起源のジルコンが見られず大陸との間に現在の日本海のような海(縁海)が存在したと考えられている。その後、ジュラ紀中期から白亜紀後期までは南部北上帯は北部中国と繋がっていたとされている。淡水域に生息し、大洋を越える能力は無かったカピトサウルス上科の化石が三畳紀前期から発見されたことは、南部北上帯が三畳紀前期までには、北部あるいは南部中国からそれほど遠くない位置に移動していたことを示している。

(久保　泰)

B19 迷歯亜綱分椎目カピトサウルス上科の右下顎関節部
―日本最古の陸生四肢動物化石

The caudal part of right mandibular ramus of Capitosauroidea
― the oldest terrestrial tetrapod from Japan

カピトサウルス上科の右下顎関節部(側面観)。下部三畳系稲井層群平磯層産出、5.5×2.8cm (UMUT MV30910)
Lateral view of the caudal part of right mandibular ramus of Capitosauroidea found from the Lower Triassic Hiraiso Formation, Inai Group. 5.5 × 2.8 cm (UMUT MV30910)

The oldest terrestrial terapod emerged during the Late Devonian, but the oldest terrestrial terapod from Japan described here is much younger, about 250 million years ago, found from the Hiraiso Formation, Inai Group of Karashima, Miyagi prefecture. This specimen belongs to Stereospondyli (Temnospondyli), which is basal amphibian that ranges from the Carboniferous to the Cretaceous. Triassic forms had large skull with flatten body shape that can reach length of six meters and occupied the niche similar to modern crocodilian. The specimen preserves the glenoid fossa and the area posterior to it. Morphological characters, such as the relative size of the glenoid fossa, dorsally strongly projected caudal process of the glenoid fossa and relatively large size of the area posterior to the glenoid fossa indicate this specimen belongs to Capitosauroidea.

The Inai Group belongs to the South Kitakami Terrane (SKT), which exposes the longest continuous strata in Japan from the Silurian to Cretaceous. Recently, zilcons in sandstones of SKT were analyzed to reveal where these zilcons came from. From the Permian to the Early Jurassic, zilcons of SKT were not originated from continental blocks that indicates existence of a sea between SKT and continents. The finding of capitosaurid, which dwelled in flesh-water and could not cross oceans, from the Early Triassic indicates SKT was located not far from either north or south China continental block before the end of the Early Triassic. (*Tai Kubo*)

参考文献 References
Nakajima, Y. & Schoch, R. R. (2011) The first temnospondyl amphibian from Japan. *Journal of Vertebrate Paleontology* 31: 1154–1157.

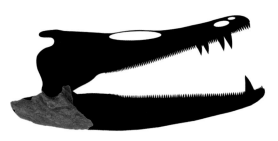

頭骨中の本標本の位置（提供：中島保寿博士）
Location of the specimen in the skull (courtesy of Dr. Yasuhisa Nakajima)

ポーランドの三畳紀後期の迷歯亜綱分椎目トレマトサウルス上科メトポサウルスの密集した産状
Bonebed of *Metoposaurus* (Labyrinthodontia Temnospondyli Trematosauroidea) from the Late Triassic of Poland

日本列島には新生代第三紀中新世の緑色凝灰岩（グリーンタフ）が広範に分布する。そこには大量の材化石が含まれており、この材化石の研究は日本列島の森林植生及び植物相の変遷史を明らかにする上で重要な鍵となる。亘理俊次博士 (1906-1993) が、それまでほとんど誰も手を付けていなかったグリーンタフ地域の材化石研究に着手したのは、日本が世界大戦へつき進みつつあった1940年である。八戸で太平洋に注ぐ馬淵川の上流とその支流である根反川、平糠川の一帯（岩手県二戸郡一戸町）には珪化木が多産する。なかでもこの地域で最大の直立樹幹が国の特別天然記念物「根反の大珪化木」として指定されており、またこの一帯が「姉帯小鳥谷根反の珪化木地帯」として国の天然記念物となっている。亘理博士がこの地を訪れたのは1940年（昭和15年）の6月で、1936年に国の天然記念物となっていた「根反の大珪化木」を始め多数の珪化木サンプルを採集している。その樹種を1941年に発表し、この結果を受けて大珪化木のみならず、「姉帯小鳥谷根反の珪化木地帯」全体が天然記念物になったいきさつがある。亘理博士は1940年の岩手に続いて、1941年8月に島根県の安濃郡羽根西村と邇摩郡仁万村（両地とも現在は大田市）の海岸で珪化木調査を行った。羽根西の海に架かる橋のような大珪化木は1936年に国の天然記念物に指定されており、それと共に周辺にある多数の珪化木、その他個人の庭に置いてあるものなどもサンプリングした。そうした中にあったのが No. 64406 のシマネミズキである。亘理博士は当初この同定に難渋したらしく、「*Cynoxylon* ノ如キモノ（*Cornus*?）」としている。後に赤字で「*Cornoxylon* sp. a」とし、最終的には「*Cornoxylon simanense*, sp. nov.」としてカバノキ属の *Betulinium hanenishiense*、ニレ属の *Ulminium Wakimizui*、キリ属の *Paulownioxylon hondoense* とともに1948年に発表している (Watari 1948)。ここで注目すべきは、岩手の珪化木が1940年の試料採取の翌年には論文になっているのに対し、島根の珪化木は7年もかかっていることである。その理由として、一つには太平洋戦争に突入し、そして敗戦・戦後という社会状況にあって満足な研究が出来なかったこと、そしてもうひとつには島根の珪化木が岩手のように「同定がたやすい」樹種ではなかったことが挙げられる。これは上記の *Paulownioxylon* や後になってアワブキ科の *Meliosma Oldhami*、ブドウ科の *Leea eojaponica*、クルミ科の *Carya protojaponica*

B20 珪化木
―亘理俊次博士が記載したシマネミズキ

Silicified (Petrified) woods
― *Cornus simanense*, a fossil species described by Prof. Shunji Watari

シマネミズキの珪化木。原資料標本 (TI00012951)。島根県安濃郡久手町羽根西（現 大田市石見大田) 1941年採集。新生代第三紀中新世前期
Silicified (Petrified) woods of *Cornus simanense*. Original material (TI00012951). Collected at Hanenishi, Kute-cho, An'no-gun (Iwami-ohda, Ohda-shi at present), Shimane Pref. in 1941. Early Miocene, the Tertiary in the Cenozoic era

などといった「馴染みのない」樹種を順次発表していることからもみてとれる。なお、亘理博士は1949年以降は特別な理由がない限りは形態属（材化石ではCornoxylonなどの現生属名Cornus+xylon, Ulminiumなど現生属名Ulmus+niumなど）の使用を止めている。これはその材化石が間違いなく現生属の範疇に入るものは現生属の名の下に記載すべきであるという彼が到達した理念に基づくもので、彼自身1952年の論文では過去の形態属の下に記載した学名を現生属に組み替えを行っている（Watari 1952）。「特別な理由」にあたるものとしては、例えば材構造では個々の属が識別できないクスノキ科の化石についてLauriniumを用い、スギ科の材化石についてはTaxodioxylonを用いている例がある。

亘理博士の材化石研究は、地域としては北海道から九州まで、時代としてはジュラ紀～第四紀更新世までの広がりがあり、日本の木材化石研究の盤石をなしたと言える。各地で珪化木が天然記念物として保存・展示されているが、その多くの樹種を明らかにしたのは亘理博士であると考えて差し支えない。

（鈴木三男）

In Japan, the Green Tuff Region, aged at the Miocene, the Tertiary in the Cenozoic era, is widely distributed. It contains considerable depostits of fossil woods, which are important for clarifying changes in the forest vegetation and flora of the Japanese Archipelago. The late Professor Shunji Watari (1906–1993) studied silicified (petrified) woods along the seacoast of Shimane Prefecture in 1941. One of his samples of fossil wood, no. 64406, was published as a new species, *Cornoxylon simanense* in 1948 (Watari 1948). He later changed the genus to *Cornus* (Watari 1952). It took seven years for publication after he obtained this sample. One of the reasons was due to the social circumstances (World War II, and the disturbances after the war). Another was the difficulty in determining the taxonomic position of the sample.

Prof. Watari provided a sound foundation for research on fossil woods in Japan with the wide range of his research area (from Hokkaido to Kyushu) and breadth of geological time scale (from the Jurassic to the Quaternary). Many silicified woods have been designated as natural treasures in Japan, many of which were identified by Shunji Watari. (*Mitsuo Suzuki*)

参考文献 References

Watari, S. (1948) Studies on the fossil woods from the Tertiary of Japan. V. Fossil woods from the Lower Miocene of Hanenishi, Shimane Prefecture. *Japanese Journal of Botany* 13: 503–518.

Watari, S. (1952) Dicotyledonous woods from the Miocene along Japan-sea side of Honshu. *Journal of the Faulty of Science, the University of Tokyo, Sect III (Botany)* 6: 97–134.

亘理博士のノート。ノートには島根県久手町安濃郡羽根西（現 大田市石見大田）で採集したNo. 64406について、「*Cynoxylon* ノ如キモノ (*Cornus*?) *Cornoxylon* sp. a」と記している

A note on samples collected at Hanenishi, Kute-cho, An'no-gun (Iwami-ohda, Ohda-shi at present), Shimane Pref. in 1941 by Dr. Watari. Sample no. 64406 is noted as "similar to *Cynoxylon* (*Cornus*?), *Cornoxylon* sp. a"

シマネミズキの原記載に用いられた図。横断面(A)と接線断面(B)

Figures used in the original description of *Cornoxylon simanense* (=*Cornus simanense*). A: Cross section. B: Tangential section

タヌキノショクダイ (*Thismia abei* (Akasawa) Hatus.)（ヒナノシャクジョウ科）は、常緑樹林の林床に生育する腐生植物で、葉緑体をもたず、高さ3〜4cmほどの奇妙な形の花を地面近くにつける。花の姿をタヌキがろうそくを持って立っている姿にたとえて「狸の燭台」という名がつけられた。学名の中に見られる "abei" は、徳島県の植物相の解明に多大な貢献をおこなった阿部近一氏を記念してつけられたものである。タヌキノショクダイは、最初に徳島県で発見され、その後宮崎県、静岡県、東京都（神津島）からも報告があるが、稀な植物である。

展示されている2本の瓶は、博物館の未整理標本の中から見いだされたものである。もともとは液浸標本として作製されたものが、中のアルコールが蒸発し、内容物が乾燥して底にへばりついたものと考えられた（1本には後にアルコールを入れてある）。ラベルには、「Glaziocharis Abei Akasawa. タヌキノショクダイ（一名 トウロソウ）. 阿波國那賀郡澤谷村小畠. Aug. 4, 1950. 阿部近一 採.」とあった。すなわちこの瓶の中のものが1950年8月4日に阿部近一氏によって採集されたタヌキノショクダイ（もともとは *Glaziocharis abei* として発表された）であることを示すものであった。そこで、タヌキノショクダイの原記載（学名がつけられた最初の論文）を確認したところ、1950年8月4日に阿部氏を含む3人でタヌキのショクダイを採集していることが判明した（Akasawa 1950）。つまり、この標本はタヌキノショクダイを正式に世に出した時に参考にした貴重な標本（基準標本）だったのである。

基準標本（タイプ標本）にはいくつかの種類がある。植物の学名をつける際の規約を定めた「国際藻類・菌類・植物命名規約」(McNeill *et al*. 2012; 大橋ほか 2014) によると、タイプ標本には正基準標本（ホロタイプ）、副基準標本（アイソタイプ）、等価基準標本（シンタイプ）、従基準標本（パラタイプ）などがある。東大で見つかった瓶入りの標本はパラタイプにあたる

B21 タヌキノショクダイ
—未整理標本の中から見いだされた珍奇な植物のタイプ標本

Thismia abei (Akasawa) Hatus.
— type specimens of a peculiar plant discovered among unsorted specimens in the University of Tokyo Herbarium (TI)

東京大学植物標本室 (TI) で見つかったタヌキノショクダイのパラタイプ標本
(TI00012948 & 12949)
Paratypes of *Thismia abei* (Akasawa) Hatus. in the Herbarium of the University of Tokyo (TI)
(TI00012948 & 12949)

78

ものであった。ところが、原記載論文によると、ホロタイプは国立科学博物館に、アイソタイプは東京大学に収められていることになっているのだが、両方とも見つからなかった。命名規約上、ホロタイプが見つからない場合、選定基準標本（レクトタイプ）を選ばなければならず、アイソタイプがある場合はアイソタイプから、アイソタイプがない場合はパラタイプから選ばなければならない。科学博物館にあるはずのホロタイプも、東大にあるはずのアイソタイプも見あたらないことから、この標本がレクトタイプとして選ばれる可能性が出てきた。レクトタイプの選定に関しては、念のために阿部氏の標本が収められている徳島県立博物館の標本庫を調べたところ、意外にもアイソタイプに当たると考えられる標本が見つかったことから、その標本をレクトタイプにすることで落ち着いた。この顛末については、植物研究雑誌89巻3号で報告された（Ikeda *et al.* 2014）。　　　　　　　　　（池田　博）

参考文献 References

Akasawa, Y. (1950) A new species of *Glaziocharis* (Burmanniaceae) found in Japan. *Journal of Japanese Botany* 25: 193–196, pls. 1 & 2.

Ikeda, H. *et al.* (2014) Lectotypification of *Glaziocharis abei* Akasawa (Burmanniaceae). *Journal of Japanese Botany* 89: 176–180.

McNeill, J. *et al.* (2012) *International Code of Nomenclature for algae, fungi, and plants (Melbourne Code)*. Koenigstein: Koeltz Scientific Books.

大橋広好・永益英敏・邑田 仁（編）(2014)『国際藻類・菌類・植物命名規約（メルボルン規約）2012』北隆館．

Thismia abei (Akasawa) Hatus. (Burmanniaceae) is a saprophytic plant that grows in leaf litter in evergreen forests. It lacks chlorophyll and produces a peculiar flower close to the ground. The Japanese name 'Tanuki-no-shokudai' means 'raccoon dog holding a candle above its head' after its habit. The epithet *abei* honors Chikaichi Abe, its discoverer. Abe is also known for his contributions to our knowledge of the flora of Tokushima Prefecture. *Thismia abei*, a rare plant, was first discovered in Tokushima Prefecture, then later in Miyazaki and Shizuoka prefectures and in the Tokyo Metropolitan area (Kôzu-shima Island).

The two bottled specimens were discovered among unsorted material in the storeroom of the Herbarium of the University of Tokyo (TI). The specimens were apparently liquid-preserved, but over the years the liquid had evaporated. The labels revealed the specimens to be *Thismia abei*, collected in Tokushima Prefecture on 4 August 1950 by Chikaichi Abe. The original description of *T. abei* (Akasawa 1950) indicated that these were paratypes. According to the original description, the holotype was deposited in the Herbarium of the National Museum of Nature and Science, Tokyo (TNS), and an isotype in TI. Although we attempted to find the type specimens in TNS and TI, we were unsuccessful in our search. According to the *International Code of Nomenclature for algae, fungi, and plants* (ICN: McNeill et al. 2012), if the holotype and isotype are destroyed or missing, a lectotype should be selected from among the paratypes. This meant that the specimens discovered in TI were candidates for lectotypification. Type specimens are the most important elements for determining the correct application of the names of species. After continued searching, however, an isotype was discovered in the herbarium of the Tokushima Prefectural Museum (TKPM), making it unnecessary to designate a lectotype from the material at TI. The paratypes, therefore, are still paratypes, but nevertheless important as being among the original material examined when *Thismia abei* was first described (Ikeda *et al.* 2014).

(*Hiroshi Ikeda*)

タヌキノショクダイ（徳島県那賀郡にて撮影）（提供：徳島県立博物館）
Thismia abei (Akasawa) Hatus. in Naka-gun, Tokushima Pref. (Courtesy of the Tokushima Prefectural Museum)

蝶類は世界から約2万種が知られ、日本にはおよそ240種が生息する。その翅は実に色彩豊かで、翅形も多様である。擬態（警告色）や隠蔽色による外敵防御、飛翔能力、配偶者選択、種分化の強化の発達等とともに、蝶は翅の色彩や形を様々な方向へと進化させてきた。特にこの色彩は、プテリン系、フラボノイド系、オモクローム系等の色素に加え、しばしば構造色により鱗粉を彩ることによる。

また、蝶類は系統学的に蛾類の一部とも見なされ、アゲハチョウ上科、セセリチョウ上科、シャクガモドキ上科からなる一群のみを蝶と呼ぶ。シャクガモドキ上科は最近までガの仲間に含まれていたが、幼生期の形態は蝶に近く、成虫にも他の蝶類によく似た特徴が見つかっている。分子系統的研究からも3上科は一群とされる。

1. **シャクガモドキ上科**：中南米産のシャクガモドキ科のみで構成され、小～中型種。成虫は夜行性で、翅色は地味なものが多い。翅の基部に天敵コウモリの超音波を感知する聴覚器官がある。一般に蝶類の触角先端は棍棒状だが、本上科は糸状となる。

2. **セセリチョウ上科**：セセリチョウ科の1科のみで構成され、小～中型種が占める。翅形は細長く、スキップするような動きで敏速に飛翔する。

3. **アゲハチョウ上科**：アゲハチョウ科、シロチョウ科、シジミチョウ科、タテハチョウ科の4科で構成される。アゲハチョウ科は一般に大型で、前翅内縁近くに本科独特の翅脈相が現れる。擬態の事例もよく知られる。シロチョウ科ではほとんどが中型種で、翅は白色や黄色の種が多く、プテリン系色素が鱗粉に含まれる。シジミチョウ科は小型種で、翅の色彩・斑紋は表裏で異なるものが多く、後翅に尾状突起を持つものも多い。タテハチョウ科は主に中～大型種からなり、よく滑空して飛翔する。著しい地理的変異や性的二型、色彩多型、擬態、警告色など、翅の色彩・斑紋の変化に富み、擬態で知られるドクチョウやマダラチョウもこのグループである。

（矢後勝也）

B22 蝶類の全上科・全科
— 翅の色彩・形の多様性

Superfamilies and families of butterflies
— diversity of wing color and shape

Butterflies are a group of the insect order Lepidoptera, along with moths. The adults have large, variously shaped, often brightly-colored wings, and conspicuous, fluttering flight. In particular, this group has led to the evolution of wing colors and shapes due to antipredator adaptations such as warning color (mimicry) and cryptic color, flight ability, mate choice, reinforcement etc. Scales forming the wing coloration are pigmented with melanins that give them blacks and browns, as well as flavones, pterins and ommochromes that give them bright colors, but many of the blues, greens and iridescent colors are created by micro-structures (structural colors). Approximately 20,000 species of butterfly are divided amongst the large superfamily Papilionoidea and two smaller groups, the Hesperioidea (skippers) and the Hedyloidea (moth-butterflies).

Hediloidea contains a single family, Hedylidae, the species of which are small, rather dull-colored and predominantly nocturnal. These hedylids have tympanic organs at the base of their wings to evade predation by bats.

Hesperioidea comprises a single family, Hesperiidae, and has quick, darting flight habits. The wings are usually sharply-tipped in forewings and are fairly drab with a brown or grey tint.

Papilionoidea generally consists of four families: Papilionidae, Pieridae, Lycaenidae and Nymphalidae. Of these, the latter family is the largest in number, the butterflies usually being medium in size. Color pattern phenomena include sexual dimorphism, geographical variation, warning color, polymeric mimicry and crypsis.

(*Masaya Yago*)

← (最左列上から)
シャクガモドキ科 Hedylidae
　シャクガモドキの一種 (*Macrosoma nigrimacula*) ♂
セセリチョウ科 Hesperiidae
　アオバセセリ (*Choaspes benjaminii*) ♀
　コウトウシロシタセセリ (*Tagiades trebellius*) ♂
　カラフトタカネキマダラセセリ (*Carterocephalus silvicola*) ♂
アゲハチョウ科 Papilionidae
　ウラギンアゲハ (*Baronia brevicornis*) ♀
　ウンナンシボリアゲハ (*Bhutanitis mansfieldi*) ♂
　シロスソビキアゲハ (*Lamproptera curius*) ♂
　ミヤマカラスアゲハ (*Papilio maackii*) ♂

(左2列上から)
シロチョウ科 Pieridae
　ヒメシロチョウ (*Leptidea amurensis*) ♂
　スジボソヤマキチョウ (*Gonepteryx aspasia*) ♂
　カワカミシロチョウ (*Appias albina*) ♂
シジミチョウ科 Lycaenidae
　フィロタキララシジミ (*Poritia philota*) ♂
　ベニシジミ (*Lycaena phlaeas*) ♀
　テイオウシジミ (*Neomyrina nivea*) ♂
　ルリウラナミシジミ (*Jamides bochus*) ♂
　ホリイコシジミ (*Zizula hylax*) ♂
　ウラギンシジミ (*Curetis acuta*) ♂
　アドニラシジミタテハ (*Dodona adonira*) ♂

(右2列上から)
タテハチョウ科 Nymphalidae
　シータテハ (*Polygonia c-album*) ♂
　イシガケチョウ (*Cyrestis thyodamas*) ♂
　テングチョウ (*Libythea lepita*) ♀
　リュウキュウヒメジャノメ (*Mycalesis madjicosa*) ♀
　ピロピナベニスカシジャノメ (*Cithaerias pyropina*) ♂

(最右列上から)
タテハチョウ科 Nymphalidae
　コノハチョウ (*Kallima inachus*) ♂
　ヘカレドクチョウ (*Heliconius hecale*) ♂
　ツマムラサキマダラ (*Euploea mulciber*) ♂
　クロコノマチョウ (*Melanitis phedima*) ♀
　カキカモルフォ (*Morpho rhetenor cacica*) ♂

参考文献 References

Kawahara, A. Y. & Breinholt, J. W. (2014) Phylogenomics provides strong evidence for relationships of butterflies and moths. *Proceedings of the Royal Society B, Biological Sciences* 281: 20140970.

矢後勝也 (2015)「第6章・チョウにみる進化と多様化」『遺伝子から解き明かす昆虫の不思議な世界』大場裕一・大澤省三・昆虫DNA研究会 (編): 251–310、悠書館。

生殖的には隔離されているが、形態ではほとんど区別できない近縁な2種あるいは近縁種の一群を同胞種（sibling species または隠蔽種 cryptic species）という。このような同胞種を含むシジミチョウ科蝶類にシルビアシジミ属 *Zizina* がある。かつて本属の種レベルでの分類では、日本を含む東洋区の温帯〜熱帯域に広く生息するシルビアシジミ *Zizina ortis*、オーストラリア区に繁栄するミナミシルビアシジミ *Zizina labradus*、ニュージーランドの固有種オックスレイシルビアシジミ *Zizina oxleyi*、アフリカに産するアフリカシルビアシジミ *Zizina antanossa* の4種とする説が最有力であった。

ところが、世界各地の188個体を用いて分子系統解析を行ったところ、3分岐となる3つの大きなクレードが認められたが、これまで認識されていた4種でクレードを形成することはなかった。一方、生殖的隔離を判断できる♂交尾器を検討したところ、分子系統解析で得られた3つのクレードにほぼ対応した形態変異が認められた。これらの事実から本属を Z. otis、Z. oxleyi、そして Z. otis の亜種 emelina から格上げされた Z. emelina の3種に分類して、独立種として扱われることが多かったミナミシルビアシジミ Z. labradus やアフリカシルビアシジミ Z. antanossa を Z. otis の亜種とするのが妥当であると判断した。結果として、日本産シルビアシジミは2種に分かれ、本土産のシルビアシジミには *Zizina emelina* の学名を当てて、南西諸島産を含む Z. otis には新和名ヒメシルビアシジミと

B23 シルビアシジミ属
— 同胞種の種分化と系統地理

Zizina butterflies
— speciation and phylogeography of sibling species

命名した。

　一方、シルビアシジミ属の進化史を系統地理学的に推測すると、初期の大きく３つのクレードに分かれた分岐年代は約 270 万年前と推定されたが、この時期は氷期と間氷期の激しい変動の繰り返しが始まった頃と一致する。この気候変動が本属の共通祖先を３つに分断させ、両極の温帯にそれぞれ適応して種分化したのが東アジアのシルビアシジミおよびニュージーランド固有のオックスレイシルビアシジミで、熱帯〜亜熱帯に適応して生じたのがヒメシルビアシジミと考えられた。この研究は両極方向への進展則（progression rule）で種分化を起こしたチョウを分子系統から証明したほぼ初めての事例にもなっている。

（矢後勝也）

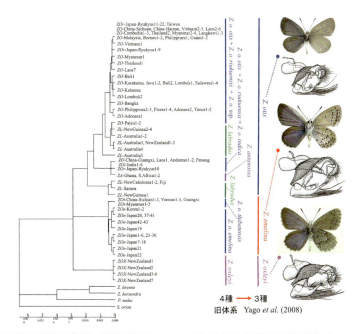

←シルビアシジミ属の種および亜種。分類体系は Yago *et al.* (2008) による。左上：シルビアシジミ（名義タイプ亜種）♂, 日本；同♀, 日本、右上：シルビアシジミ（チベット亜種）♂, 中国；同♀, 中国、左中央：ヒメシルビアシジミ（琉球亜種）♂, 沖縄；同♀, 沖縄、右中央：ヒメシルビアシジミ（東南アジア亜種）♂, インドネシア；同♀, インドネシア、左下：ヒメシルビアシジミ（インド亜種）♂, インド；ヒメシルビアシジミ（アフリカ亜種）♀, ガーナ、右下：オックスレイシルビアシジミ♂, ニュージーランド；同♀, ニュージーランド

Species and subspecies of *Zizina* butterflies. The classification follows Yago *et al.* (2008). Upper left: *Zizina emelina emelina* ♂, Japan; ditto ♀, Japan. Upper right: *Zizina emelina thibetensis* ♂, China; ditto ♀, China. Center left: *Zizina otis riukuensis* ♂, Okinawa; ditto ♀, Okinawa. Center right: *Zizina otis oriens* ♂, Indonesia; ditto ♀, Indonesia. *Zizina otis indica* ♂, India; *Zizina otis antanossa* ♂, Ghana. *Zizina oxleyi* ♂, New Zealand; ditto ♀, New Zealand

↑シルビアシジミ属の分子系統樹。Yago *et al.* (2008) を改変。樹形はミトコンドリア DNA の *ND5*（878 bp）に基づいて近隣結合法により構築。右は新体系での３種（ヒメシルビアシジミ *Z. otis*、シルビアシジミ *Z. emelina*、オックスレイシルビアシジミ *Z. oxleyi*）の♂翅表裏（左：表；右：裏）と♂交尾器（左側面）を示している

Linearized NJ tree of species of *Zizina* based on Kimura's two-parameter model using *ND5* nucleotide sequences from mtDNA. The right hand side indicates the classification of Bridges (1988) and Yago *et al.* (2008)

Members of the lycaenid butterfly genus *Zizina* occur in tropical to temperate zones of the Palaearctic, Oriental, Australian and Afrotropical regions. According to Bridges (1988), whose classification was widely accepted at that time, *Zizina* comprised the following four species: *Z. otis*, *Z. labradus*, *Z. oxleyi* and *Z. antanossa*. Yago *et al.* (2008) inferred phylogenetic relationships for all four species from the *ND5* region of mtDNA. From the molecular analyses and morphological evidence, they concluded that *Zizina* contains three species; *Z. otis*, *Z. oxleyi* and *Z. emelina*. The status of the latter species was revised, while *Z. labradus* and *Z. antanossa*, which were formerly treated as specifically distinct, were regarded as subspecies of *Z. otis*. Based on the analyses, they also employed phylogeography to discuss possible speciation events in *Zizina*. Each of the three species appears to have branched from the common ancestor, with a divergence time estimated to be about 2.5 million years ago. The ancestors of *Z. oxleyi* and *Z. emelina* are postulated to have adapted to a temperate climate, diverged in the northern and southern hemispheres, and resulted in the extant species from New Zealand and East Asia, respectively. In contrast, the ancestor of *Z. otis* adapted mainly to tropical and subtropical zones, and the extant *Z. otis* dispersed into the Afrotropical, Oriental and Australian regions.

(*Masaya Yago*)

参考文献 References

Yago, M. *et al.* (2008) Molecular systematics and biogeography of the genus *Zizina* (Lepidoptera: Lycaenidae). *Zootaxa* 1746: 15-38.

Bridges, C. A. (1988) *Catalogue of Lycaenidae & Riodinidae (Lepidoptera: Rhopalocera)*. Urbana: Private publication.

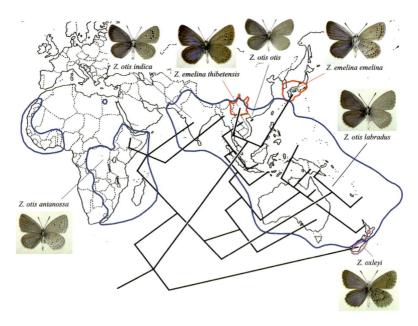

シルビアシジミ属の分子系統地理。各種・亜種の学名はYago *et al.* (2008) の体系で示し、合わせて♂標本を図示（左：翅表；右：翅裏）、赤枠：シルビアシジミ；青枠：ヒメシルビアシジミ；紫枠：オックスレイシルビアシジミ）
Phylogeography of species of *Zizina*. The classification follows Yago *et al.* (2008). Specimen photos indicate the upper- (left) and underside (right) of the male wings. Red frame: *Zizina emelina*; blue frame: *Zizina otis*; purple frame: *Zizina oxleyi*

東南アジアに生息するタテハチョウ科・イナズマチョウ属 Euthalia のうち、中国南部からインド、インドシナ、マレー半島と広域に分布する前翅に白斑を持ったフェミウスイナズマ Euthalia phemius、マレー半島に産する前翅に白斑のないイポナイナズマ Euthalia ipona、ボルネオ特産で前翅に白斑かつ♀後翅に青帯があるユーフェミアイナズマ Euthalia euphemia の3種は、互いに形態が酷似することからフェミウス複合種群（Euthalia phemius complex）とも呼ばれ、上記のような斑紋の違いからそれぞれ別種として扱われていた。

ところが、核とミトコンドリア双方のDNAから分子系統解析を行ったところ、各種間の遺伝的差異はほとんど検出されなかった。次に種の分類として有効な♂交尾器の形態（特に♀を把握する valva の形状）をフーリエ変換という手法を用いて解析したところ、明確な差異を見出せなかった。その後の標本調査で、種分類の根拠となっていた斑紋に関しても、フェミウスイナズマとイポナイナズマとの中間的な斑紋を持つ個体がマレー半島で複数頭見つかった。

結果として、これら3種は同一種フェミウスイナズマにまとめるのが妥当とする結論に至り、ユーフェミアイナズマは本種の亜種に、イポナイナズマは本種の一型に変更された。かつて分子系統学的研究と伝統的な形態を主体とする分類学的研究とはデータが合わないこともあり、議論が対立していた時期もあったが、最近の研究の進歩により、分子系統解析は分類学的研究に

B24 フェミウスイナズマ複合種群
— 翅の斑紋に惑わされた種分類

Euthalia phemius
— prior species classification due to deceptive wing markings

フェミウスイナズマ複合種群。左上：フェミウスイナズマ♂、左下：フェミウスイナズマ♀、中上：イポナイナズマ♂、中央下：イポナイナズマ♀、右上：ユーフェミアイナズマ♂、右下：フェミウスイナズマとイポナイナズマの中間的個体♀
Specimens of the *Euthalia phemius* complex. Upper left: *E. phemius phemius* (Doubleday, 1848) ♂. Lower left: *E. phemius phemius* ♀. Upper middle: *E. phemius phemius* (f. *ipona* Fruhstorfer, 1913) ♂. Lower middle: *Euthalia phemius* (f. *ipona*) ♀. Upper right: *E. phemius euphemia* Staudinger, 1896 ♂. Lower right: intermediate form between *phemius* and *ipona* ♀

極めて有効なツールとして今では認識されている。

一方、フェミウスイナズマの種・亜種の分化や分布形成過程も解明するため、分子データから分岐年代推定を行ったところ、本種の共通祖先はちょうど氷期と間氷期の激しい気候変動の繰り返しが世界中で見られるようになった時期にほぼ当たる2.1～2.3百万年前に出現し、その後、50～60万年前にマラッカ海峡の形成に伴う地理的分断により、マレー半島を含む大陸の集団とボルネオの集団に分岐して、それぞれの集団が各亜種に分化していったことが明らかにされている。

（矢後勝也）

フェミウスイナズマ複合種群の分子系統樹。Yago *et al.* (2012) を改変、樹形はミトコンドリア DNA に基づいて近隣結合法により構築。各枝の数値は近隣結合法（左上）と最節約法（右上）によるブートストラップ値、ベイズ法（下）による事後確率で、ブートストラップ値 50％以上と事後確率 0.9 以上が示されている

Linearized NJ tree of the *Euthalia phemius* complex based on Kimura's two-parameter model using a combined sequence of two mitochondrial genes. Numbers indicate bootstrap values from NJ (top left) and MP (top right) analyses, and posterior probabilities from Bayesian analysis (bottom). Only bootstrap values >50 % and Bayesian posterior probabilities >0.90 are shown. The classifications of Tsukada (1991) and from Yago *et al.* (2012) are shown on the right.

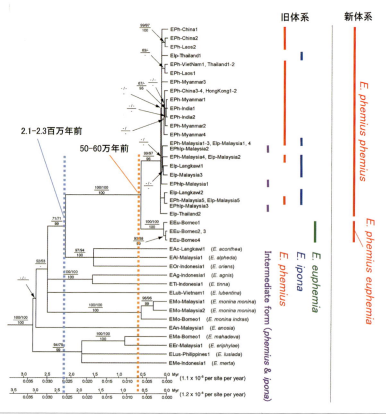

The *Euthalia phemius* complex, which is composed of three SE Asian nymphalid species, *Euthalia phemius*, *E. ipona* and *E. euphemia*, were genetically analyzed by examining mitochondrial and nuclear genes. The three species were also examined morphologically, with particular emphasis on wing markings and male genitalia. As a result, no significant differences among the three species were detected with respect to either genetic distance or genital morphology. Yago *et al.* (2012) therefore concluded that the three currently recognized *Euthalia* species belong to a single species. Accordingly *E. ipona* is synonymized with *E. phemius*, while *E. euphemia* is treated as a subspecies of *E. phemius*. Moreover, divergence times in the *E. phemius* complex were also analyzed from the DNA sequences. Judging from the linearized tree, the common ancestor of the E. phemius complex appeared about 2.1-2.3 Mya. The divergence age of the ancestral *E. phemius phemius* and the ancestral *E. phemius euphemia* was estimated at about 0.5-0.6 Mya. It was inferred that *E. phemius* was divided into two populations by the formation of the Strait of Malacca between Borneo and the Malay Peninsula, extending from Indochina, perhaps due to a climatic or geographic change. Subsequently, it is considered that the two evolved into the extant *E. phemius phemius* and *E. phemius euphemia*, respectively. (*Masaya Yago*)

参考文献 References

塚田悦造（編）（1991）『図鑑 東南アジア島嶼の蝶 第5巻 タテハチョウ編（下）』プラパック（松本）。

Yago, M. *et al.* (2012) Revision of the *Euthalia phemius* complex (Lepidoptera: Nymphalidae) based on morphology and molecular analyses. *Zoological Journal of the Linnean Society* 164: 304–327.

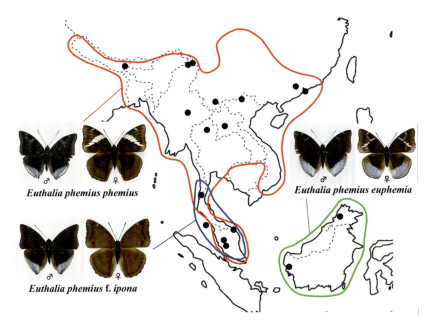

フェミウスイナズマ複合種群の地理的分布。Yago *et al.* (2012) を改変。赤枠：フェミウスイナズマ、青枠：イポナイナズマ、緑枠：ユーフェミアイナズマ、黒丸は研究材料に用いた標本の産地を示す。翅の斑紋による違いから、かつてはそれぞれ別種として見なされていたが、現在ではすべて同一種として扱われている

Geographical distribution of the *Euthalia phemius* complex. The classification followed Yago *et al.* (2012). Dots indicate the localities of the 38 samples used in the study

周期的かつ季節的に一定方向を旅する「渡り」が知られる蝶として、日本ではアサギマダラ、北米ではオオカバマダラがいる。両種ともタテハチョウ科・マダラチョウ亜科に属し、有毒のガガイモ科植物を幼虫が食べることから、成虫も食草由来の有毒成分を体内に蓄積するため、鳥などの天敵から捕食されにくいと考えられている。

アサギマダラの渡りに関しては、1980年頃から翅に標識をつけて放し（マーキング）、それを再捕獲する市民参加型の調査が各地でなされ、春〜夏には台湾・南西諸島から数世代で本州・北海道へ北上し、秋には逆のコースで一気に北海道・本州から南西諸島・台湾、時には中国大陸まで一世代で南下することが判明し、新聞やテレビ等でもよく取り上げられている。2011年には和歌山から高知を経由して香港まで約2,500kmを移動した個体が再捕獲されて話題となり、これが現在の最長移動記録となっている。また、本種の約6亜種でそれぞれ移動性の有無が異なり、最近の分子系統学的研究によると、本種の祖先は定住性で、一部の個体群（例えば日本亜種）が移動性に派生したと考えられている。各亜種レベルでの遺伝的距離も大きく、複数の隠蔽種が本種内に混在する可能性が高い。この結果は成虫の斑紋や性標、幼生期のデータからも支持されている。

一方、北米産のオオカバマダラは春から夏に3〜4世代を重ねて北上してアメリカ北部やカナダに達し、秋に北米北部からカリフォルニア南部やメキシコまで3,000km以上も一気に南下した後、樹上の枝や葉などに止まりながら集団で越冬する。渡りの機構については、太陽コンパスや磁気コンパスが体内に存在し、これにより定位することや、大きな飛翔効率を生む遺伝子なども判明している。また、比較ゲノム解析からオオカバマダラ属は祖先が移動性で、北米から分散して中南米に定住性の種が広く分布するようになったという、アサギマダラとは逆の進化が起こったことが明らかにされている。

（矢後勝也）

B25 アサギマダラとオオカバマダラ
— 渡りをする蝶

Parantica sita and *Danaus plexippus*
— migratory butterflies

The Chestnut Tiger butterfly, *Parantica sita*, is distributed throughout E and SE Asia, while a subspecies, *P. sita niphonica*, primarily occurs in Japan and Taiwan, but has also been recorded in China, Korea and Sakhalin. Mark-release-recapture surveys revealed that the subspecies migrates northeastward in spring and summer over a few generations and southwestward in autumn for overwintering. The longest migration record is traveling up to 2,500 km within 83 days from Wakayama Pref., Japan, to Hong Kong. According to molecular work, *P. sita* is very likely to include some cryptic species in the species, and this hypothesis is also supported by morphological data from the wing markings, androconia and immature stages.

On the other hand, the Monarch butterfly, *Danaus plexippus*, migrates in a mere single generation from the northern US and Canada to overwinter in Mexico and California (traveling about 3,500 km). After overwintering in clusters for four to five months, this butterfly begins mating and flying north in spring. Recolonization of northern latitudes takes place over the course of three to four generations. In late summer, it travels southward again and the process repeats itself. Recently, the navigational mechanisms of the migrating butterfly such as a time-compensated sun compass, a magnetic compass and its genetic basis have been gradually clarified.

(*Masaya Yago*)

参考文献 References

金沢 至・橋本定雄・福村拓己・伊藤雅男・アサギマダラを調べる会 (2013)「アサギマダラの移動における日本海ルートの可能性」『Nature Study』60 (1): 3–6。

新川 勉・矢後勝也・中 秀司・福田晴夫・村上 豊・宮武頼夫・野中 勝 (2006)「マダラチョウ科の分子系統」『昆虫と自然』42 (1): 5–11。

矢後勝也 (2012)「2011年の昆虫界をふりかえって―蝶界」『月刊むし』(495): 2–18。

矢後勝也 (2015)「第6章・チョウにみる進化と多様化」『遺伝子から解き明かす昆虫の不思議な世界』大場裕一・大澤省三・昆虫DNA研究会（編）：251–310、悠書館。

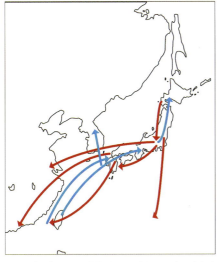

↑アサギマダラの長距離移動の例。金沢ほか（2013）を改変、青線は春～夏にかけての北上移動、赤線は晩夏～秋にかけての南下移動を示す
Long-distance migration patterns of *Parantica sita* (modified from Kanazawa *et al*. 2013). Blue arrows indicate spring and summer migrations northward. Red arrows indicate fall migration southward

←渡り蝶2種の標本。左上：アサギマダラ♂、表面、神奈川、右上：アサギマダラ♂、裏面、奄美大島（長野→奄美大島の約1,200 kmの移動が確認されたマーキング個体・芦澤一郎採集）、左下：オオカバマダラ♂、表面、オーストラリア、左下：オオカバマダラ♀、表面、ハワイ
Two migratory butterflies. Upper left: *Parantica sita niphonica* (Moore, 1883) ♂ , upperside, Kanagawa. Upper right: *ditto* ♂ , underside, Amami-Oshima (This specimen is a mark-release-recapture individual migrating from Nagano Pref. to Amami-Oshima). Lower left: *Danaus plexippus* (Linnaeus, 1758) ♂ , upperside, Australia. Lower right: *ditto* ♀ , upperside, Hawaii, USA

北米産オオカバマダラの集団越冬（撮影：倉地 正）
Cluster of overwintering *Danaus plexippus* on a fir branch (Photo: Tadashi Kurachi)

地球に生息する生物の中で、もっとも多くの種数からなるグループが昆虫である。実に全生物種の60%ほどを昆虫が占めている。しかも、現在でも次々に新種が発見されていることから、この割合は今後もっと高くなるであろう。ただし、新種が発見される場所は、人里離れた山奥であったり、調査の及んでいない特殊な環境だったりと、人間の生活圏から遠い場合がほとんどである。つまり、私たちがいつも暮らしている環境には、ありふれた生き物しかいないと思いがちである。しかし、この盲点を突くように、東京都心から新種の昆虫が発見された。2013年のことであった。その昆虫こそ、ここで展示されているエドクロツヤチビカスミカメである。

東京都心には、皇居や明治神宮を筆頭に広大な面積をもつ緑地がいくつかある。これら広域緑地の生物相については近年になって精力的な調査がなされ、都心の緑地にもかかわらず高い生物多様性を保持していることが明らかになっている。一方で、ずっと小さな緑地、例えば大学キャンパスの生物多様性は如何ほどのものであろうか。この疑問が、新種発見のきっかけであった。

東京大学駒場キャンパス（東京都目黒区）は、周囲を商業施設や住宅地に囲まれており、渋谷駅まで徒歩20分ほどに位置する。このような高度な都市化にさらされた小規模緑地での調査は、図らずも驚きの連続であった。59年ぶりに再確認されたニセカシワトビカスミカメの生息や、皇居や明治神宮に勝るとも劣らない種多様性の存在が示した事実は、大都会であっても身の回りの自然が如何に未知で溢れているかを物語っている。ここに至って、さらに新種のエドクロツヤチビカスミカメの発見である。まさに、灯台下暗し。都市緑地の重要性を生物多様性の観点から再認識する出来事であった。

エドクロツヤチビカスミカメの世界共通の名前、すなわち学名は *Sejanus komabanus* である。種小名 *komabanus* は発見地の「駒場」にちなんで付けられた。なお、このカメムシが新種として発表された論文では、新種がもう1種掲載されており、この新種も長崎県の住宅地で見つかっている。身の回りの自然を見直すことによって、身近な新発見が今後も続くであろう。(石川　忠)

B26 エドクロツヤチビカスミカメ
― 都心から発見された新種カメムシ

Sejanus komabanus
― new heteropteran species discovered in the center of the Tokyo Metropolis

エドクロツヤチビカスミカメのパラタイプ標本。東京都目黒区駒場、2013年6月22日、石川　忠採集（ANMH_PBI 00379779）
Sejanus komabanus Yasunaga, Ishikawa et Ito, 2013, paratype, 23. vi. 2013, Komaba Campus, the University of Tokyo, Meguro-ku, Tokyo (Tadashi Ishikawa leg.) (AMNH_PBI 00379779)

The Heteroptera, or true bugs, form one of the major insect groups with respect to the very diverse habitat preferences, including both aquatic and terrestrial species, as well as having a variety of feeding types. The first comprehensive inventory of the Heteroptera at the Komaba Campus of the University of Tokyo, an urban green space in the center of the Tokyo Metropolis, was conducted in 2013-2014. A total of 115 species in 29 families of the suborder Heteroptera were identified. Of them, an undescribed species belonging unequivocally to genus *Sejanus* Distant of the family Miridae was discovered from flowers of *Mallotus japonicus* (L.f.) Müll. Arg. (Euphorbiaceae). Accordingly, the new one was originally described as *Sejanus komabanus* Yasunaga, Ishikawa et Ito, 2013, which was named after the type locality, the Komaba Campus, and occurred in mid to late June (probably a univoltine life cycle). Moreover, the Komaba Campus had a high species richness compared with other urbanized and suburbanized localities in Tokyo, and was found to show a substantial difference in heteropteran species compositions, despite being close to the other localities surrounded by highly urbanized zones in central Tokyo. (*Tadashi Ishikawa*)

参考文献 References

Ishikawa, T. *et al*. (2015) Inventory of the Heteroptera (Insecta: Hemiptera) in Komaba Campus of the University of Tokyo, a highly urbanized area in Japan. *Biodiversity Data Journal* 3: e4981. DOI: 10.3897/BDJ.3.e4981

Yasunaga, T. *et al.* (2013) Two new species of the plant bug genus *Sejanus* Distant from Japan (Heteroptera: Miridae: Phylinae: Leucophoropterini), inhabiting urbanized environments or gardens. *Tijdschrift voor Entomologie* 156: 151–160.

2013年に新種として発表されたエドクロツヤチビカスミカメ（カメムシ目、カスミカメムシ科）。発見地は東京都心の東京大学駒場キャンパス（撮影：安永智秀）
A plant bug, *Sejanus komabanus*, discovered at the Komaba Campus, The University of Tokyo, situated in the highly-urbanized environment of Tokyo and described as a new species in 2013 (Photo: Tomohide Yasunaga)

エドクロツヤチビカスミカメが棲む東京大学駒場キャンパスのアカメガシワ（撮影：石川 忠）。発生期の初夏にはアカメガシワの花序に多数の個体が見られる
Mallotus japonicus (Euphorbiaceae) on which *Sejanus komabanus* inhabits. A large number of this plant bug visit the flowers for a brief period in early summer (Photo: Tadashi Ishikawa).

バビルサはインドネシアのスラウェシ島周辺にのみ分布するイノシシ科の哺乳類である。バビルサは体重80kg程度のイノシシ科の一種であるが、犬歯（牙）の発達が著しく、その異様な外貌で知られる。上下二対の犬歯は湾曲しながら長く伸び続け、上顎の犬歯は生きていた時には口の周囲の肉を突き破って上方へ成長する。曲がりながら眼の前方に至る犬歯は、老齢個体では先端が頭部に達し、突き刺さるように見える。そのため、「自分の死を見つめる動物」と呼ばれることがある。インドネシア語でバビ（babi）はブタを、ルサ（roesa）はシカを示すので、現地では長い犬歯をシカの雄の角のように受け止めてきたのだろう。イノシシのなかまでは例外的に産仔数が少なく、山林の開発とともに姿を消しつつある。

　この標本は、本学医学部の小金井良精博士が収集を開始した一連の動物標本のひとつである。詳しい経緯は不明だが、大正6年8月に、貿易商より譲り受けたという記録が残っている。日本に解剖学・形態学、そして人類学を確立した小金井博士によって、比較形態学の貴重な標本として医学分野に収蔵されたものであろう。上顎と下顎は別の個体のものと推測されるが、一体で管理されてきた。骨や歯の何か所かが破損しているものの、バビルサのきわめて貴重な骨格標本であるとともに、本邦解剖学の歴史を語り継ぐコレクションである。

（遠藤秀紀・楠見　繭）

B27 バビルサ頭骨
Skull of Babirusa

バビルサ（*Babyrousa babyrussa*）。頭骨、全長 300mm、背側前方寄り左側面。
小金井コレクション
Babirusa (*Babyrousa babyrussa*). Skull, L: 300 mm.
Left dorso-rostro-lateral aspect. Koganei Collection

Babirusa is a mammal of Suidae distributed only in islands around Sulawesi of Indonesia. It weighs about 80 kg. Its canines (tusks) extraordinarily develop and this species is famous for its strange external shape. Upper and lower pairs of curved canines continue to grow longer. When the animal is alive, the canines of the upper jaw pass also through the softparts around the mouth. The curved canines are elongated in front area of the face and eyes and the tip reaches the head surface in old individuals. Because these appear to pierce the skull, the babirusa is called "Animal staring its death". In Indonesian language, Babi (babi) means the pig, and Lusa (roesa) indicates the deer. The long canines traditionally have reminded the local people of the antlers of the male deer. Exceptionally in Suidae species, babirusa has smaller litter size. Because of the destruction of forests, the babirusa is disappearing.

This specimen is one of the animal specimens that Dr. Yoshikiyo Koganei of Faculty of Medicine, the University of Tokyo started to collect. Detailed history of this specimen has been unknown, but it has been recorded that Dr. Yoshikiyo Koganei was handed the skull from a trading company in August 1917. This specimen was collected as a valuable specimen of comparative morphology in the Faculty of Medicine by Dr. Yoshikiyo Koganei who had established the anatomy, morphology and anthropology in Japan. We suggest that cranium and mandible may belong to the two different individuals, but, these have been stored as one specimen. Although the skull and teeth are partially broken, this specimen is a rare specimen of babirusa that has recorded the history of zoological anatomy in Japan.

(*Hideki Endo & Mayu Kusumi*)

参考文献 References

遠藤秀紀 (2002)『哺乳類の進化』東京大学出版会。

背側前面
Dorso-rostral aspect

モアは、かつてニュージーランドに生息していた巨大な鳥である。骨格や卵殻が発掘・収集されることから、断片的ではあるが、その形態学的特徴が少しずつ明らかにされてきた。系統的に何種かに分化・多様化していたらしい。体高は3mを超え、体重は250kg以上に達したと推測される。現在のダチョウやレア、ヒクイドリ、キーウィなどと近縁な系統で、頭部骨格の特徴から古顎類と呼ばれる一群である。モアは古顎類の中でもニュージーランドに隔離されて巨大化し、翼を退化させて、飛翔能力を完全に失った。500年以上前に絶滅したと考えられるが、人間がニュージーランドに到達して以後に滅んだと考えられ、人の手による捕殺・乱獲がその原因である可能性が高い。

本標本は、ニワトリの標本や関連資料を大量に収集蓄積した山口健児(たける)氏のコレクションのひとつである。山口氏は、鶏卵や家畜飼料の生産で知られる日本農産工業株式会社に勤務しながら、コレクションを築いた。この卵も、同社の展示施設である和鶏館で、多くのニワトリ剥製や関連する民具とともに展示されてきた経緯がある。2012年にコレクションのすべてが東京大学総合研究博物館に寄贈され、当該標本は、大学所蔵の学術資料として新たな歴史を歩み始めた。モアの卵殻の標本は非常に珍しく、現在、卵殻構造の詳細な研究が進められている。

(遠藤秀紀・楠見 繭)

B28 モア卵殻
Eggshell of moa

モア (*Dinornis*)。卵殻、長径200mm。
山口コレクション
Moa (*Dinornis*). Eggshell, L: 200 mm.
Yamaguchi collection

The moa is a huge bird that lived in New Zealand. Because its skeletons and eggshells can be excavated and collected, the morphological characteristics of this species have been partially revealed. The moas seem to have phylogenetically branched to various taxa. The height is estimated to be more than 3m, and the body weight may be over 250kg. The moa is a closely related to taxa including the ostrich, rhea, cassowary and kiwi. Based on the form of the skull, the group is named as palaeognaths. Since the species was isolated in New Zealand, the body has become much larger, its wings have degenerated, and its flying ability was completely lost. After human reached New Zealand, they might be extinct more than 500 years ago. The factors of the extinction might include excessive hunting pressure by human.

This eggshell is a specimen belonging to Yamaguchi collection. Mr. Takeru Yamaguchi collected and accumulated a large number of specimens and materials related to domestic fowls. Mr. Yamaguchi has established the collection of fowls, when he worked as a managing director in Nosan Corporation that is known as a company of eggs and livestock feed. This egg has been exhibited with many stuffed fowl specimens and folk-craft articles related to fowls in the Wakei (Japanese fowl breeds) Museum of Nosan Corporation. In 2012, all of the collections were donated to the University Museum of the University of Tokyo, and the new history of Yamaguch Collection started as academic materials in the University Museum. The eggshell of the moa is rare. The detailed examinations on its fine structure are being carried out. (*Hideki Endo & Mayu Kusumi*)

カワウソは、イタチ科カワウソ亜科に属すグループで、イタチ類の中では高度に水棲に適応しているといえる。このうち、ユーラシアカワウソはヨーロッパから東アジアまで広く分布している。しかし、過去100年ほどの間に毛皮目的に過度に捕獲され、また河川や周辺環境の破壊とともに分布域の各地で姿を消している。近年絶滅したと考えられる日本のニホンカワウソも、このユーラシアカワウソの亜種もしくは近縁種である。日本では四国が最後の生息地だったと考えられ、高知県や愛媛県から比較的後期まで生息情報が得られていた。本種は体重10kg前後のカワウソで、河川周辺から沿岸域で活動して、魚や甲殻類を捕食している。

この骨格は医学部の小金井良精博士によって収集・研究されたコレクションであり、長く東京大学医学部で学術利用され、総合研究博物館で収蔵されるに至っている。小金井博士は、ヒトとともに多種の動物を研究していたため、かつて入手可能であったカワウソを重要な比較動物標本として収集したと考えられる。

骨格の収集地は明確ではないが、総合研究博物館ではカワウソの日本産集団を大陸産集団と比較する研究が進められてきたため、地理的変異を精査する際に大きな役割を担っている骨格標本である。

（遠藤秀紀・楠見　繭）

B29 ユーラシアカワウソ全身骨格
Skeleton of Eurasian otter

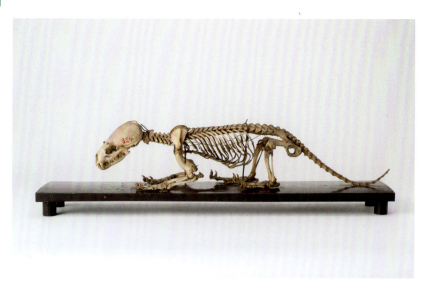

ユーラシアカワウソ（*Lutra lutra*）。骨格、全長 450mm、左側面。
小金井コレクション
Eurasian otter (*Lutra lutra*). Skeleton, L: 450 mm, left lateral aspect.
Koganei Collection

The otters belong to Family Mustelidae and Subfamily Lutrinae. They are highly adapted to aquatic life as weasels. Among them, the Eurasian otter is widely distributed from Europe to East Asia. However, because it has been excessively captured for the purpose of fur and the natural environment of the rivers and surrounding areas have been destroyed in the past 100 years, the Eurasian otter has disappeared in many districts. The Japanese river otter that seemed to be recently extinct is considered as a subspecies or closely-related species of the Eurasian otter. Shikoku had probably the last habitat of Japanese river otter. The information of latest individuals of the Japanese river otter had been obtained in Kochi and Ehime Prefectures. The body weight of the Eurasian otter is about 10 kg. This species is active in the coastal zone from the rivers, and preys on fishes and crustaceans.

This skeleton has been collected and examined by Dr. Yoshikiyo Koganei in the Faculty of Medicine. This specimen is used for basic studies in the Faculty of Medicine. After that, it was stored in the University Museum of the University of Tokyo. Because Dr. Koganei studied not only humans but also various animals, he also collected the skeleton as an important material for the comparative morphology.

The locality where this skeleton was collected has not been recorded. However, the Japanese population of the otter has been compared with that from the Eurasian continent in the University Museum of the University of Tokyo, so this rare skeleton specimen is important to detail the geographic variation of the otter.

(*Hideki Endo & Mayu Kusumi*)

参考文献 References
遠藤秀紀（2002）『哺乳類の進化』東京大学出版会。

背側前方寄り左側面
Left dorso-cranio-lateral aspect

セキショクヤケイ（赤色野鶏）はキジ科の野鳥で、中国南部、インドシナ半島、マレー半島からインドネシアの島嶼部に至るまで広く分布する。家禽ニワトリの野生原種であることが証明され、世界中のニワトリはこのセキショクヤケイをもとにして作出、改良された集団である。体重は通常、雄で1kg以下、雌で600g以下。雄がこの剥製のように、オレンジ色と金属光沢のある緑色で大変美しいのに対し、雌は地味で褐色の斑紋が特徴的である。一年にわずか10個程度しか卵を産まず、厳格な縄張りをもつ。このように、原種の生物学的特性は、効率的な食糧生産用家禽としては不適切であり、人類が長い時間をかけて特質のまったく異なる鳥に改良を重ねたことが推察される。

　この仮剥製は、総合研究博物館の調査隊がラオス北部を踏査した際に収集・製作した貴重な標本で、インドシナ北部に分布する原種集団の典型的な姿を伝えるものである。分布域の広い同種では、地域によって形や大きさ、羽色や生態が異なっていることが予想されるが、現在までに十分な比較調査結果は得られていない。総合研究博物館は総合的な家畜家禽の現地調査を繰り返し、同地域の家畜家禽について世界でもっとも豊富な学際的情報を得て研究を継続している。

（遠藤秀紀・楠見　繭）

B30 セキショクヤケイ仮剥製
Skin specimen of red junglefowl

セキショクヤケイ (*Gallus gallus*)。雄、仮剥製、全長550mm、左側面、2008年収集
Red junglefowl (*Gallus gallus*). Male, skin specimen, L: 550 mm, left lateral aspect. Collected in 2008

The red junglefowl is a wild bird belonging to Phasianidae. This bird is widely distributed in southern China, Indochina Peninsula, Malay Peninsula and islands of Indonesia. The red junglefowl has been proved to be a wild species of poultry chickens. Around the world, domestic chickens were produced and improved from this species. The body weight is usually 1 kg in male, and 600 g or less in female. The male has beautiful appearance with orange and metallic green feathers, like this specimen. On the other hand, the female have quiet brown spotted feathers. They lay about ten eggs for one year, and have a strict territory. These biological characteristics are not suitable for food productive poultry. Therefore, it has been speculated that the human have improved repeatedly wild-fowls to produce poultry chickens.

This valuable skin specimen was collected and stuffed when the research team of the University Museum of the University of Tokyo explored the northern Laos. It shows the typical appearance of the red junglefowl populations in the northern Indochina. Because the species lives in wide area, we can expect that the bird is different in the form, the size, the color of feather and the habit by the region. However, the result of the comparative study has remained unclear. The research team of the University Museum of the University of Tokyo investigates the domestication history of the fowl at that region.

(*Hideki Endo & Mayu Kusumi*)

背側面
Dorsal aspect

背側面
Dorsal aspect

ヒメネズミは日本の代表的な齧歯類で、日本国内に広く分布し、山林で普通に見られる。暗褐色の体色で、体重20g程度。アカネズミと近縁であるが、体サイズが小さく、尾が相対的に長い。

　本標本は、動物学の貴重な学術標本群である宮尾嶽雄コレクションに属している。同コレクションは宮尾嶽雄博士によって野外から収集・製作された哺乳類標本である。齧歯類や真無盲腸類などの小型哺乳類を主体とし、詳細な捕獲収集記録と外部計測データを具備した、学術的にきわめて貴重な骨格標本群である。宮尾博士は1960年代から90年代を中心に愛知学院大学歯学部で日本の哺乳類を研究、とりわけネズミやモグラを大量に捕獲し、緻密な研究を進めた研究者である。その研究は、ネズミやモグラの地理的な形態の変異、成長パターンの異同、生態学的比較など多岐にわたり、未だ全貌がつかめていなかった日本の哺乳類に関する総合的な情報を蓄積することに成功している。

　宮尾コレクションは長く愛知学院大学で研究された後、2012年に同大学の近藤新太郎博士、高田靖司博士らの尽力により、東京大学総合研究博物館に収蔵場所を移し、現在も日本の哺乳類の基礎的データを生み出すことに貢献している。宮尾博士と愛知学院大学の皆様に心から感謝の気持ちを伝えたい。

（遠藤秀紀・楠見 繭）

B31 ヒメネズミ頭骨（宮尾コレクション）
Skulls of small Japanese field mouse (Miyao Collection)

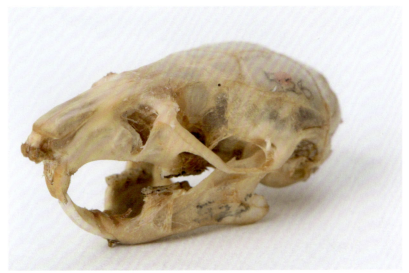

ヒメネズミ（*Apodemus argenteus*）。頭骨、全長20mm、背側前方寄り左側面。
宮尾コレクション
Small Japanese field mouse (*Apodemus argenteus*). Skull, L: 20 mm, left dorso-rostro-lateral aspect. Miyao Collection

This species is a typical rodent of Japan. It is widely distributed in Japan, and commonly found in forests. The skin color appears dark brown, and its body weight is about 20 g. The species is closely-related to the large Japanese field mouse, however the body size is smaller and the ratio of the tail length is relatively large.

This specimen belongs to Miyao Takeo Collection which includes valuable scientific materials of zoology. The collection consists of specimens that have been prepared from wild animals collected in the field by Dr. Miyao Takeo. The Collection is composed of small mammals like Rodentia and Eulipotyphla with the detailed records of capture and external measurement data, Miyao collection represents valuable as skeleton specimens. Dr. Takeo Miyao had studied the mammals of Japan at School of Dentistry, Aichi Gakuin University until the 1990s since the 1960s. He captured large amount of vole, mouse and mole, examined the small mammals of Japan in detail. His researches widely include the geographical morphological variations, differences in growth patterns and ecological comparisons among populations. He successfully accumulated comprehensive information of mammals of Japan which had not yet been clarified.

After the Miyao collection has been examined in Aichi Gakuin University, it was donated to the University Museum of the University of Tokyo by the efforts of Dr. Shintaro Kondo and Dr. Yasushi Takada in 2012. These specimens still has contributed to the collection of the basic biological data of mammals of Japan. We are grateful to Dr. Takeo Miyao and the staff of Aichi Gakuin University.

(Hideki Endo & Mayu Kusumi)

参考文献 References
遠藤秀紀（2002）『哺乳類の進化』東京大学出版会。

背側面
Dorsal aspect

ヒメネズミ（*Apodemus argenteus*）。頭骨、左側面。宮尾コレクション
Small Japanese field mouse (*Apodemus argenteus*). Skulls, left lateral aspect. Miyao Collection

メガネカイマンは、アリゲーター科カイマン属に帰属するワニである。中南米に広く分布し、同地域の典型的なワニであるといえる。眼の周囲に隆起が生じる様子が眼鏡に似るとされ、メガネカイマンという和名が定着している。成長すれば体長は 2.5 m 近くなる。比較的飼育しやすいとされ、以前から多くの動物園で飼育が進められ、繁殖への取り組みも行われてきた。ペットとしての飼育例も少なくない。

　2011 年 3 月 11 日の東日本大震災発生後に電力事情が逼迫し、関東地方でも多くの地域で計画停電が実施された。停電は市民生活や産業活動のみならず、動物飼育現場にも多大な影響を与えたことが記録されている。動物園や水族館では、十分な電源が得られない状況で、飼育環境の維持に力が注がれた。また、死亡個体を一時保存する冷凍庫が十分に運転できなくなり、死体の焼却処分を進めたり、地中に埋葬・埋却して急場を凌ぐことが行われた。

　本頭骨は、震災後、冷凍庫の安定的な運転が難しくなるなか、静岡県の熱川バナナワニ園において土中に埋却された死体を再度発掘し、頭骨標本に仕上げたものである。園で生まれ若齢で死亡した個体の頭骨であり、ワニの骨格の成長の研究に用いられている。貴重な動物学の研究資料であるとともに、不慮の自然災害が学問、教育、文化に残す影響を語り継ぐ標本であるといえよう。

（遠藤秀紀・楠見　繭）

B32 メガネカイマン頭骨
Skull of spectacled caiman

メガネカイマン（*Caiman crocodilus*）。頭骨、全長 140mm、左側面、2011 年収集
Spectacled caiman (*Caiman crocodilus*). Skull, L: 140 mm, left lateral aspect. Collected in 2011

Spectacled caiman is an alligator that belongs to Family Alligatoridae and Genus *Caiman*. They are distributed in a wide range of Central and South America. This is a typical species of alligators in the Region. Because the ridges surrounding the eyes look like wearing glasses, the Japanese name of the spectacled caiman mean "glasses". The body length reaches about 2.5m. Because artificial breeding of spectacled caiman is relatively easy, the species has been maintained in many zoos, and the reproduction is also being successful. Furthermore many individuals are maintained as a pet.

After the Great East Japan Earthquake of March 11, 2011, because the situation of the electric power supply was tight, the planned power outage was carried out in many areas of the Kanto District. It is recorded that the power outage caused a great influence not only on the civic life and industrial activities, but also on the animal maintenance and breeding sites. In zoos and aquaria, they could not sufficiently obtain the power and the artificial breeding environment could not be easily maintained. Because they could not use the freezer for temporarily storing dead individuals, some dead bodies were burned and buried in the ground.

This skull specimen was prepared from an unearthed dead body in Atagawa Tropical and Alligator Garden of Shizuoka Prefecture. This specimen is the skull of a subadult individual which was born in this garden, and it has been used to morphologically examine the growth pattern of the crocodile skeleton. This is a valuable research material of zoology. In addition, it also has role to tell us the impact of accidental natural disasters on the academic, education and culture.   (*Hideki Endo & Mayu Kusumi*)

吻側面
Rostral aspect

背側面
Dorsal aspect

ヌマワニは、インド、バングラデシュ、パキスタン、スリランカなどに分布するワニである。全長5m、体重500kgに達する。顎のサイズが大型で、成体は生息地の大型哺乳類を捕食することが可能である。緻密な生息地の分析は進んでいないが、流れのない沼や湖に暮らすといわれてきた。漁業での混獲や漢方薬目的の密猟のために数を減らし、また生息環境の破壊が進んだため、個体数は激減している。そのため、ワニ類のなかでもとりわけ厳しくワシントン条約等による保護政策がとられている。

この標本は、2015年に静岡県の動物園iZOOにおいて死亡したヌマワニから採取された心臓である。ワニの心臓は爬虫類のなかでは形態学的に特殊化している。左右の心房心室の隔離程度が高いという議論がなされてきた。しかし、その点以外にもワニ類の心臓血管系は全般的に機能性が高く、水中生活や高い攻撃性を維持するために、多様な適応的進化を遂げている。本標本は爬虫類の心臓血管系における比較機能形態学的な研究に提供され、大型のワニの心機能・循環器性能を解明するための貴重な情報をもたらしつつある。　　　　　（遠藤秀紀・楠見 繭）

B33 ヌマワニ心臓
Heart of mugger crocodile

ヌマワニ（*Crocodylus palustris*）。心臓、液浸、全長150mm、2015年採集
Mugger crocodile (*Crocodylus palustris*). Heart, fixed specimen, L: 150 mm. Collected in 2015

The mugger crocodile is distributed in India, Bangladesh, Pakistan, Sri Lanka. Its total length reaches 5 m and the weight about 500 kg. The mandible is large, and the adult mugger crocodile can prey on large mammals of the habitat. The habitat of this species has not been examined, however, it is said that the species may live in the swamps and lakes. Because of bycatches in the fishery, poaching for Chinese medicine purpose and destruction of habitat, the populations of the mugger crocodile have been drastically reduced. Therefore, among Crocodilia, the mugger crocodile has been strongly protected by the CITES and the other laws.

This specimen is the heart from a mugger crocodile which died in iZOO of Shizuoka Prefecture in 2015. The heart of the crocodile is morphologically specialized among the reptiles. It has been said that the left and right ventricle is highly isolated, and the cardiovascular system in Crocodilia is highly-functioned. The specimen has been used to compare the cardiovascular system between the reptiles. It will bring valuable information to elucidate the function of cardiovascular system in the large crocodiles.

(*Hideki Endo & Mayu Kusumi*)

ヌマワニ（*Crocodylus palustris*）の心臓
Mugger crocodile (*Crocodylus palustris*). Heart

ヒヨケザルは皮翼目という珍しいグループに属する哺乳類である。種数は少なく多様性は低いが、頸から四肢、尾の間に特徴的な飛膜を広げ、森林で樹間を滑空する特殊化した一群である。和名にサル、英名に lemur という語を含むが、霊長類ではない。フィリピンヒヨケザルはフィリピンの島嶼に分布する。体長 350㎜ほどの種だが、飛膜を広げた体の幅は 600㎜以上に達し、滑空時のシルエットは大きい。

　この骨格標本は、解剖学者・人類学者の小金井良精博士が収集した動物標本のひとつである。詳細な記録は残されていないが、明治から大正の時代に分布域から導入されたものであろうと推察される。小金井博士とその後の医学部の研究者が、日本に近い東南アジアの種であるとはいえ、このような珍しい哺乳類にも関心をもっていたことを示す貴重な標本である。

　現在ではフィリピンの分布地の環境破壊が進み、生息数を減らしている。本標本は破損はあるものの、日本国内ではとても珍しい同種の全身骨格である。これも、我が国と東京大学の解剖学・哺乳類学の歴史を語り継ぐコレクションである。
　　　　　　　　　　　　（遠藤秀紀・楠見　繭）

B34 フィリピンヒヨケザル全身骨格
Skeleton of Philippine flying lemur

フィリピンヒヨケザル (*Cynocephalus volans*)。骨格、全長 250mm、背側前方寄り左側面。小金井コレクション
Philippine flying lemur (Philippine colugo) (*Cynocephalus volans*). Skeleton, L: 250 mm, left dorso-cranio-lateral aspect. Koganei Collection

The flying lemur belongs to Dermoptera which is the rare group of mammal. The number of species belonging of this group is low, and there is little diversity in Dermoptera. However, Dermoptera use membranes of skin between their limbs from the neck and the tail to be specialized to glide between trees in the forest. Philippine flying lemur (colugo) is named primates (saru) in Japanese, and lemur in English, but it is not primates. This species is distributed in Philippine Islands. The length is about 350 mm, however, the width is reached more than 600 mm. The contour is very large when they glide.

This skeleton is one of the collections which were collected by Dr. Yoshikiyo Koganei. It is presumed that was introduced from the habitat in the early 1900s from the late 1800s, though the detail record of this specimen was not left. This valuable specimen shows that Dr. Koganei and the researchers of medical school were interested in such rare mammals, although it lives in Southeast Asia nearby Japan.

Currently, the populations of this species are reduced, because in the Philippine Islands the habitats are destructed. Although this specimen is partially damaged, it is very rare complete skeleton of this species in Japan. This collection also hands down the history of anatomy and mammal studies of Japan and the University of Tokyo. (*Hideki Endo & Mayu Kusumi*)

参考文献 References
遠藤秀紀（2002）『哺乳類の進化』東京大学出版会。

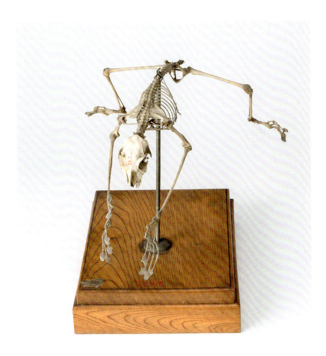

背側前面
Dorso-cranial aspect

メガラダピスは、およそ1000年前に絶滅したと考えられるサルの一種で、マダガスカル固有の系統である。マダガスカルは中生代以来、大陸から切り離され孤立した島で、今日に至るまで島独自の動植物相をつくっている。霊長類に関しては、マダガスカルには原猿と呼ばれるキツネザル類のみが分布する。有名なワオキツネザルやアイアイ、シファカなどがこの仲間に属し、すべてが同島固有の種として適応放散を遂げている。このメガラダピスは極端に大型化したキツネザル類で、体長は150㎝、体重80㎏に達したと推測される。おそらく樹上に暮らし、木の葉や木の実を食べていたと思われる。天敵も競争相手も乏しいこの島は、自然界が作る"進化の実験室"として機能したことが明らかで、この巨大化したキツネザルの繁栄もその例といえるだろう。絶滅が極めて新しい時代であることから、同島に渡った人間によって滅ぼされた可能性も指摘される。

　このレプリカは、発掘されたメガラダピスの頭蓋から型をとって作製されたものである。彫刻家の酒井道久氏と進化生物学研究所の吉田彰氏によって型取りと成型が進められ、2009年に当館に収蔵された。本種自体が情報の乏しい動物であり、骨・化石から良質のレプリカが作られることで、世界中にこの系統の子細な情報を伝えることができるようになる。島嶼生物の特異的な進化や適応、そして絶滅のプロセスなど、興味深い知見が今後このレプリカから得られることが期待される。　　　　　（遠藤秀紀・楠見　繭）

B35 メガラダピス頭骨レプリカ
Skull of *Megaladapis*

メガラダピス (*Megaladapis*)。頭骨（レプリカ）、全長 250mm、右側面
Megaladapis. Skull (replica). L: 250 mm, right lateral aspect

Megaladapis is one of the primates that was extinct about 1000 years ago. It belongs to the endemic taxa to Madagascar. Because the Madagascar has been separated from the other continents since the Mesozoic Era, flora and fauna are endemic to this Island. About the primates, only the lemurs are distributed in Madagascar. The famous ring-tailed lemur, aye-aye and sifaka belong to the Lemuriformes, and all of them show us the adaptive radiation as the endemic species.

Megarladapis is an extremely large-sized species of the Lemuriformes, of which the body length might be 150 cm and the body weight might reach 80 kg. We think that the species lived on trees and ate leaves and nuts. Because there are not natural enemies and competitors within the Island, the island certainly functioned as a "laboratory of evolution". The prosperity of the huge lemur would be a result of the "experiment". Since this species were so recently extinct, it is pointed out that the species might have been destroyed by the humans who came in the Island.

This replica was made of the mold of the excavated fossil skull of *Megaladapis*. It had been molded by a sculptor, Mr. Michihisa Sakai, and Dr. Akira Yoshida of The Research Institute of Evolutionary Biology, and has been stored in the University Museum since 2009. The information of the *Megaladapis* is few. Therefore, replica with high-quality which is made from the bone or fossil shows us the detailed information about this group. Interesting knowledge about the species of the Island such as specific evolution, adaptation and process of extinction would be obtained from this replica.

(*Hideki Endo & Mayu Kusumi*)

参考文献 References

遠藤秀紀（2002）『哺乳類の進化』東京大学出版会。

左側面
Left lateral aspect

背側前方寄り左側面
Left dorso-rostro-lateral aspect

液浸標本が見せる通り、口が伸長した特異な形態をもつワニである。インドやネパール、パキスタン、バングラデシュに分布しているが、環境破壊とともに極端に生息数を減らし、絶滅の危機に瀕している。現在、国内の動物園での飼育例は少なく、姿を見ることが難しくなっている。

特徴的な長い口吻部は、水中での顎の開閉時に水の抵抗を少なくする機能的適応だと解釈されている。この形状によって、魚類を捕食する際に、素早い捕殺行動を可能にしていると推測されてきた。他方で、体長5mに達する大型のワニであり、魚類以外の動物を捕食する姿もしばしば観察される。

本標本は、おもに1920年代から40年代にかけて研究活動を続けた東京大学医学部西成甫博士によって収集されたものである。西博士は当時の比較解剖学の世界的権威であり、日本の解剖学・形態学を支えた人物である。日本の解剖学は動物学ではなく、医学によって発展を遂げた時代があるとされるのも、西の影響に依るところが大きい。西博士による貴重な標本群は、総合研究博物館に受け継がれ、本邦解剖学の夜明けを今に伝えるコレクション群となっている。

総合研究博物館は、ワニの咀嚼機構を機能形態学的に研究してきた実績があり、本標本は、収集後およそ80年を経る現在も、貴重な標本として学術の最前線で貢献している。

（遠藤秀紀・楠見 繭）

B36 インドガビアル液浸
Fixed specimen of gharial

インドガビアル (*Gavialis gangeticus*)。
液浸、全長 350mm
Gharial (*Gavialis gangeticus*). Fixed specimen, L: 350 mm

As you can see it in this specimen, gharial is a crocodile with the characteristic elongated snout. The species is distributed in India, Nepal, Pakistan and Bangladesh. However, due to environmental destruction, the population has decreased rapidly, and the species is endangered. Few gharials are maintained in zoo of Japan. It is difficult to observe them.

It has been suggested that the characteristic long snout is functionally adapted to reduce the resistance of water when it opens and closes the jaw in water. This form enables the gharial to rapidly move the mandible to feed on fishes. The gharial is a large crocodile with its length of 5 m, and they are often observed to feed on the other animals than fishes.

This specimen has been collected by Dr. Seiho Nishi who studied the comparative anatomy at Faculty of Medicine, the University of Tokyo until the 1940s since the 1920s. Dr. Nishi was an authority on comparative anatomy. He established the anatomy and morphology in Japan. Because Dr. Seiho Nishi had a great influence, the anatomy has been developed by the medical science rather than zoology. The specimens that Dr. Nishi had collected in the University of Tokyo, was transferred to the University Museum, and they indicates the dawn of the anatomy of Japan.

At the University Museum of the University of Tokyo, we have morphologically investigated the mastication mechanism of crocodiles. Even 80 years later after that this specimen was collected, this valuable specimen has contributed to the forefront of the research.

(*Hideki Endo & Mayu Kusumi*)

背側面
Dorsal aspect

背側面
Dorsal aspect

ツチブタはアフリカに生息する珍しい哺乳類である。日本語でブタという名前を与えられているが、家畜のブタとはまったく異なる動物種である。ゾウ類、カイギュウ類、ハイラックス類、ハネジネズミ類などのアフリカ獣類と同じ系統に属する種で、一種で管歯目ツチブタ科を構成している。古典的分類学の時代から他の系統との類縁関係が明確にならない特異な種として知られていた。多様性の乏しいアフリカ獣類のなかでも、四肢に高い掘削機能を備えて、高度な地下生活に適応して特殊化した種という理解が成り立つであろう。ツチブタは体重60kg程度の哺乳類であるが、先端の尖った指・趾をもち、前後肢の強力な屈曲伸展と肘の複雑な回転運動により、土を砕き、破砕した土砂を連続的にトンネルの外へ掃き出すことができる。

標本は、東京の恩賜上野動物園で飼育個体が出産した際に採集された胎盤である。ツチブタの飼育例は多いとはいえ、繁殖と出産が成功することは少ない。胎盤が収集され研究が可能となることは希である。哺乳類の中でも、アフリカ獣類の胎盤の研究は進んでいないため、胎盤の進化を論じるうえで今後貴重な情報をもたらすことが期待される。

東京大学総合研究博物館は、恩賜上野動物園と協力しつつ、ツチブタの研究を続けている。死体解剖によって掘削機構が研究され、また、このように後産を回収することで繁殖メカニズムについての解明が進んでいる。

（遠藤秀紀・楠見 繭）

B37 ツチブタ胎盤
Placenta of aardvark

ツチブタ (*Orycteropus afer*)。胎盤、液浸、径150mm、2010年採集
Aardvark (*Orycteropus afer*). Placenta. Fixed specimen, D: 150 mm. Collected in 2010

Aardvark is a rare species of mammals in Africa. Aardvark (*Tsuchibuta*) is named pig (*buta*) in Japanese, it is completely different species from the livestock pigs. This species belongs to the Afrotheria including elephants, sirenians, hyraxes, elephant shrews, etc. Only one species, aardvark, constitutes Order Tubulidentata and Family Orycteropodidae. In the classical taxonomy, Aardvark was regarded as a unique species because it is not similar to other taxa in many morphological characteristics. Although there is little diversity in Afrotheria, limbs of the aardvark functions as digging machine. We know that the species is highly adapted to underground lifestyle. Body weight is about 60 kg. The pointed fingers and toes were shown. By the strong flexion and extension of the forelimb and hindlimb, and the complicated movement of the elbow joint, the aardvark can crush and sweep out repeatedly the soil to the outside of the tunnel.

This placenta was collected when the aardvark gave birth in Ueno Zoological Gardens (Tokyo). There are a few case of keeping and reproduction of the aardvarks in zoo. So, the opportunity in which we collect and examine the placenta has been rare. Among mammals, few studies have been recorded in the placenta of Afrotheria. Therefore, this specimen will bring information on the evolution of the placenta.

The University Museum and Ueno Zoological Gardens have studied the aardvark. We investigate the soil-crushing mechanism by dissecting the dead bodies of the aardvark, and their reproductive system is being morphologically clarified by collecting the placenta.

(*Hideki Endo & Mayu Kusumi*)

参考文献 References

遠藤秀紀（2002）『哺乳類の進化』東京大学出版会。

ツチブタ（*Orycteropus afer*）の胎盤
Aardvark (*Orycteropus afer*). Placenta

山伏（やんぶし）は日本の伝統的なニワトリの品種である。古くから東欧や南欧で、鶏冠部の内部に軟骨の隆起をもち、顔を覆うような羽毛を伸ばす品種が成立していた。代表品種はポーランド産のポーリッシュである。他方、山伏の品種としての成立は江戸期にさかのぼる。ポーリッシュやその類似品種が国内に持ち込まれ、地鶏との交配を経て改良され、本品種が確立されたと推測されている。ポーリッシュ系統の特異な頭部の形態が人気を集め、ニワトリ愛好家の間に集団が広まったと考えることができる。

　この剥製は、昭和33年に鹿児島県屋久島産の個体を山口健児（たける）氏が収集したものである。山口氏は日本農産工業株式会社でニワトリを研究し、日本産品種を中心とする多数の品種の剥製や資料を蓄積したコレクターである。

標本群は山口コレクションとして知られ、1964年には日本農産工業株式会社に和鶏館という展示施設が作られ、以降多くの人々に親しまれた。2012年、同社の厚意によりコレクションが総合研究博物館に寄贈され、新たにニワトリ研究を支える学術標本として歩み始めたものである。

　本品種は体は小さく、成長も早いとはいえず、産卵効率にも大きな長所は見られない。それにもかかわらず、日本、ヨーロッパ、そして世界中でこうした外貌の品種が人気を博してきた。このことは、ニワトリが単に肉や卵の生産ばかりではなく、愛玩動物・伴侶動物として人に愛され、育種が進められてきたことを示している。

（遠藤秀紀・楠見 繭）

B38 山伏剥製
Stuffed specimen of Yambushi

ニワトリ（*Gallus gallus domesticus*）。山伏、剥製、全長300mm、前方寄り左側面。山口コレクション
Domestic fowl (*Gallus gallus domesticus*). *Yambushi*, stuffed specimen, L: 300 mm, left cranio-lateral aspect. Yamaguchi collection

Yambushi is one of the traditional Japanese breeds of domestic fowl. In Eastern and Southern Europe, the breeds with the ridge of cartilage beneath the comb and feathers covering face had been established. The representative breed is the Polish. The Yambushi started as a breed in the Edo Period. It was probably born by the breeding using the Polish or similar breeds introduced in Japan and the Japanese native fowls. Because the characteristic form of the head like the polish attracts the breeders, the population might be popular among them.

This stuffed was collected in 1958 by Mr. Takeru Yamaguchi from Yakushima Island of Kagoshima Prefecture. Mr. Yamaguchi investigated the domestic chicken as a staff of Nosan Corporation. Furthermore, he collected the stuffed specimens and materials of the Japanese breeds. The specimens are known as Yamaguchi collection. Since Nosan Corporation constructed the exhibition room named Wakei-Kan Museum (Museum of Japanese native fowls) in 1964, these collections have been displayed in the Museum and a lot of visitors appreciated them. Nosan Corporation donated these collections to the University Museum of the University of Tokyo in 2012. The collection has supported the study of the domestic fowls since then.

The Yambushi is not advantageous to increase the food production because the body size is small, the growth is slow and the egg productivity is also low. Nevertheless the breeds as Yambushi showing interesting appearance have been popular in Japan, Europe and all over the world. It means that the fowls are not only bred for the food production, but also loved as companion animals.

(*Hideki Endo & Mayu Kusumi*)

吻側面
Rostral aspect

家禽ニワトリについては説明を要さないであろう。だが、世界中に150億羽以上飼われている家禽ニワトリには古くから多様な品種・系統が育種され、度々さまざまな変異個体や集団が確認される。羽装色の変異はその発現メカニズムとともに十分に解析が進んでいるが、度々特異な変異が実際の飼育現場から報告されることがある。

　当該標本個体は極めて珍しい表現型を見せる例である。全身の羽毛は均質の白色で、鶏冠色も典型的なものだが、珍しいことに、左右の脚部の皮膚色が異なっている。左は黄色、右側は暗灰色で、違いは明瞭である。このような表現型を示した原因は不明であるが、発生時のトラブルにより、左右間で異なる皮膚色を発現する細胞が後肢領域に分布したものと推察される。

　当該個体は2011年に沖縄県で飼育されていたものを調査により確認して収集し、剥製に作製したものである。白色レグホン系の血統の雑種であることが判明しているが、珍しい突然変異個体として研究が進められてきた。

（遠藤秀紀・楠見　繭）

B39 左右非対称ニワトリ剥製
Stuffed specimen of the asymmetrical fowl

ニワトリ (*Gallus gallus domesticus*)。雑種、剥製、全長300mm、前方寄り左側面。2012年収集
Domestic fowl (*Gallus gallus domesticus*). Hybrid, stuffed specimen, L: 300 mm, left cranio-lateral aspect. Collected in 2012

Description of the domestic fowl would not be necessary. 15 billion of the domestic fowl are maintained in the world. Various breeds have been bred and we can see mutated individuals and populations. We have analyzed the mutation of the feather color including the mechanism of the expression. However, specific mutations are sometimes suddenly found and reported from the field.

This individual expresses a rare phenotype. Although the feathers of the whole body are white and the cockscomb color is also typical, the color of the legs is different between left and right sides. The cause has remained unclear. However, problem probably occurred at the developmental stages of the embryo. It is suggested that the cells expressing different colors may be distributed in the hind limbs and legs.

In 2011, we collected the fowl which had been maintained in Okinawa Prefecture, and prepared the stuffed specimen. We have morphologically and genetically examined the fowl as a rare case of mutation. The individual is a hybrid related to the White Leghorn as breed.

(*Hideki Endo & Mayu Kusumi*)

後肢遠位前面
Distal part of hindlimbs. Cranial aspect

ヒメネズミは典型的な日本の野ネズミである。大きさは体重20g程度。褐色の背面と白色に近い腹側のコントラストが鮮やかな種である。近縁種と比べて、尾が相対的に長い。

この頭骨群は、立石 隆氏が長きにわたって収集した大量の小型哺乳類コレクションに含まれる。2013年、立石氏本人より総合研究博物館がコレクション全体を譲り受け、立石コレクションとして博物館の哺乳類標本の重要な部分を占めるようになった。立石コレクションは、このヒメネズミ以外にも、たくさんのアカネズミ、カヤネズミ、ハツカネズミ、ドブネズミ、クマネズミ、ハタネズミ、ヤチネズミなどから構成される。これら齧歯類のほか、無盲腸類としてモグラやヒミズなども含む、総合的な小型哺乳類のコレクションである。

立石コレクションは、日本の齧歯類・無盲腸類コレクションとして普通種を網羅するとともに、多岐に渡る生息地の情報、標本作製前の生体計測データを備え、第一級の価値をもつ学術標本群となっている。別に述べた宮尾コレクション（100頁参照）とともに、総合研究博物館の小型哺乳類の二大コレクションであり、この分野の自然史研究の礎を支えている。

（遠藤秀紀・楠見 繭）

B40 ヒメネズミ頭骨（立石コレクション）
Skulls of small Japanese field mouse (Tateishi Collection)

ヒメネズミ（*Apodemus argenteus*）。頭骨、全長20mm。背側面。立石コレクション
Small Japanese field mouse (*Apodemus argenteus*). Skull, L: 20 mm, left dorsal aspect. Tateishi Collection

The small Japanese field mouse is a common Japanese rodent. Its body weight is about 20 g. As this mouse shows us the contrast in the body color, the back side is brownish and the ventral side is white. The tail is relatively longer than that of close-related species.

The skulls are part of a number of small mammal collections. These have been collected by Mr. Takashi Tateishi. In 2013, all of the collections were donated to the University Museum of the University of Tokyo by Mr. Tateishi. Tateishi Collection includes a lot of rodents other than small Japanese field mouse, for example large Japanese field mouse, harvest mouse, house mouse, brown rat, roof rat, Japanese grass vole and Japanese red-backed vole. In addition, it also includes Eulipotyphla such as mole and Japanese shrew mole. It is a comprehensive collection of the small mammals in Japan.

The Tateishi Collection covers the common species of Rodentia and Eulipotyphla in Japan. It has not only specimens, but also biological information of habitat and external measurement data. Tateishi Collection and Miyao Collection include the most important specimens of the small mammals in Japan. They are supporting the natural history research in this field.

(*Hideki Endo & Mayu Kusumi*)

参考文献 References

遠藤秀紀（2002）『哺乳類の進化』東京大学出版会。

地球上に生息する様々な動物のうち、骨のある動物のことを脊椎動物という。我々哺乳類も脊椎動物に属する。脊椎動物にとって骨は、体を内側から支える屋台骨であり、脳や内臓を内側に秘めて守る防壁であり、様々な動きや力を生み出す筋肉を張り付ける足場でもある。骨はもちろん受精卵の時からあるわけでない。受精卵が成長して体が作られていく中でリン酸カルシウムが凝集して固まって骨はできてゆく。脊椎動物の体には沢山の骨があるが、それら全ては同時に一気にできるわけではなく、少しずつ作られていく。

展示品は様々な成長段階のマンシュウハリネズミの胎子の実物標本をマイクロCT撮影し、高精度の3Dプリンタを用いて外表と骨格を二倍寸拡大にて出力したものである。少しずつ形成されてゆく骨格を確認することが出来る。頭部を見ると、離れ小島のように散らばった骨片がだんだんと大きくなり、相互に接続していく過程が見て取れる。哺乳類の頭部は普通20数種の骨パーツから出来ており、それらがバラバラに形成され、拡大・変形し、最終的に頭部全体の形状をつくってゆく。どの骨をいつ作り始めるのかというのは動物にとって、とても重要な意味をもつ。全ての哺乳類において（そして恐らく全ての脊椎動物では）体じゅうの骨の中で下顎の骨が一番始めにできる。下顎の骨は歯に次いで体の中でもっとも硬い部位にあたる。食べ物を力強

B41 ハリネズミの胎子シリーズ
― 胎子の成長が語るからだの進化

Developmental series of fetal hedgehogs
― the evolution and development of skeletal body in mammals

様々な成長段階のマンシュウハリネズミ *Erinaceus amurensis* の胎子をCT撮影し、外表と骨格を3Dプリンタで出力したもの。形成されてゆく骨格が観察できる（左から）UMUT-16009, UMUT-16010, UMUT-16011
3D printed developmental series of Amur hedgehogs. The flesh and developing bones can be observed. (from left) UMUT-16009, UMUT-16010, UMUT-16011

様々な成長段階のマンシュウハリネズミの実物胎子標本
Fetal specimens of Amur hedgehogs

く咀嚼し、噛む時に起きる衝撃に耐えるために下顎の骨はできるだけ硬くある必要があるのだ。骨をできるだけ硬く作るために、できるだけ早い段階からリン酸カルシウムの凝集を開始し、骨づくりの期間をできるだけ長く取っていると考えられる。

筆者らの研究によって、骨を体の中で組み立てていく順番には動物によってルールがあることがわかってきた。後頭部に位置する骨片群の発生のタイミングが哺乳類では種によって大きく異なることがわかってきた。102種の哺乳類の胎子期における頭部発生を比較分析した結果、後頭部に位置する骨片（前頭骨、頭頂骨、上後頭骨）の形成タイミングとその多様性の進化は、哺乳類の脳の大きさの進化（大脳化）と強く結びついていることが明らかになった。ヒトを含む霊長類やイルカなどのように体と比べて脳が相対的に大きい種ほど、後頭部に位置する前頭骨、頭頂骨、底後頭骨、外後頭骨、上後頭骨の形成されるタイミングが早い。哺乳類は脳の大きさを進化させたことに伴って、脳を覆う頭蓋骨の形成タイミングも早期化したと考えられる。脳の大きな種では脳が発生するのに合わせて、脳を覆い守る頭蓋骨が十分に発達しないと脳がむき出しになり損傷する危険性がある。そこで、より脳が大きく進化した哺乳類では骨も脳に呼応して、より早く形成されるよう進化した可能性が指摘できる。

（小薮大輔）

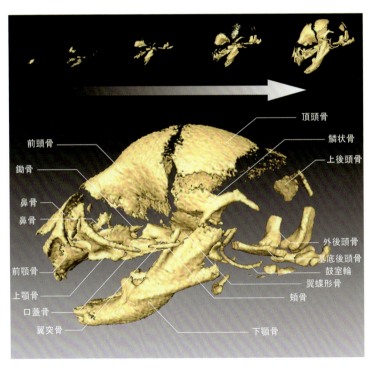

哺乳類の頭部を構成する骨パーツ
Skeletal elements of the cranium in mammals

Among animals on earth, those which possess bones are grouped as "vertebrates". We human are of course members of vertebrates. For vertebrates, bones play the role as the framework for the body, scaffold for the muscle which generate forces, and protection against the outer environment. The bones which constitute the body do not develop simultaneously. They rather develop one by one.

The specimens shown in this section are 3D prints of fetal series of Amur hedghogs (*Erinaceus amurensis*). They were scanned by high resolution microCT scanner and printed to show the flesh and bones. Here we can observe the bones gradually being formed. Within the head region, we can see the bones developing as small islands and then growing and fusing with one another. In general, the mammalian skull consists of about 20 bone elements. These elements originate asynchronously and finally shape the body. To develop which bone earlier is a critical issue for the organism. Among mammals, the bone which develops earlier than all other bones is the mandible. The mandible is the hardest bone within the body and is the bone which houses the teeth which are the hardest elements within the body. The mandible is required to be considerably hard and tough as to withstand the stress generated during mastication. The mandible needs to start to accumulate calcium phosphate as early as possible to invest longer time to build a more resistant bone.

Recent studies by the author have revealed that some rules and patterns exist in the skeletal ossification sequence. It is now clear that the developmental timing of the skull roof bones greatly varies among mammals. Through comparing developing fetal series of more than 100 mammalian species, it was discovered that the developing timing of the skull roof bones (the frontal, parietal, and the supraoccipital) is negatively correlated with the relative size of the brain against body size. This indicates that larger-brained animals develop the skull roof bones relatively earlier than other bones. It is possible that the skull roof bones develop earlier in large-brained species in order to keep up with the fast growing brain and physically cover and protect the brain.

(*Daisuke Koyabu*)

参考文献 References

Koyabu, D. *et al*. (2011) Heterochrony and developmental modularity of cranial osteogenesis in lipotyphlan mammals. *Evo Devo* 2: 21.

Koyabu, D. *et al*. (2012) Paleontological and developmental evidence resolve the homology and dual embryonic origin of a mammalian skull bone, the interparietal. *Proceedings of the National Academy of Sciences of the United States of America* 109 (35): 14075–14080.

Koyabu, D. *et al*. (2014) Mammalian skull heterochrony reveals modular evolution and a link between cranial development and brain size. *Nature Communications* 5: 365.

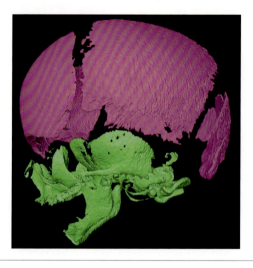

脳の大きい哺乳類の頭部で形態形成が早まっている骨片群（ピンク色の部位）
Bones which develop earlier in large-brained species

展示品はユビナガコウモリ（*Miniopterus schreibersii*）の出生直前の後期胎子である。コウモリ類は脊椎動物のなかでは鳥類と並び飛翔機能を獲得した稀有な動物群である。コウモリというと普通その独特の翼をすぐイメージしてしまいがちであるが、コウモリは翼を得たがために足の形成時期も同じく変えて進化した。著者の研究からコウモリは際立って変わった骨の形成をすることがわかってきた。

　コウモリの話の前にまず哺乳類における体づくりの順番の重要性を述べる。その例として有袋類を紹介したい。有袋類は地球上の哺乳類のなかでは胎盤の構造が原始的な動物で、赤ちゃんのサイズが一定以上になると母親は母胎の中に赤ちゃんをとどめておくことができない。赤ちゃんの体の形成が十分に終わるまえに赤ちゃんは外界に産み落とされてしまうのだ。カンガルーだと赤ちゃんの体重は1gにも満たない、とても未熟な状態で産まれる。しかし、有袋類の赤ちゃんは産道から産まれたあと、母親の袋まで自力で移動する必要がある。母親のお腹をロッククライマーのようにつたってよじ登り、自力でフクロにもぐり込む。このとき、赤ちゃんは一生懸命に腕を使ってよじ登る。この独特の赤ちゃんの行動にとって、前足の力が重要になるため生まれてくるときにはしっかりと機能する力強い腕をもって生まれてくる必要がある。生まれたばかりの有袋類の赤ちゃんの体を見ると、前足は形成されているが、後足は形成されれていない。つまり、産まれる時までの限られた時間のなかで、生後に重要な役割を果たす前足を後足より優先して形成させるわけだ。

B42 コウモリ類の胎子
— 生活史と形作りの順序戦略

Fetuses of bats
— life history and developmental pattern of the body

ユビナガコウモリ *Miniopterus schreibersii* の出生直前の後期胎子を三次元プリンタで出力したもの。コウモリは十分成長しきるまで、新生子は3週間〜3ヶ月ほど自力で母親にしがみ続ける必要がある。そのため、コウモリの足は他の哺乳類に比べて急速に形成され、母親の足の約90%の大きさで生まれてくる。本標本でもよく発達した大きな足が確認できる（UMUT-16012）
3D printed fetus of a bent-wing bat. Notice the well developed hindlimb (UMUT-16012)

一方、コウモリでは翼となる前足よりも後足のほうが優先して形成される。コウモリは前足を先に形成する有袋類とは全く逆の進化をしているわけだ。生まれたばかりのコウモリの赤ちゃんの足裏の長さを見ると、母親のおおよそ90％近い長さで生まれてくる。ヒトならば25cmのお母さんに23cmの足の赤ちゃんが生まれるような状態である。コウモリの赤ちゃんはとんでもなく大足の赤ちゃんなのだ。ここにまた大きな意味が込められている。大人のコウモリは立派な翼で飛ぶことができるが、産まれてすぐのコウモリの赤ちゃんもすぐ飛べるわけではない。産まれてすぐのコウモリの赤ちゃんの翼はオトナの3分の1ほどの大きさしかなく、きちんと翼として十分機能するまで3週間〜3ヶ月ものあいだ母親にしがみついている必要がある。その際、赤ちゃんは足の裏で母親の体をガッチリと掴んで母親にしがみつく。生まれてすぐ足がしっかり機能する必要性が有るために、オトナとほとんど変わらないような大きさの足を持って生まれてくるのだ。赤ちゃんにとっては翼を作るよりも、足を作るほうが死活問題であるため、コウモリでは後足を優先して形成しているのである。コウモリは進化の過程で翼を獲得したわけだが、それ故に赤ちゃんの生活も他の哺乳類に比べて大きく変化し、コウモリの赤ちゃんでは足こそが大事になったのである。

（小薮大輔）

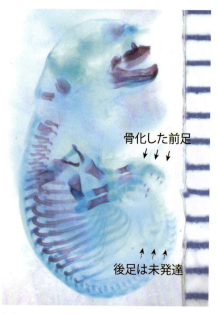

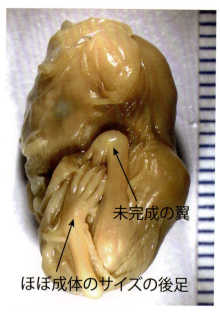

有袋類（オポッサム）の新生子の透明二重染色標本。骨化が済んでいる骨のみが赤く染められている。前足は骨化が済んでいるが、後足は未だ骨化していないのが確認でき、前足のほうが形成が早いことがわかる
Double-stained specimens of a neonatal marsupial (opossum). The forelimb is developed earlier than the hindlimb

コウモリの出生直前の胎子液浸標本。翼はまだ未発達だが、後足はほぼ成体のサイズに達している
Wet specimen of a fetal bat just before birth. The hindlimb is nearly the size of an adult, but the wing is still very premature. Bats develop the hindlimb much earlier than the wing to allow newborns to cling by themsevles to their mothers

The figure is a late fetus of a common bent-wing bat (*Miniopterus schreibersii*). Bats are the two rare vertebrate taxa which gained powered flight. When we refer to bats, it is likely to firstly imagine about their unique wings, which is homologous to the carpal of other mammals. However, while bats acquired their unique wings, drastic changes occurred also within their foot. The author's recent works shed light on the peculiar bone development of bats which coevolved with the gain of powered flight.

The author's comparative investigations on fetal development among mammals show that bats are highly unique among mammals that their foot development is significantly shifted earlier. The forelimb and hindlimb start to ossify nearly simultaneously in most mammals. The foot length of bat newborns are about 90% long of their mothers', indicating that they are already equipped with a well-developed foot at the time of birth. 90% long is a striking length, since this means that in case of humans the foot of a baby born from a mother, whose foot is 25 cm long, is nearly 23 cm long. Thus, newborn bats do have enormously large foot. The reason for this is tightly linked to the evolution of flight. Although flight is an easy matter for adults, this is an impossible matter for newborns. The wing needs to reach a certain size to be capable of flying. And, that takes much time. It takes almost three weeks for microbats, and nearly three months for megabats until the first flight takes place. Until the wings become well developed, the newborns are required to continuously cling to their mother. Here the foot is utilized to tightly attach to their mothers. In order to be able to cling to their mothers just after birth, the foot needs to be fully functional at that time. Since the functionality of the foot is highly critical than the wing for newborns, developmental investment is allocated to the foot, resulting in the earlier initiation of foot formation in bats. This evolutionary case tells us that there is a developmental trade-off between foot development and flight evolution.

(*Daisuke Koyabu*)

参考文献 References
Koyabu, D. & Son, N. T. (2014) Patterns of postcranial ossification and sequence heterochrony in bats: life histories and developmental trade-offs. *Journal of Experimental Zoology Part B: Molecular and Developmental Evolution* 322: 607–618.

母親に後足でしがみつくコウモリの新生子
A newborn baby clinging to the mother (a photo courtesy of Dr. Son Nguyen Truong)

類人猿とは何か。尻尾がなく、直立姿勢をとり、腕が長い。枝や幹から上肢でぶら下がり、種によってはアクロバティックに樹上空間を移動する。あるいは、下肢と長い腕を組み合わせ、枝から枝へと四肢で掴み進む。「腕わたり」適応、あるいは「懸垂型」適応などと呼ぶ。伝統的な、しかも有力な進化仮説では、人類は「腕わたり」型の類人猿から進化したとされる。ところが、筋骨格構造を精査すると、現生の類人猿は長いフック状の手など、多くの体位で特殊化が進み過ぎているとも指摘されてきた。果たして現生型の類人猿の一群の中から人類は出現したのか。それとも「腕わたり」適応を経ず、より四足歩行的な祖先から直接進化したのか。比較解剖学の大家たちは「人類の出自の謎」と言及してきた。

　20世紀の後半以来、中新世の類人猿化石の発見が進むと、頭骨や歯から類人猿と思われ、しかも尻尾が消失しているが、上肢はそう長くなく他の特徴でも「懸垂型」適応を示さない化石が次々と知られるようになった。類人猿の進化史全体からみると、現生型の類人猿はむしろ例外的なようである。「懸垂型」適応は、テナガザル、オランウータン、そしてアフリカの類人猿の各系統で独自に進化したとする仮説が優勢になりつつある。

　腕の長さを相対的に評価するための簡単かつ有用な指標がある。上腕骨と前腕骨（橈骨）の

B43 テナガザルの上腕骨
— ヒト、ニホンザルとの比較

The gibbon humerus
— a comparison with humans and macaques

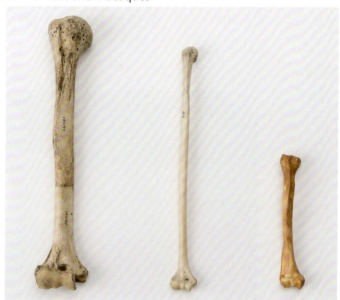

上腕骨の比較（いずれも右の上腕骨）。左：ヒト（縄文人女性、保美貝塚出土 UMUT 130195）、長さ約 265 mm。中央：シロテテナガザル（おそらく雌、人類先史 Hy1）。右：ニホンザル（雌、千葉県高宕山 T-1 群、M-7）
A comparison of right humeri. From left to right: human (Jomon female), lar-gibbon (probably female), Japanese macaque (female).

長さの和、それと大腿骨と下腿骨（脛骨）の長さ和の比をとり、肢間示数（intermembral index）と呼ぶ。四足歩行の多くの哺乳動物は、下肢が上肢よりやや長く、霊長類もそうである。四足歩行のサル類は、肢間示数が概ね80から95程度、ニホンザルを含むマカックは90ぐらいである。一方、現生の類人猿では、「懸垂型」適応が際立つテナガザルとオランウータンの肢間示数は140以上になる。ゴリラは115程度、チンパンジーとボノボは100から110の間の値を示す。肢間示数は、現生の類人猿の上肢が長いことを良く表わしている。

逆に、跳躍型の霊長類では下肢が特に長く、肢間示数が70以下の種が多い。人類では、ホモ属になると下肢が伸長し、並行して前腕がやや短縮するため、肢間示数は70程度になる。しかし、直立2足歩行を行っていた初期の人類は、ラミダスもアウストラロピテクスも、肢間示数は90ぐらいと推定されている。この値は、特殊化の少ない中新世の化石類人猿と同程度であり、人類の系統が本格的な「懸垂型」適応を経なかった証しと思われる。

展示では、そうした違いを、上腕骨を並べて視覚化してみた。ニホンザル（小柄な雌）とテナガザルは、体重が同じ6キロ程度である。骨の大きさは、機能的に同等ならば、体重の3乗根に比例した設計をおおよそは保つ。その現れとして、荷重と関わる関節幅は、テナガザルとニホンザルでほぼ同じである。しかし、テナガザルの上腕骨は倍近く長い。また、テナガザルの骨頭は、より球形で上方に突き出ている。これは肩関節の可動性と対応している。

ヒトは体サイズが大きいので、テナガザルとニホンザルよりも関節が遥かに大きい。相似形をおおよそ保つならば、体重差が8倍ならば関節幅はざっくり2倍程度、そうした予想の範囲内にある。一方、テナガザルの上腕骨の長さはヒトとのそう変わらず、際立って長い。肘関節とその周辺の骨形態を詳細に見ると、ヒトとテナガザルは類似し、ニホンザルのほうが異なっている。その違いは、肘関節を屈曲した状態で荷重することに適した構造か、それとも伸展と回旋能力を重視した構造なのか、そうした設計の違いである。

（諏訪　元）

Modern apes are characterized by their suspensory behavior, represented by a wide suite of accompanying musculoskeletal adaptations. In explaining human origins, many have hypothesized some form of suspensory ancestry. However, because extant ape anatomy exhibits extreme specializations not seen in either modern humans or our fossil ancestors, it is also probable that human ancestry never went through a modern ape-like suspensory stage of evolution. In a comparison of three humeri, we here show the striking forelimb elongation seen in the modern lesser ape, the gibbon. Although gibbons and the Japanese macaque have comparable articular and body sizes, the length of the humerus is almost twice as long in the gibbon. When the much larger body sized humans are compared, articular dimensions are about twice as large. However, in humerus length, the human and gibbon do not differ by much, attesting to the exceptional elongation of the gibbon humerus.

(Gen Suwa)

近年までの目覚ましい化石発見により、人類の系統は600から700万年前ごろまで辿れるようになった。一方、ヒトと最も近縁な類人猿である現生のアフリカの類人猿、チンパンジーとゴリラ側の化石は皆無に近い。2005年には、数点のチンパンジーの歯の化石が報告されたが、わずか50万年前のものであり、現生のチンパンジーと似た集団が当時はケニアまで分布していたことを物語っている。しかし、人類と類人猿が共通祖先からどう分岐していったのか、そうした類人猿と人類史の核心に触れる化石候補はほとんど知られていない。

そうした中、チョローラピテクスは、筆者らがエチオピアで2000年代後半に発見した大型類人猿の化石である。臼歯の歯冠形態が現生のゴリラの特殊化を萌芽的に示しているため、ゴリラの系統の初期に相当すると考え、2007年に新属新種として発表した。出土地のアファール地溝帯の西南端には、チョローラ層と名付けられた中新世後期の地層が100キロほどにわたり断続的に露出することが、1970年代以来知られていた。ただ、化石はほとんど無く、哺乳動物化石はわずか1地点から報告されていたに過ぎなかった。その化石も断片的で、類人猿も他の霊長類化石も知られていなかった。ただし、地層の推定年代は1000万年前ごろ、極めて貴重な年代であった。何故ならば、人類出現の地と思われるアフリカ、取り分けサハラ以南のアフリカでは、1200万から700万年前の間の脊椎動物化石記録が非常に乏しいからである。この範囲の年代の化石を少しでも増やす必要がある。

そこで、エチオピア人研究者との長年の共同体制のもと、2000年代中ごろから当地のサーベー調査を開始した。1970年代以来の先行研究の結果を鑑み、我々の調査でも特段の成果はないだろう、そうした現実感をもってサーベーを開始した。ただし、類人猿化石とは言わず、動物化石を産出する有望地点を一つでも新たに発

B44 チョローラピテクスの歯
―ゴリラの祖先系統の候補

Chororapithecus abyssinicus
 — an 8 million-year-old probable member of the gorilla clade

チョローラピテクスの歯。臼歯の大きさはゴリラなみ、上顎の臼歯（最左の列）は前後に長く（他の類人猿では頬舌径のほうが大きい）、下顎の臼歯（右から3列目）は稜線が強い
Fossil teeth of *Chororapithecus abyssinicus*

見できれば、中長期の調査目標を掲げることができる。そうした思いでサーベー調査を実施する中、類人猿の歯の化石9本を、思いかけず発見することとなった。これが、展示のチョローラピテクス化石である。

その後、チョローラの調査を継続し、系統だって地質調査、サーベー調査、それと発掘調査を実施してきた。化石は依然と断片的ながら、新たな化石産出地点を複数発見することができた。霊長類化石も相当数回収している。地質調査でも重要な成果を挙げ、2016年にNature誌に発表した。それは、先行研究による層序年代学的枠組みには大きな誤りがあり、チョローラ層の動物化石は900万から700万年前の間にわたるとの結論である。中でも、チョローラピテクスの化石は800万年前ごろと目下推定している。人類と類人猿が分岐しただろう、まさにその時代に相当する年代である。チョローラピテクスとその生息環境について、目下、さらに調査中である。

(諏訪 元)

Although the fossil record of the human linage extends back to 6 to 7 million-years-ago (Ma), few fossils are considered to represent modern great apes or their close ancestors. Here we exhibit fossil teeth of *Chororapithecus abyssinicus*, named by the authors in 2007, and considered to represent a primitive segment of the gorilla clade. The Chorora Formation sediments have been known since the 1970s, but, prior to our work, only one mammalian fossil-bearing site had been reported. We initiated field research at Chorora and have identified multiple new fossil sites. We have also revised the chronostratigraphy of the Chorora Formation. We now consider the *Chororapithecus* fossils to be ca. 8 Ma, corroborating the "deep divergence hypothesis" of African ape and human evolution. The Chorora fossils suggest indigenous evolution of many late Miocene sub-Saharan African mammalian lineages/clades, supporting the hypothesis that the African ape and human clade emerged in Africa, and that the gorilla and human lineages had split by ~10 Ma (and humans and chimps by ~8 Ma).

(*Gen Suwa*)

参考文献 References

Suwa, G. *et al.* (2007) A new species of great ape from the late Miocene epoch in Ethiopia. *Nature* 448: 921–924.

Katoh, S. *et al.* (2016) New geological and paleontological age constraint for the gorilla-human lineage split. *Nature* 530: 215–218.

チョローラの化石の下限年代を決める。兵庫県立博物館の加藤茂弘が火山岩を採取
Geochronological sampling at the Chorora Formation

チョローラ層の景観（エチオピアの古人類学者 B. Asfaw 氏が見下ろしている）。谷下に900万年前より古い火山岩の平面が露出している
Chorora Formation sediments and volcanics. The >9 Ma ignimbrite flow exposed at the valley floor

ラミダス猿人(440万年前)の最初の化石は、T. ホワイト(米国)とブルハニ・アスファオ(エチオピア)率いる調査チームのもと、1992年12月17日に筆者が発見した上顎大臼歯であった。その3日後に、展示の乳児の下顎片が発見された。この化石は特徴的で、新属新種の命名に大きく貢献した。

この下顎片には、驚くほど華奢な(頬舌径が小さい)乳臼歯が備わっていた。第一発見者のアレマイユ・アスファオ氏は、1970年代以来「ルーシー」(アファール猿人の部分骨格化石)や旧人段階の頭骨化石の「ボド人」の調査で、人類化石発見の第一人者として名を挙げた人物である。本調査にも補助者として参加していた。様々な人類化石、特に顎骨と歯の形を知り尽くしているアレマイユ氏。しかし、ラミダスの乳臼歯は余りに見慣れない形だったのか、人類化石ではなくサルの化石と彼は主張して止まなかった。その主張を退け、発見地点の篩調査を実施したが、追加の化石は得られなかった。

翌年の調査で(筆者は現地調査に参加しなかった)、1993年の暮れから年明けにかけて、待望の上顎犬歯ほか10数点の歯の化石、さらには側頭骨と後頭骨の破片、上腕と前腕骨の一部などが発見された。中でも、犬歯と臼歯を含む若年個体の歯のセットは重要で、この標本をタイプ標本(冠模式標本)として新種命名の論文を草稿した。1994年の6月に投稿し、9月に論文が発表された。この論文ではラミダスを *Australopithecus* 属に含め、最も原始的なアウストラロピテクスの種として命名した。その判断に大いに貢献したのが先述の乳臼歯と、永久歯では犬歯とそれと噛み合う小臼歯であった。

新しい種名の「ラミダス」は、アファール民族の語で「ルーツ」を意味する。属はアウストラロピテクスと異なる可能性を指摘しながらも、証拠不十分として、当座はアウストラロピテクス属のままとした。ところが、論文発表の直後の冬

B45 ラミダスのタイプ標本
—種命名の時の化石

The type specimen of *Ardipithecus ramidus*
— the fossils and the naming

ラミダスの下顎乳児化石、Nature誌1994年論文の表紙のもととなった (提供:T. White氏)
The child mandibular fragment with deciduous molar

の調査で、後に「アルディ」と名づけられる部分骨格化石が発見される。この化石の発見により、ラミダスを新たな属として特徴づける見通しが立った。そこで、新しい属名 *Ardipithecus* を提案することとなった。「Ardi」はアファール語で「地上」もしくは「地面」を意味する。属名と種名を合わせると、*Ardipithecus ramidus*「地上のサルのルーツ」となる。学名は命名者が自由に語幹を選ぶことができ、進化的意義や解釈と関係するものではない。しかし、命名する側はそれなりの気持ちを込めるものである。アルディピテクス・ラミダス、共著者と慎重に選んだ学名で、大変に気に入っている。

ラミダスを命名した 1990 年代前半の時代は、人類学分野全般として、種系統の過度な細分には慎重な姿勢が保たれていた。そのため、アファレンシスが命名された 1978 年以来、16 年ぶりの新たな人類祖先種として迎えられた。

(諏訪　元)

The first series of the *Ardipithecus ramidus* fossils were discovered in 1992 and 1993/94, at an area called Aramis in the Middle Awash valley of the Afar Rift in Ethiopia. These fossils were described as a new species in the fall of 1994. The fossils included a child mandible fragment with deciduous molar which was as narrow as in apes. Another juvenile dental set, represented by the diagnostic C/P3 complex, was designated the holotype of the new species. These fossils were definitively more primitive than any known species of the genus *Australopithecus*. However, pending discovery of even more informative fossils and body parts, the fossils were conservatively published as a new species of the genus *Australopithecus*. During the 1994/95 field work, just after publication of the new species, the first pieces of a partial skeleton were discovered. This enabled the naming of the new genus *Ardipithecus*. In the Afar language, "Ardi" means "ground" and "ramid" means "root." *Ardipithecus ramidus* translates to "the root of the ground ape."

(*Gen Suwa*)

参考文献 References

諏訪 元・洪 恒夫（2006）『アフリカの骨、縄文の骨―遥かラミダスを望む』東京大学総合研究博物館。

White, T. D., Suwa, G. & Asfaw, B. (1994) *Australopithecus ramidus*, a new species of early hominid from Aramis, Ethiopia. *Nature* 371: 306-312.

White, T. D., Suwa, G. & Asfaw, B. (1995) *Australopithecus ramidus*, a new species of early hominid from Aramis, Ethiopia. *Nature* 375: 88.

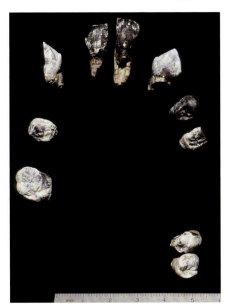

ラミダスのタイプ標本（冠模式標本）
The holotype dental set of *Ardipithecus ramidus*

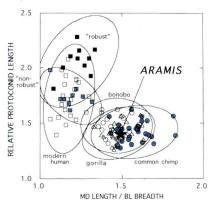

乳臼歯の形態比較図、1994 年論文作成時の未出版の参考図。星印がラミダスの乳臼歯化石の位置（直線で ARAMIS と指示）、ゴリラとチンパンジーの分布の中央に位置する。グラフの左側に分布しているがアウストラロピテクスとホモ属
Metric position of the *Ardipithecus ramidus* deciduous molar (indicated ARAMIS)

既存最古の人類祖先としてラミダスを発表したのが1994年の秋、その直後にもT. ホワイトとブルハニ・アスファオ率いる研究チームが現地調査を続行した。当時、ほぼ毎年11月ごろから1月までフィールド調査が実施されていた。ラミダス関連の調査には、筆者は1992年に参加した他、全身骨の「アルディ」の発掘が一段落した後、1999年に短期訪問しただけである。

ホワイトらの1994/95年調査で、全身に渡る化石が堆積層中に埋もれていることが判明した。そこで、数年かけて、彼らはこの部分骨格化石を発掘した。この化石は、触ると直ぐにでも崩れるほど保存状態が悪かったため、部分的に埋まったままの状態で補強し、エチオピア国立博物館に持ち帰った。化石の抽出は博物館で継続し、ホワイト氏が自らこれを担当した。そして数年後には、大小100数十点の化石骨を一つ一つ手に取って観察できるようになった。重要な部位では特にわずかな骨の消失も、その後の理解に影響したかもしれない。頭骨復原においても、複数の箇所でミリ単位の小さな接合がカギとなった。

この全身骨「アルディ」の標本番号はARA-VP-6/500である。この頭骨はなかなか発見されず、調査チームがやきもきしたと言う。ようやくにして頭骨の部位が出土すると、欠損、破損、さらには歪みがひどい。各破片から、部位ごとの特徴をそれなりに読み取ることはできるものの、限られた比較解析しかできそうになかった。

そうした中、2003年の暮れに、ラミダス化石を一時借用し、マイクロCT撮影を行った。このCTデータを基に、主として2006年から2009年にかけて、デジタル復原を段階的に進めた。先ずは、2007年中に、歪みを校正しな

B46 ラミダスの頭骨
—2009年サイエンス誌発表の復原

The skull of *Ardipithecus ramidus*
— the digital reconstruction of *Science* 2009

復原されたラミダスの頭骨。脳容量は小さく、チンパンジーなみ。「鼻ヅラ」が前突するのは原始的だが、チンパンジーほどではない
The reconstructed *Ardipithecus ramidus* skull

がら顔面骨と脳頭骨を組立て、次に双方の連結の試行錯誤を重ねていった。デジタル復原といっても、各破片、各部位の位置調整は、解剖学的判断の試行錯誤による。そのため、アウストラロピテクスや現生類人猿の頭骨との比較を様々に行い、判断の参考とした。データ上分離した部位ごとに、ピクセル単位、度単位で移動回転し、合わせ込んでいった。復原に要した実働時間を見積もるのは難しいが、延べ1000時間以上と推計したことがある。復原は2009年まで続いた。そして、急ぎ比較解析を最終化し、他の9編と共に5月に論文投稿することができた。

ラミダスの頭骨の研究と復元を通じ、アウストラロピテクスの各種、そして現生の類人猿の頭骨形態を改めて詳細に比較観察することとなった。その過程で、新しい知見を多く学んだ。例えば、チンパンジーでもゴリラでも、眼窩上隆起の形状や顔面部の突出度などの形態には大きな個体差がある。より重要なのは、種ごとの頭骨の基本設計である。チンパンジーの頭骨は、それまでは指摘されていなかった独自性を持つことに気付かされた。また、ラミダスの頭骨は、人類の系統固有の基本設計をアウストラロピテクスと共有するものの、咀嚼機能の発達と関わる諸側面ではアウストラロピテクスと異なっていた。ラミダスのこうした頭骨の知見は、他の比較解析から導かれた進化的解釈と、同一方向を向くものであった。

（諏訪　元）

The skull fragments of *Ardipithecus ramidus* was recovered late in the excavations of the ARA-VP-6/500 partial skeleton. These fossil parts were extremely fragile, necessitating careful extraction in the laboratory. Although some of the important skull morphologies can be inferred from the damaged individual pieces, the range of analysis possible seemed rather limited. In 2003, we were able to micro-CT scan the skull pieces, and used the acquired scan data in the digital reconstruction. The reconstructed skull enabled substantial new inferences to be made. In particular, comparisons revealed that the chimpanzee skull is probably uniquely derived in its extreme anterior placement of the entire face. The *Ar. ramidus* skull appears primitive (not derived) in many ways, but shares with *Australopithecus* a derived basicranial structure. On the other hand, *Ar. ramidus* lacks indication of masticatory apparatus enhancement, so characteristic of *Australopithecus* species.

(*Gen Suwa*)

参考文献　References

Suwa, G. *et al.* (2009) The Ardipithecus ramidus skull and its implications for hominid origins. *Science* 326: 68e1-e7.

本館で行った、ラミダスの頭骨破片のCT撮影
Micro CT scanning of the ARA-VP-6/500 skull pieces

ラミダスの頭骨、破片ごと、部位ごとに回収された
The damaged and fragmented ARA-VP-6/500 skull

骨盤は左右の寛骨（もしくは腰骨）と仙椎で構成され、寛骨は腸骨、坐骨、恥骨の三つの骨が癒合してできている。初期人類の寛骨化石は、ほとんど知られていない。何故ならば、複雑な形をしている上に骨質が薄く、そもそも化石になる前に破損が進みがちだからである。動物化石でも多く見つかるのは、比較的骨密度の高い寛骨臼（股関節部）周辺である。全体像が分かるアウストラロピテクスの寛骨化石は、有名な「ルーシー」他、数点だけである。

ラミダスの部分骨格 ARA-VP-6/500 番化石は、幸いにして腸骨、坐骨、恥骨ともに主要部が保存されている。この寛骨は、最初期の人類の歩行適応について重要な知見を与えてくれる、極めて貴重な化石である。まずは、この化石の問題点について述べる。第一に、腸骨の上部と坐骨の下端が欠失している。ただし、坐骨と腸骨のおおよその長さとプロポーションについては、一定の推測が可能であろう。次に、腸骨の可塑的変形が激しく、比較研究を難しくしている。この変形は、デジタルデータを用いても、客観的な補正がおそらく不可能であろう。

そこで、ラミダスの寛骨の形態評価では、二つのアプローチを採ることとなった。一つは、変形が激しいままの状態で正当に評価できる特徴に頼ることである。次に、可塑的変形については比較解剖学的知識を駆使し、目視と手作業によって、三次元補正モデルを作成することとした。後者は客観性に欠けるとの問題を伴うものの、部位ごとの寸法精度を大よそ保つことはできる。そのため、全体像を近似的に復原することは可能と思われた。今回の展示では、出土した状態のラミダスの寛骨と、ラブジョイ氏による近似復原の双方のモデルを並べてみた。後者は、筆者とホワイト氏による「第3者評価」を10回繰り返した末、2008年にようやく到達した「最終バージョン」である。この左右の寛骨モデルから、それらと整合的な骨盤を可視化してみた。

さて、2009年10月にラミダス化石の全貌を論文発表すると、欧米の専門家から、幾つかの予想外の反応があった。その一つは、果たしてラミダスを人類祖先と見なして良いのか、それ

B47 ラミダスの骨盤
―ヒトと類人猿の特徴を合わせ持つ寛骨

The pelvis of *Ardipithecus ramidus*
― a mosaic of human and ape features

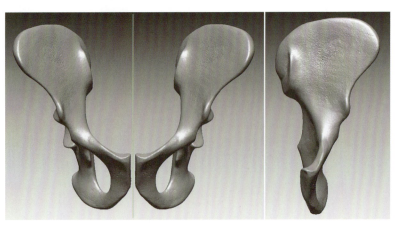

ラミダスの寛骨と骨盤の復原
The restored *Ardipithecus ramidus* innominate bone and pelvis

とも謎の類人猿と考えるべきか？そういった疑問が発せられた。頭骨と歯から、ラミダスが人類の系統に属することは間違いないと思われる。寛骨もまた、特に腸骨の主要構造がアウストラロピテクスと良く類似し、派生的な人類型の形態を持つことが明らかである。

　アウストラロピテクスとの類似は、一言でいうと、股関節よりも上の骨盤の部分が上下に短く、腸骨が横方向を向く点にある。これにより、股関節を進展した直立2足歩行時にバランスがとり易くなる。一方、坐骨は類人猿や四足型霊長類と同様に長かった。長い坐骨は、股関節を屈曲したまま強く蹴り出すための構造である。ラミダスは、アウストラロピテクス以上に木登り機能を保持し、地上では直立2足歩行を行いながら、樹上空間をも常習的に利用していたのであろう。ラミダスの骨盤化石の奇跡的とも言える発見と回収により、それまで未知だった、アウストラロピテクス以前の人類の進化段階の重要な側面を垣間見ることができた。

（諏訪　元）

The *Ar. ramidus* innominate is a rare instance that preserves significant portions of all three bones, the ilium, ischium and pubis. However, fragmentation, displacement and plastic deformation of most of the ilium make standard comparisons difficult. We therefore evaluated the *Ar. ramidus* innominate by focusing on functionally important features not affected by preservation state. We also manually restored the entire innominate bone, keeping surface distances approximately equal to the original. Upon publication of the 2009 *Ar. ramidus Science* papers, some questioned the hominid status of the fossils. However, the details of the ilium, such as the short auricular-acetabular distance and prominent anterior inferior iliac spine with its characteristic position and shape are decidedly *Australopithecus*-like, suggesting that *Ar. ramidus* was a capable biped. To the contrary, the *Ar. ramidus* ischium is long and ape-like, in turn indicating retention of substantial climbing capacities.

(*Gen Suwa*)

参考文献 References

Lovejoy, C. O., Suwa, G. *et al.* (2009) The pelvis and femur of *Ardipithecus ramidus*: the emergence of upright walking. *Science* 326: 71e1-e6.

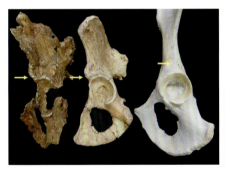

ラミダスの寛骨（外側観）。アウストラロピテクス（中央）とチンパンジー（右）との比較。矢印は下前腸骨棘を指している
The innominate bone of *Ardipithecus ramidus* (left), *Australopithecus* (middle) and chimpanzee (right). Arrow points to the anterior inferior iliac spine

 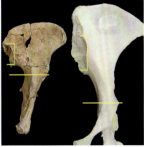

ラミダスの寛骨（斜め前面観）。アウストラロピテクス（中央）とチンパンジー（右）との比較。仙腸関節の位置と、寛骨臼の上縁（横線）を示している
The innominate bone of *Ardipithecus ramidus* (left), *Australopithecus* (middle) and chimpanzee (right). Lines indicate sacroiliac joint and acetabular margin

部分骨格 ARA-VP-6/500 の発見により、ラミダスの全体像に関する理解が格段に進展した。そして、アウストラロピテクス以前の人類の進化段階について初めて本格的に議論できるようになった。ラミダスの全容については、2009年10月に、サイエンス誌掲載の一連の論文によって発表した。

　ラミダス化石の比較研究を進めながら、2008年には小型の骨密度測定装置をエチオピア国立博物館に臨時移設し、ラミダスの手足の化石をCT撮影することができた。展示の足骨モデルは、そのときのCTデータに基づいている。ラミダスの足は、踵骨などの重要な部位が欠落しているが、それ以外の多くの骨が保存されている。ただし、6/500番標本では中足骨の保存が悪いため、展示のモデルには別個体の第2と第3中足骨が組み込まれている。

　ラミダス化石は情報の宝庫で、至る所に新しい知見が内在していた。その中でも、何が最も驚きであったか。一つだけ挙げるとすれば、把握性の足の確証となった骨だろう。第1指の付け根にある、内側楔状骨と第1中足骨が発見された。一部破損しているものの、肝心な骨構造がかろうじて保存されていた。その隣の中間楔状骨も良好な状態で回収され、これらを合わせると、第1指と第2指の配置関係が確実に評価できる。ラミダスの足の親指は、まぎれもなく大きく開いていた。果たして人類といって良いのか？

B48 ラミダスの足
―把握性のある原始的な足

The foot of *Ardipithecus ramidus*
― a primitive grasping foot

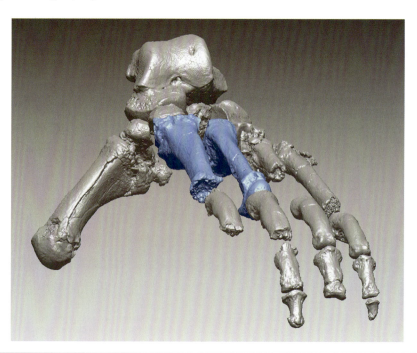

どんな2足歩行が可能だったのか？

ラミダスの親指の外転の程度は、類人猿や他のサル類と同程度であり、把握機能を相当保持していたに違いない。では、現生の類人猿と同じかというと、そうではない。現生の類人猿の足骨はその可動性がさらに強調されている。ラミダスの足は、それほどには柔軟でなく、歩行時に足の側方部で効果的に蹴り出していたようだ。

実は、足骨一つずつから把握性の有無を判断するのは結構むつかしいものである。ラミダスよりも圧倒的に多くの化石が蓄積されてきたアウストラロピテクスでさえ、第1と第2中足骨の配置関係を直接示す化石は未だ存在しない。そうした中、アウストラロピテクスでは、個別の足骨の微妙な特徴から、親指に可動性があったのではないかとの見解が長年提唱されてきた。しかし、内側楔状骨と第1中足骨それぞれの関節構造から判断する限り、アウストラロピテクスの親指はほぼ前方を向き、大きく横方向を向くラミダスとは明らかに異なる。ラミダスがアウストラロピテクスより格段に原始的であることを、最も端的に表しているのが足骨である。

把握性のあるラミダスの足は、骨盤の証拠と共に、彼らが樹上空間に常習的に依存していたことを物語っている。親指が大きく開いたラミダスの足には縦方向のアーチはなく、従って、歩行の時は足の側方部で蹴り出していたと思われる。ラミダスは、樹上適応を本格的に残しながら、直立2足歩行能力を合わせ持っていた、まさに移行型の人類なのである。ただし、「移行型」といっても、いくつかの証拠から、体幹は直立し、膝と股関節を十分に伸展して歩いていたと思われる。

(諏訪 元)

The foot of *Ar. ramidus* is represented by many elements of the ARA-VP-6/500 partial skeleton, supplemented by a handful of other specimens. Importantly, the articulating elements of the first and second rays of the same individual are preserved: the medial cuneiform, intermediate cuneiform, and metatarsal I. The articulating base of metatarsal II is represented by a second individual. These foot bones unambiguously demonstrate that the first ray had a strongly divergent set, comparable to the modern ape condition. This is perhaps the single most striking anatomy of *Ar. ramidus*, a primitive condition not known in any *Australopithecus*. At the same time, the *Ar. ramidus* foot lacks the enhanced mobility seen in that of modern apes. This relates to the toe-off capacities of the lateral foot during bipedal walking. In concert with the pelvic evidence, the *Ar. ramidus* foot attests to a combination of terrestrial bipedal walking with a significant degree of arboreal behavior.

(*Gen Suwa*)

参考文献 References
Lovejoy, C. O., Latimer, B., Suwa, G. *et al*. (2009) Combining prehension and propulsion: The foot of *Ardipithecus ramidus. Science* 326: 72e1-e8.

←ラミダスの足の骨。第2と第3中足骨(青)は別個体、他は全て同一個体の足骨
The assembled foot bones of *Ardipithecus ramidus*

アウストラロピテクスが常習的に直立2足歩行を行っていたことは、多くの証拠から論じられてきた。そして、長年にわたり論争されてきたものの、アウストラロピテクスは、我々と同じように脚を伸展し、股関節を「過伸展」（180度以上伸展）して歩いていたに違いない。また、アウストラロピテクスの個々の足骨の形状は現代人とはそれなりに異なるものの、第1と第2指は前方を向き、縦方向のアーチ構造は存在し、踵骨の結節部もそれなりに大きかったと思われる。即ち、後のホモ属と同様、着地時には踵で衝撃を吸収し、その直後には足の前方部に荷重を移動し、効率良く蹴り出していたと思われる。

アウストラロピテクスの直立2足歩行を検証する稀な証拠がある。それは、アファール猿人（*Australopithecus afarensis*）の足跡化石である。アファール猿人の化石は、「ルーシー」の名で知られる部分骨格はじめ、エチオピアのアファール地溝帯から骨と歯の化石が多数出土している。一方、この足跡化石は、1970年代末にタンザニアのラエトリという場所で発見されている。年代は360から370万年前、アウストラロピテクスの初期の時代に相当する。展示の標本は、ラエトリの足跡化石のうち、比較的保存のよい例のレプリカから作成したポジである。いうなれば、アウストラロピテクスの「足の裏」に相当する。より厳密には、接地中の足底圧の強さ分布に対応する3次元形状である。

ラエトリの足跡は、20メートル以上続いている。3個体のうちの2個体分の足跡は、重なり合っているため、形状がはっきりしない。もう1個体分は、そうした問題はないが、それでもなかなか完璧には保存されていない。地面が軟らかかったためか、形成時の変形もあるようだ。さらには、別の動物に踏まれた箇所、地層のずれの影響、あるいは露出後の少々の破損もあるだろう。足跡の親指が若干開いているようにも見え、また親指の付け根部の圧痕がやや弱いため、作り主の足は原始的であったとの主張もあった。しかし、多くの研究者は、親指は十分前方を向いており、縦方向のアーチは間違いなく存在すると解釈してきた。

B49 アウストラロピテクスの足
―足跡化石（印象）と歩行

The *Australopithecus* foot
― footprints and bipedality

左:ラエトリの足跡にアファール猿人の足の輪郭（推定）を重ね合わせてある。右:湿った粘土の上に形成された、裸足習慣のある南部エチオピアの農耕民の足跡
Left: the Laetoli footprint superimposed by reconstructed outline of an *Australopithecus afarensis* foot. Right: habitually unshod modern human footprint made on a damp clay surface

逆に、ラエトリの足跡は現代的過ぎ、若干なりとも原始的なアファール猿人の足とは合わず、足跡の作り主は別にいるのではとも論じられたことがある。この問題を検証するため、筆者らは、個々の化石からアファール猿人の足全体のプロポーションを復元してみた。そして蹴り出し時にわずかに指を屈曲することを考慮しながら、小柄な「ルーシー」大に調整してみた。そうして足跡と重ね合わせると、矛盾なく重なり合う。

最近になり、ラエトリの足跡の詳細な形状解析が、英国の研究グループによって行われた。この研究では、ラエトリの足跡の3次元形状と、現代人の歩行時の足底圧や地面の性情を考慮した足跡深さデータと系統だって比較した。その結果、ラエトリの足跡は一貫して、現代人的な荷重パタンを示唆することが確認された。特に重要とされたのが、足の前方部の圧痕が内外側全体にわたること、踵部の圧痕がそれよりも深いこと、中央内側部の盛り上がり方がアーチ構造のある足に典型的なことであった。アファール猿人と現代人の歩行は、おおよそ同様な荷重様式を持っていたと結論してよさそうである。

(諏訪 元)

The locomotor behavior of *Australopithecus afarensis* has been discussed by many. Although considerable controversy exists, a major hypothesis considers *Au. afarensis* to have engaged in advanced bipedal locomotion with extended knees and hyperextension at the hips. Furthermore, the *Au. afarensis* foot is considered by most to have had a developed calcaneus, a non-divergent big toe and a longitudinal arch. Such a foot enables both shock absorption and efficient toe off. The 3.6-3.7 Ma Laetoli footprints discovered in the late 1970s offer a unique test of such hypotheses. Although some wondered if the *Au. afarensis* foot might have been too primitive for these footprints, our composite reconstruction showed that such a discrepancy is not the case. In a recent 3-dimensional analysis of footprint form, the Laetoli prints were compared with those of modern humans made under experimentally controlled conditions. This study reconfirmed the view that the makers of the Laetoli footprints had a largely modern human-like gait.

(Gen Suwa)

参考文献 References

White, T. D. & Suwa, G. (1987) Hominid footprints at Laetoli: facts and interpretations. *American Journal of Physical Anthropology* 72: 485–514.

Crompton, R. H. *et al*. (2012) Human-like external function of the foot, and fully upright gait, confirmed in the 3.66 million year old Laetoli hominin footprints by topographic statistics, experimental footprint formation and computer simulation. *Journal of Royal Society, Interface* 9: 707–719.

アウストラロピテクスの最古の例は、今のところ420万年前まで遡る。370から300万年前の間には、豊富な化石資料から知られるアファール猿人が生存していた。これら初期のアウストラロテクスは、300万年前以後のアウストラロピテクスと比べると、咀嚼器の発達はそう強くはない。一方、ラミダスから見ると、初期のアウストラロピテクスでさえ、咀嚼機能の強化が既に始まっていたことが分かる。アウストラロピテクスは、ラミダスと異なり把握性の足を放棄し、むしろ地上の直立2足歩行に特化していたと思われる。より開けたサバンナ環境へ進出するに伴い、咀嚼機能の強化が生じたのだろう。

そうした初期のアウストラロピテクスから、300万年前以後になると、他のアウストラロピテクスとホモ属の双方の系統が出現する。ホモ属では打製石器の使用が常習化し、200万年前以後になると脳容量の増大と顔面部と臼歯列の縮退が急速に進行する。これがホモ・エレクトスの系統である。一方、頑丈型の猿人は、咀嚼器の極端な特殊化によって特徴づけられる。ボイセイ猿人は、230万年前から130万年前までの東アフリカから知られており、頑丈型猿人の中でも最も極端な種である。顎と歯だけでなく、顔面部と頭蓋骨全体が極端な構造設計へと変化している。

筆者らは1997年に、エチオピア南部のコンソから出土した140万年前のボイセイ猿人化石をNature誌に発表した。ここでは、その中の保存の良い頭骨の下顎骨化石を展示した。この下顎骨は、ボイセイの中でも最も保存が良い例の一つであり、しかも大きさが最大級である。強大な咀嚼力は、堅い食物をかみ砕くためだったのだろうか？ボイセイ猿人は、かつては「くるみ割り」とのあだ名が付けられていた。一方、ボイセイの体の大きさは必ずしも分かっていないが、せいぜい小ぶりな現代人程度とも思われている。そうなると、体の大きさの割に歯と顎が極端に大きかったことになる。そうした咀嚼力は、巨大な臼歯の平坦な咬合面に万遍なく加圧するためとの見解も示されてきた。この考えでは、咀嚼器の強大化は、必ずしも堅い食物を砕くためではなく、粗悪な食物を大量に噛み潰すためとなる。

何故そのように特殊化したのか。顎骨の形状と骨分布ともに、力学的に強いように設計されて

B50 ボイセイ猿人の下顎骨
―人類最大級の顎

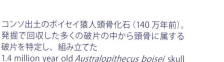

コンソ出土のボイセイ猿人頭骨化石（140万年前）。発掘で回収した多くの破片の中から頭骨に属する破片を特定し、組み立てた
1.4 million year old *Australopithecus boisei* skull assembled from excavated fragments

いる。大きな咀嚼力のみならず、荷重の繰り返しに耐えるための骨構造と解釈されている。エナメル質が極端に厚いが、これは摩耗が激しい咀嚼環境において歯の寿命を延ばす進化的工夫と思われる。歯の摩耗面のナノレベルの3次元表面形状解析では、南アフリカの頑丈型猿人は堅い（硬度の高い）食物を摂取していただろうとの結果が得られたが、東アフリカのボイセイはそうでないと言う。一方、少なくともコンソのボイセイ化石の臼歯の摩耗面には、粗い傷が少なくない。これは、食物の中に比較的大きい粒径の不純物が混入していたためと思われる。最近になり、エナメル質の炭素の安定同位体分析が進み、東アフリカのボイセイはC4植物を大量に摂取していたと思われている。

絶滅種の具体的なメニューを語ることはほとんど不可能であるが、上記の多様な切り口から、サバンナ環境におけるボイセイ猿人の食性適応の様相を垣間見ることができる。200万年前以後になり、ホモ属の系統がますます道具使用行動を複雑化する中、ボイセイ猿人はサバンナの中でもその環境利用が限定していったのだろう。

（諏訪　元）

The earliest *Australopithecus* is known from 4.2 Ma ago, followed by the well-known *Au. afarensis* to ~3.0 Ma. Compared to *Ar. ramidus*, early *Australopithecus* already exhibited obvious masticatory enhancement, most likely related to their increasing commitment to open-environment ranging and feeding. *Au. boisei* represents the extreme endpoint of such a specialization, with massive jaws and huge postcanine teeth. Since their body size was probably only modest, extreme megadonty is one of their charactcristics. The dietary adaptation of *Au. boisei* have been investigated from a variety of methods, including functional morphology, biomechanical simulation, dental microwear, enamel thickness, and stable isotope analysis. Their morphological specialization appears to have enhanced from 2.3 to 1.3 Ma. Most likely, while *Homo* was expanding its niche, habitat use and ranging pattern of *Au. boisei* was becoming increasingly restricted.

(Gen Suwa)

参考文献 References
Suwa, G. *et al*. (1997) The first skull of *Australopithecus boisei. Nature* 389: 489-492.

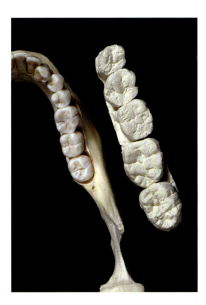

ボイセイ猿人と現代人（左）の臼歯列の大きさの比較。ボイセイ猿人の歯列（右、小臼歯と大臼歯の石膏模型）
A comparison of modern human (left) and *Australopithecus boisei* (right) postcanine teeth

ホモ・サピエンス（新人）の起源は、化石と遺伝子の双方から、多くの者に論じられてきた。特に、1980年代以来、ミトコンドリアのゲノム情報からホモ・サピエンスのアフリカ起源説が提唱されると、ユーラシア大陸については、ほぼ完全な置換説（アフリカ起源の新人段階の人類集団がユーラシア大陸に移住し、先住の旧人段階、原人段階の人類と置き換わった）が一気に優勢となった。そして2000年代中ごろになって、ネアンデルタールのミトコンドリアゲノムが解読されると、交雑が実質ゼロの完全置換説が唱えられ始めた。

ところが、2010年代に入り、ネアンデルタール人、デニソワ人の核ゲノム解析が進むと、新人集団が旧人集団と置き換わるにあたり、時には5％以上の遺伝子流動があったと推定された。さらには、遺伝的交流の痕跡は、一部は原人段階の時代までさかのぼるという。そうした複雑な集団関係は、化石記録からみると、むしろ当然とも思える。現在、限られた古代ゲノム情報から提案されている以上に、集団間、系統間の交雑があったに違いない。

では、アフリカ大陸の中で原人から旧人段階の人類へ、そして旧人から新人段階の人類へ、いつどのように移行したのだろうか。その様相もおそらく複雑だったに違いない。今のところは、広大なアフリカ大陸の中、信頼できる年代を持つ化石はあまりに疎に点在している。

そうした中、2003年に発表された重要な定点の一つが、1997年にエチオピアのヘルトで発見されたホモ・サピエンス頭骨である。年代は、火山灰の放射性年代を基に約16万年前と推定された。発表当時、アフリカ起源説と合致する最古のホモ・サピエンス化石として世界中から注目された。ヘルト人の頭骨は、ホモ・サピエンスとしては最大長が長く、後頭骨が強く屈曲し、顔面部が大きい。その後、同じエチオピアのオモから1960年代末に発見された頭骨の年代が

B51 最古級のホモ・サピエンス化石
―エチオピア、ヘルト出土の頭骨

The earliest *Homo sapiens*
― Herto man from Ethiopia

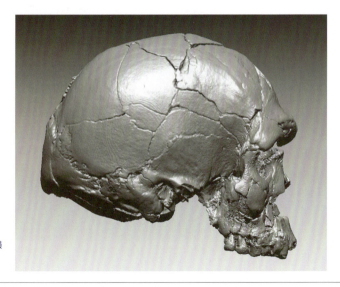

ヘルト人頭骨のマイクロCT撮像データ、側面観
Herto cranium, lateral view

見直され、19万年前まで遡る可能性が示された。このオモの頭骨は、ヘルトの頭骨よりも欠損部が多く、顔面と頭骨全体を組み上げることがむつかしい。しかし、眉間部や後頭骨など、ヘルトの頭骨よりむしろ進歩的な形態が指摘されている。

2003年のヘルト人の論文では、筆者が統計比較を担当したが、ヘルト人頭骨は、世界中の現代人集団の変異の外に位置する結果となった。おそらく当時のサピエンス集団の変異は大きいだけでなく、その範囲は現代人集団の範囲と有意にずれていたに違いない。ヘルトとオモの形態差はそうした差異を示しているのだろう。今後は、アフリカで旧人段階から新人段階へどう移行したか、さらには新人段階の中でも、ヘルト人などを母体としながら、10万年前以後の集団にどう移行していったのか。出アフリカの実像に迫る、重要な定点が今後増してゆくことに期待している。

（諏訪　元）

Herto man, or *Homo sapiens idaltu*, was discovered in 1997 in the Middle Awash Valley near the Afar village of Herto. The fossil is dated to approximately 160,000 years ago. It was described in *Nature* in 2003, as the then oldest known anatomically modern *Homo sapiens* fossil. In the original metric analysis, the Herto cranium lies outside the multivariate cloud of modern human populations as represented by the W. W. Howells data set. Morphological distinctions include a large maximum cranial length, some large facial dimensions, and a protruding and flexed posterior cranium. The two Omo skulls show broadly similar morphologies but span the more advanced and primitive sides of the range of variation. Further well-dated finds from eastern Africa are needed to establish intra and inter-populational variation of this important time period, just prior to the actual out-of-Africa dispersal events of the Late Pleistocene.

(*Gen Suwa*)

参考文献 References

諏訪 元・洪 恒夫 (2006)『アフリカの骨、縄文の骨―遥かラミダスを望む』東京大学総合研究博物館。

White, T. D. *et al.* (2003) Pleistocene *Homo sapiens* from the Middle Awash of Ethiopia. *Nature* 423: 742–747.

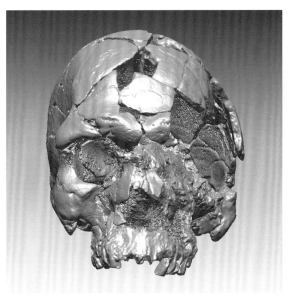

ヘルト人頭骨のマイクロCT撮像データ、前面観
Herto cranium, anterior view

縄文時代は 16,000 年前ごろに始まり、3000年前ごろまで日本列島中に展開していた。縄文人については、明治期以来、全国から発掘収集された古人骨標本により、多くの論考がなされてきた。その発端は、1877 年のモースの大森貝塚調査に始まるが、計測可能な頭骨や全身骨が発見されたのは、1900 年代に入ってからである。その後、大量発見の時代に入り、現在に至っている。本館の人類先史部門には、日本の人類学の曙期収集の人骨はじめ、数 1000 体分の縄文人骨が収蔵されている。大きなコレクションとしては、千葉県の姥山貝塚、愛知県の保美貝塚、それと福島県の三貫地貝塚の人骨がある。

縄文人の頭骨形態は特徴的である。専門的表現を使うと「上顎骨の前頭突起が矢状方向を向く」のであるが、鼻根部の横断面が「かまぼこ型」に隆起していると表現されることもある。さらに、典型的には眉間部が良く発達しその下縁がくぼみ、眉間から鼻根部が縦横の両方向に立体的である。一方、顔面幅が広く、眼窩と顔全体の高さが低いため「寸が詰まった」顔を持つ。計測学的には、顔の高さと幅の比が小さい「低顔」と呼ばれる。脳頭蓋は大きいが、現代日本人と比べると高さよりも幅が広く、しかも最大幅がやや下方に位置する傾向がある。

これらの特徴の一部、特に主要計測値は、アジアの南方部の古人骨と共通するため、縄文人の南方アジア起源説が提唱されてきた。逆に、近年のより包括的な数量形態比較では、縄文人と東アジア中央部集団との類似性が指摘されている。その独自性のため、アジアの人種集団の中における縄文人の位置づけは、難しい課題であり続けている。山口敏、百々幸雄ら形態学の大家たちは、縄文人は既存の「4 大人種」のいずれにも属さないといった「人種の孤島」説を唱えている。

B52 縄文人の系譜
―初めて抽出された核DNA

Deciphering Jomon ancestry
― the first extraction of nuclear DNA

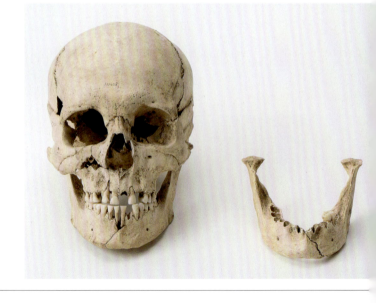

三貫地貝塚出土の男性頭骨（左）と核 DNA を抽出した下顎骨（右）。頭骨は鈴木尚らが 1954 年に発掘した 117(118)号、UMUT 131405。下顎骨は 1952 年発掘の番外 B 人骨群（集積墓）のうち UMUT 131464 の下顎骨の一つ。この標本の第 2 大臼歯の歯根を切断し、内部からミトコンドリアと核 DNA を抽出した

Left, a typical male Jomon skull from the Sanganji shell mounds; right, the Sanganji mandible from which the nuclear DNA was extracted

近年になり、縄文人骨を用いたミトコンドリアゲノム情報の解読が進んできた。その結果、縄文人が複数の系統から由来することが提唱されている。本館所蔵の三貫地貝塚の縄文人標本では、展示の下顎骨標本を含めた4個体からミトコンドリアDNAが抽出され、縄文人に特徴的な二つのハプロタイプ、N9bとM7aが2個体ずつ特定された。ただし、より厳密なサブハプロタイプでは、関東地方の縄文人と異なる可能性も指摘された。これらの結果は、形態的に一見均質傾向の強い縄文人の遺伝的系譜が、実際には複雑であったことを示唆している。さらに、展示の下顎骨標本を含む2個体から、縄文人の核DNAが初めて抽出された。予報では、「人種の孤島」説と整合する解析結果が発表されている。

一方、旧石器考古学の膨大な成果からは、38,000年前ごろ以後に少なくとも3つの経路からサピエンス集団が日本列島に移入しただろうと推定されている。これらの集団が、いずれもがアジアの基層集団から出現して間もなかったならば、彼らが混交しながら縄文人へ移行したとすると、形態とDNA情報の双方と整合する。

（諏訪 元）

The prehistoric Jomon is well known from the Holocene of Japan. The Jomon period extended from approximately 16000 to 3000 BP, and is well represented by skeletal remains, especially those postdating circa 7000 BP. For an Asian population, its skull is characterized by some unique or perhaps archaic suite of features, including a low, broad face, distinct glabellar eminence, prominent nasal bridge with sagittally oriented frontal process of the maxilla, and tendency for a relatively low position of maximum cranial breadth. Because the Jomon skull does not exhibit close morphological affinities with known continental Asian populations, its origins have been considered a mystery. It is possible that Jomon ancestry extends back to more than 30,000 BP, prior to populational differentiations that led to the modern Asian populations. Recent ancient DNA studies, performed on the exhibited mandible and other specimens, are shedding new light on the affinities of the Jomon.   (*Gen Suwa*)

参考文献 References

海部陽介（2016）『日本人はどこから来たのか』文藝春秋。
斉藤成也（2015）『日本列島人の歴史』岩波ジュニア新書。
篠田謙一（2015）『DNAで語る日本人起源論』岩波現代全書。
百々幸雄（2015）『アイヌと縄文人の骨学的研究』ちくま新書。

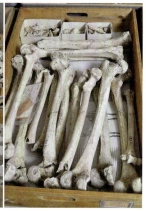

三貫地貝塚の縄文人骨コレクション
The Sanganji Jomon skeletal collection

石器は、人類が最初に作り始めた道具である。およそ260万年前には、東アフリカで原始的な石器製作がおこなわれていた。約175万年前には、多くの加工を施したハンドアックス（握斧）が同地域で出現し、その製作技術を持った人類がアフリカの外へも進出する。

　西アジアは、アフリカを出た人類が最初に訪れた地域である。展示品は、シリアのラタムネ遺跡から出土したハンドアックスで、約70万年前のものとされる。これまでの使用痕分析の結果、ハンドアックスは主に動物解体に用いられたと考えられている。大きな基部は握って使う上で有効であり、その長い刃部と重い重量は狩猟した獲物の切り分けや関節離断に重要だったであろう。

　およそ30万年前、ヨーロッパでネアンデルタールが現れると、彼らは一つの原石から多数の剥片石器を製作し、それによって小型化した石器は柄に付けて使われるようになる。着柄技術は狩猟具にも用いられ、木の先を尖らせただけだった木製槍は、先端に石槍を装着する組み合わせ狩猟具へと発達する。同様の変化が、少し遅れて西アジアでも認められる。今回展示したルヴァロワ尖頭器も、槍先として機能したと考えられる。いずれもシリアのアムッド洞窟で収集された資料である。1点の尖頭器は、獲物との衝突時に発生する衝撃剥離が認められ、実際に狩猟具として使われたことがわかる。

　ホモ・サピエンスの時代に入ると、小型化と量産は更に進む。槍先用石器の小型化の背景には、投槍器や弓といった飛び道具の開発も関与していたであろう。特に、弓で投射する石鏃は、より速く真っ直ぐに投射するため、小型・軽量化が必須である。約15,000年前に始まる晩氷期の温暖期には、世界各地で弓矢猟が本格化したらしい。展示した石鏃は、長野県の諏訪湖底曽根遺跡で採集されたもので、約13,000年前の縄文時代草創期の資料である。衝撃剥離が、器体の大部分に及ぶ石鏃もある。弓の使用によって、より大きな衝撃力を獲得した証しである。

（佐野勝宏）

B53 小型化する石器
―狩猟技術の発達

Miniaturization of stone tools
― advances in hunting technology

Stone tools are the first artificial tools in human history. The earliest stone artifacts appeared in East Africa about 2.6 Ma and more advanced stone tools, handaxes, emerged around 1.75 Ma. The human groups equipped themselves with handaxe technology expanded out of Africa and first reached Western Asia. The handaxe exhibited here was collected at Latamune, Syria, dated at ~700 Ka. Use-wear studies suggest that handaxes were predominantly used for butchering animals.

Neanderthals emerged around 300 Ka in Europe and slightly later in Western Asia. They produced large numbers of flake tools from a single nodule and hafted them with a shaft. The exhibited Levallois points were recovered from Amud Cave, Syria and were probably used as a stone tip attached onto to a wooden spear shaft. One of the Levallois points has impact fractures from hitting into an animal target.

Stone tool weaponry made by *Homo sapiens* became smaller and was produced in larger quantities. The development of projectile technology, using spearthrowers or bows, would have led to the miniaturization of the stone tips. The arrowheads exhibited here were collected from a Jomon site at Suwa-kotei Sone in Nagano, Japan, dated at around 13 Ka. Several of these arrowheads show impact fractures as large as their length, indicating high impact energy.

(*Katsuhiro Sano*)

イスラエル、アムッド洞窟から出土したルヴァロワ尖頭器に認められた衝撃剥離。獲物との衝突によって生じたと考えられる
Impact fractures on a Levallois point from Amud Cave, Israel, formed by contact with an animal target

長野県諏訪湖底曽根遺跡採集石鏃に認められた衝撃剥離。器体に対する衝撃剥離の長さの比率は、ルヴァロワ尖頭器のそれよりも遙かに大きい。No. 6 の縦に長い衝撃剥離は、基部側から入っており、柄からの反動によって形成されたものと考えられる
Impact fractures on arrowheads from Suwa-kotei Sone site in Nagano, Japan. The ratio of impact fracture length to arrowhead length is much higher than that seen in the Levallois point. The elongated impact fracture on specimen 6, formed from the base, indicates that it occurred due to a force reacted from the shaft

←旧石器時代から新石器時代に至る石器。1：シリア・ラタムネ遺跡出土ハンドアックス。長さ 15.4cm、木村賛資料、2－4：イスラエル、アムッド洞窟出土ルヴァロワ尖頭器（2：長さ 6.6cm、5-12 G18、3：長さ 7.4cm、8-26 O-30、4：長さ 7.0cm、1961 年表採）5-11：長野県諏訪湖底曽根遺跡採集石鏃（5：長さ 1.9cm、8096-22、6：長さ 2.9cm、8100-43、7：長さ 2.3cm、8090-1、8：長さ 2.1cm、8090-12、9:長さ 2.4cm、8100-17、10:長さ 2.7cm、8096-2、11：長さ 2.3cm、8096-6）

Stone tools from the Palaeolithic to Neolithic. 1: Handaxe from Latamune, Syria. L 15.4 cm, Surface collection by Prof. Tasuku Kimura. 2-4: Levallois points from Amud Cave, Israel (2: L 6.6 cm, 5-12 G18, 3: L 7.4 cm, 8-26 O-30, 4: L 7.0 cm, 1961 surface). 5-11: Arrowheads from Suwa-kotei Sone site, Nagano Pref., Japan (5: L 1.9 cm, 8096-22, 6: L 2.9 cm, 8100-43, 7: L 2.3 cm, 8090-1, 8: L 2.1 cm, 8090-12, 9: L 2.4 cm, 8100-17, 10: L 2.7 cm, 8096-2, 11: L 2.3 cm, 8096-6)

西アジアは世界で最も早く食料生産経済が発達した地域の一つである。遅くとも1万1000年前頃までにはムギ類を中心とした植物栽培が開始され、直後にヤギ・ヒツジの家畜飼育が始まった。以後、それまでの狩猟採集社会とは異なる複雑な社会が誕生し、5000年前頃にはいわゆるメソポタミア文明の時代に突入する。

最初期の食料生産社会を特徴付ける考古遺物の一つが女性像である。粘土や石で作られたものが残っている。胸や臀部が強調されていることから、豊穣祈願のシンボルであったと考えられる。顔の表現を省略し、高さ5cmに満たないものがほとんどである。表現豊かで高さ10cmを超えるものはトルコのチャタル・ホユック遺跡の例など約8500年前、土器新石器時代半ば以降に増加する。

展示品はシリアで発掘した女性像のレプリカである。約9000年前、先土器新石器時代のものである。これほど大きく、かつ顔面表現が豊かな女性像がこの時代の遺跡で見つかった例は他にない。顔面、胴部とも赤と黒の顔料で丁寧に彩色されている。土偶はふつう炉跡や屋外で見つかるが、これは住居の床下に埋められていた。多くの土偶が使用後に廃棄される護符的存在であったのに対し、この土偶は長期にわたって使用された特別な女神像であったと考えられる。他の遺跡で見つかっていないのは、集落内で管理された希少な存在だったからであろう。

様式の点では中部メソポタミアの土器新石器時代に展開したサマッラ文化の土偶との類似がみられる。それより500年ほども古い本例は、後に一般化する信仰様式の先駆けとみなしてよいと思われる。実物は政情不安が発生するまでシリア国立ダマスカス博物館で常設展示されていた。

(西秋良宏)

B54 新石器時代女性土偶
―メソポタミア最古級の女神像

A Neolithic female figurine from Syria
― the oldest "Mother Goddess" in Mesopotamia

シリア、セクル・アル・アヘイマル遺跡出土の先土器新石器時代女性土偶（複製）。日干し煉瓦製、2004年発掘。高さ14.2cm（SEK04.1）
Female figurine from Tell Seker al-Aheimar, Northeast Syria. Unbaked clay, excavated by the UMUT team in 2004. H: 14.2 cm (SEK04.1)

One of the characteristic archaeological finds from Neolithic sites in Mesopotamia is the female figurine. The emphasis on the representation of breasts and buttocks suggests their role as a symbol of fertility in early food-production societies. Figurines surviving in the archaeological record, made mainly of clay or stone, are usually small, less than 5 cm in height, and rarely depict details of the head and face. Larger ones with artistic representations, such as the well-known Pottery Neolithic examples of Çatalhöyük, Turkey, became common only from the mid-7th millennium BC onwards.

The figurine described here is from our excavations at the Neolithic settlement of Tell Seker al-Aheimar, Northeast Syria. It is really unique because of its remarkably large size (ca. 14.2 cm high); highly elaborate artistry; and age, as it dates to the Late Pre-Pottery Neolithic of ca. 7000 BC. This figurine depicts a seated female with realistic modeling and bi-chrome painting decoration. There has been no parallel for this figurine from Pre-Pottery Neolithic sites in Mesopotamia and beyond in the Middle East, raising issues to be discussed on its culture-historical and functional significance. Its general features indicate prolonged use as well as the importance attached to it by society. In addition, the fact that the figurine was discovered from a sub-floor also suggests its distinguished function, reminiscent of sub-floor human burials popular in the earlier Pre-Pottery Neolithic. This discovery context is a marked contrast to that of ordinary figurines from Tell Seker al-Aheimar, which were recovered mostly from ovens and open-air deposits. It is likely that this figurine played a particular role indeed as the "Mother Goddess" in this society, while the ordinary figurines were of short-term use as amulets.

In terms of the artistic tradition, the most comparable examples have been found at Samarran sites of the Pottery Neolithic in Iraq, and date to the mid-7th millennium BC and later. Although significantly smaller in size and created more schematically, they show similarities in their posture as well as the representation of their faces. The current evidence suggests that this figurine could represent a forerunner of the ritual system that became prevalent later in Mesopotamia.   (*Yoshihiro Nishiaki*)

参考文献 References

西秋良宏（編）（2008）『遺丘と女神—メソポタミア原始農村の黎明』東京大学出版会。

Nishiaki, Y. (2007) A unique Neolithic female figurine from Tell Seker al-Aheimar, Northeast Syria. *Paléorient* 33(2): 117–125.

Nishiaki, Y. (2008) *Naissance des Divinités: Figurine feminine exceptionnelle du néolithique*. Damascus: Ministère de la Culture, Direction Générale des Antiquités et des Musées.

総合研究博物館での保存修復作業。2006 年から 2007 年にかけてシリア人技術者と共同でおこなった
Conservation and restoration of the figurine at UMUT in collaboration with Syrian colleagues from 2006–2007

女性土偶の背面。赤い彩色がみられる
Red paints visible on the back

東京大学アンデス地帯学術調査団は1960年代に、ペルー北部山地ワヌコ州のコトシュ遺跡の最深部にて、土器を伴わないコトシュ・ミト期（約4500〜3800年前）の神殿群を発見した。当時の定説を覆し「アンデス文明では神殿の登場が土器製作に先立つ」ことを立証する画期的な成果であった。文明の起源の解明を研究課題に掲げた団長の泉 靖一は、この発見を前に「はじめに神殿ありき」との言葉を発した。なぜ文明は神殿から始まるのか、調査団は泉の没後も各地で神殿遺跡の調査を重ね、約40年かけてその理論化を果たした。鍵となるのはコトシュでのもう一つの重要な発見、神殿の重なり合いであった。それは神殿を埋め、新たな神殿を築く周期的な「神殿更新」の儀礼があったことを示唆している。神殿更新の必要性から人口増加・社会の組織化・経済の安定・技術革新・宗教思想の洗練が促され、それによりさらに大規模な神殿更新が可能になる。神殿はこのような正のフィードバックをもたらし、予期せぬ結果としてアンデス文明が萌芽したのである。

展示物はコトシュ・ミト期の「交差した手の神殿」が埋められ、その真上にほぼ同型・同規模の「ニチットスの神殿」が築かれた様子を半裁して表した模型である。実際に1960年、交差した手の神殿はほぼこのように半分だけ掘り出され、壁面に交差した手のレリーフ（261頁参照）が発見されたために命名された。ニチットスは小壁がん（ニチットス）を多数持つためこの名となった。正方形の室内はいずれも中央の床面が一段低く、中心の円形の炉に床下通気口が接続している。交差した手の神殿は周囲より高

B55 コトシュ・ミト期の2つの神殿
－神殿から始まったアンデス文明

Two temples of the Kotosh Mito phase
— the ceremonial centers started the Andean civilization

ペルー、ワヌコ州コトシュ遺跡（模型）。上段：ニチットスの神殿、下段：交差した手の神殿。1960、1963、1966年の発掘成果に基づいて製作。高さ15cm (SAA-CP7)
Kotosh site, Huánuco region, Peru (scale model). Upper: *Templo de los Nichitos*, Lower: *Templo de las Manos Cruzadas*. Modeled on field data of 1960, 1963 and 1966. H: 15.0 cm (SAA-CP7)

い基壇の上に載っていたが、その内部が埋められたのち、それ自体がニチットスの神殿を載せる新たな基壇に転用された。

　1990年代より海岸部を中心に土器を持たない神殿が多数発見され、今日では多くの研究者が、アンデス文明の画期は土器ではなく神殿の登場であると考えている。コトシュは今なお山地での最も充実した調査成果であり、炉を囲む室内での儀礼を指す「コトシュ宗教伝統（Kotosh Religious Tradition）」、2段の床など山地に特有の建築様式「ミト伝統（Mito Tradition）」といった術語が定着している。　　（鶴見英成）

参考文献 References

泉 靖一・松沢亜生（1967）「中央アンデスにおける無土器神殿文化－コトシュ・ミト期を中心として」『ラテン・アメリカ研究』8月号：39-69.

加藤泰建・関 雄二（編）（1998）『文明の創造力：古代アンデスの神殿と社会』角川書店.

大貫良夫・加藤泰建・関 雄二（編）（2010）『古代アンデス　神殿から始まる文明』朝日新聞出版.

Izumi, S. & Sono, T. (eds.) (1963) *Excavations at Kotosh, Peru 1960*. Tokyo: Kadokawa-shoten.

Izumi, S. & Terada, K. (eds.) (1972) *Excavations at Kotosh, Peru, 1963 and 1966*. Tokyo: University of Tokyo Press.

In the 1960s the Scientific Expedition of the University of Tokyo to the Andes excavated in the archaeological site of Kotosh (Huánuco region, Peru) and discovered ceremonial architecture of "Kotosh Mito phase (ca. 4500–3800 BP)" beneath the remains of the earliest ceramic cultures. The "temple" of the Mito Phase is characterized by square chamber with firepit in its center placed on large platform. *Templo de las Manos Cruzadas* (the Temple of the Crossed Hands; see G6) was filled with cobbles and another temple named the *Templo de los Nichitos* (Temple of the Niches) had been constructed on top of it. The significant contribution of this excavation on the study about the origin of the Andean civilization can be summarized in two points. Firstly, it was the first scientific excavation which stratigraphically proved the chronological precedence of monumental ceremonial buildings to the pottery making tradition. Secondly, it pointed out the repetitious pattern of building and reburial of temples and a possibility of a cyclical pattern of ritual renovation and renewal of ceremonial architecture. The renovation of temple needed a population growth, a well-organized society, a stable economy, a technological innovation and a refined religious ideology. At the same time, these developments made it possible to construct even much larger buildings. The ceremonial centers brought about such a positive feedback and led to the emergence of the Andean civilization; an unexpected result.

(Eisei Tsurumi)

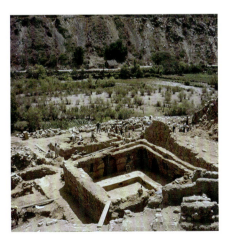

交差した手の神殿は1963年に完掘された
Templo de las Manos Cruzadas was completely excavated in 1963

交差した手の神殿をデザインした2013年発行の1ソル硬貨
1 *Nuevo Sol* coin with the design of *Templo de las Manos Cruzadas* was issued in 2013

かつて考古学の泰斗 V. G. チャイルドは、農耕の開始を契機とした人類の社会経済的革新、「新石器革命」の一要素に土器の発明をあげた。日本列島では農耕導入以前の土器が古くから知られるものの、世界に先駆けて食料生産経済が営まれた西アジアについては、1950年代まで広く受け入れられた見方であった。

1956年、文明の起源の解明を掲げて西アジアの遺跡発掘に乗り出した東京大学は、新石器革命で誕生した原始農村に狙いを定め、イラク、サラサート遺跡を調査地に選んだ。当時、メソポタミア最古の農村址とされていたのは近くに所在するハッスーナ遺跡であった。村が築かれた頃に使われていた土器は、切り藁を混ぜ込んだ粗い粘土で分厚く形づくられ、鈍黄色に焼き上げられた大型品であり、頸がなく直線的に出っ張った胴の下半が屈曲する、印象的な形の壺が多数出土していた。

展示品はサラサートから発掘された上部を欠く壺で、嬰児の棺に転用されていた。ハッスーナ最下層の壺と共通の特徴を有し、同型式と判断される。こうした土器の発見によって、サラサートは狙い通りの原始農村址であることが証された。そして、ハッスーナの事例に頼らざるをえなかったメソポタミア原始農村の研究は、サラサートの豊かな情報を得て飛躍的に進んだ。今日、当該の時期はふつう「プロト・ハッスーナ期」と呼ばれるが、「サラサート期」とする提案もあっ

B56 新石器時代の壺
―メソポタミア原始農村の土器

A Neolithic jar from Upper Mesopotamia
― pottery in the early farming society

たぐらいだ。

　現在、西アジアにおける土器の発明は農耕の開始より数千年遅れる事実が判明しており、もはやこの壺も人類初の新石器革命を直接伝える遺物とは言いづらい。だが、原始農村を舞台に進んだ工芸の発展を物語る一品として、文明への歩みに連なるとの評価は不変だ。土器づくりそのものだけでなく、外面に残る織布の圧痕もまた往時の工芸活動を示す証拠である。紡織の始まりは痕跡の乏しさゆえ判然としないが、新石器革命の要素として土器づくりと並び称されていた技術革新である。文明への胎動は、この粗雑な壺から確かに聞こえてくる。

（小髙敬寛）

Until 1950's, invention of pottery vessel had been believed as an element of "Neolithic Revolution" which first occurred in West Asia. In 1956, when UT team decided to excavate Telul eth-Thalathat, the oldest evidence of farming village was given from Tell Hassuna, Iraq. Pottery in its basal level is coarsely-made, plant-tempered and light-coloured ware, and straight-sided large jar with carination is remarkable in vessel shape.

The jar described here was recovered from Telul eth-Thalathat. Such pottery suggests this site was chronologically paralleled with Tell Hassuna, because of the homogeneous attributes demonstrating the same type of pottery. In those days, this fact promised us to provide new data for further studies of early farming society.

Although older farming villages were identified in the last several decades, this jar tells the development of craft technology in Neolithic settlement even now; not only for pottery but also for textile known as an element of "Neolithic Revolution" as well, thanks to its impression on outer surface.

(*Takahiro Odaka*)

参考文献 References
深井晋司・堀内清治・松谷敏雄（編）（1970）『テル・サラサートⅡ　第二号丘の発掘　第三シーズン (1964年)』東京大学イラク・イラン遺跡調査団報告書 11、東京大学東洋文化研究所。

←プロト・ハッスーナ土器（嬰児の壺棺）。イラク、サラサート遺跡出土 (1964年)、約 8300年前。残存高 39.9cm、最大径 42.7cm (3ThII.P1)
Proto-Hassuna pottery (used for infant burial) from Telul eth-Thalathat II, Iraq, excavated in 1964, ca.8300BP. H: 39.9 cm, D: 42.7 cm (3ThII.P1)

↑外面に残る織布の圧痕
A textile impression on the outer surface

熱帯のサンゴ礁域。人間活動の影響を受けやすい環境の一例である。沖縄県恩納村
Coral reefs in tropical waters. An example of environment vulnerable to human activities. Onna Village, Okinawa Pref., Japan

2-2 環境と生物
Environment and organisms

21世紀は環境の世紀である。人類の歴史を通じて、現在ほど環境の重要性が認識されるようになってきた時代はなかった。その理由は環境の激変により人類に好ましくない影響が危惧されるようになってきたことが背景にある。

　20世紀までの急速な開発により、公害や環境問題が引き起こされ、自然環境が脅かされてきた。例えば、環境破壊により生物が絶滅したり、絶滅が危惧される種の種数が増大している。生物が絶滅すれば生態系が単純化し、自然の復元能力が損なわれ、自然のバランスが崩壊する危険性が増す。

　一方、人為的にもたらされる外来種も生物環境に負の影響を及ぼしている。外来種には永続的に生息できないものも多いが、種によっては爆発的に増殖するものもあり、その影響は予測不能である。在来種が競争によって排除されたり、一方的に捕食されることが起こりうる。実際に稀少な在来種が外来種に駆逐され、絶滅の危機に追いやられている例が散見される。

　人間の生産活動が引き起こす様々な問題も自然環境に深刻な影響を与えている。化石燃料の消費は二酸化炭素の濃度を上昇させ、地球温暖化を起こす。海洋では海水に溶け込む二酸化炭素が増え、海洋酸性化の問題を生じている。海洋が酸性化すればサンゴや貝類などの石灰化を行う生物が骨格を形成し維持できなくなる恐れがある。

　環境は長い地質時代を通じて激変してきた。例えば、中生代の白亜紀は現在よりも激しく温暖化した気候であると推定されており、温暖化が起きても生命が全て滅ぶわけではない。しかし、現在の環境問題は、変化があまりにも急激に起きている点にある。多くの生物は環境変動に順応する能力があるが、急激な変化に適応できるかどうか分からないことが多い。

　博物館に収蔵された大量の標本は、過去を記録する環境資料としての意味を持っている。

佐々木猛智
Takenori Sasaki

個々の標本には何らかの環境情報が記録されており、詳細な分析を通じて環境を明らかにすることができる。その研究対象は植物、サンゴ、貝類、昆虫等全ての生物標本に当てはまる。さらには、考古遺物にも過去の環境が記録されており、過去の人類を取り巻く環境条件、過去の人類が環境に対応してきた技術の歴史を知ることができる。例えば、遺跡から出土する生物の遺体や痕跡は、過去の環境を推定する手がかりになる。

　全ての時代における全地球上の環境を記録するには、可能な限り多くの産地から多数の標本を網羅的に集めることが重要になる。従って、収蔵標本数は多ければ多い程良い。過去から現在への環境の変化は博物館に収集された標本を分析することにより明らかとなる。そして、最近収集されたばかりの新しい標本も21世紀を記録する貴重な資料として将来の研究に貢献する。

　Environment is an important subject in 21st century due to bad effects of human activities and development. Environmental destruction has threatened many living organisms and caused extinction. The number of endangered species is increasing. In addition, artificially introduced alien species have proliferated explosively and had destructive and unpredictable effects on ecosystems. Precious domestic species can be expelled by competition or threatened by predation by offensive introduced species. Geographic distribution of organisms is affected by global warming caused by fossil fuel consumption and also ocean acidification with increasing concentrations of carbon dioxide. These environmental changes are potentially preserved in biological and archeological specimens in museums and can be traced by in-depth analysis using specimens. Thus, museum collections can serve as archives of natural environment.

植物は固着性の生物であり、通常はその分布域は変化しないと考えるのが一般的である。しかし、長い歴史の中で気候変動や地形の改変などにより、生育基盤が変化すると、植物もその分布域を変化させざるをえない。あるものはその生育地を拡大し、あるものは環境の変化に対応できず、絶滅したと考えられる。しかしながら近代以降、植物の分布の変遷にはさらに二つの要因が関与している。一つは人間活動に伴う変化と、もう一つは地球温暖化による変化である。人間活動による変動には、人間活動によりその個体数を減少させ分布域を縮小させているもの（絶滅危惧種）と、意図的・非意図的にその分布域を拡大させているもの（帰化植物）がある。また、地球温暖化の影響で、これまで南の地域にしか分布していなかったものが、分布域を北に広げている例も報告されている。（池田　博）

C1 植物の分布変遷と絶滅
Migration and extinction of plants

(1) 野生絶滅―ムジナモ
Aldrovanda vesiculosa L.

モウセンゴケ科の水生植物。葉は捕虫葉となり、水中のプランクトンを補食する。日本では1890年に牧野富太郎によって発見され、全体の姿から「貉藻」と名付けられた。関東と北陸、近畿の池に生育していたが、埋め立てや洪水、環境の変化等で1960年代に野生集団は絶滅した。現在、埼玉県宝蔵寺沼では、栽培され生き残った個体を使い増殖が図られている。

(2) 都市部からの絶滅―アズマイチゲ
Anemone raddeana Regel

キンポウゲ科の多年草。雑木林の林縁などで体の割に大型の白い花を一輪咲かせる。他の植物に先駆けて早春に咲くことから、「スプリング・エフェメラル」、「春の妖精」と呼ばれる。かつては都市部でも普通に見られたが、現在では生育できる環境がなくなったり、盗掘されたりしたため、都市部で見かけることはほとんどない。

武蔵（東京都）、北豊島、昭和18年採集 (TI00010574)
Kita-Toshima, Tokyo, Japan. 1943 coll. (TI00010574)

(3) 地球温暖化による分布拡大―タシロラン
Epipogium roseum (D. Don) Lindl.

葉緑体を持たないラン科の腐生植物。1950年代までは南日本からの報告しかなかったが、地球温暖化の影響か、1960年代以降、関東地方からも採集されるようになり、特に1990年代以降は関東一円で採集されるようになった。現在 (2015年) の北限は栃木県大平町付近、東限は茨城県鉾田市付近となっている。

山城（京都府）、巨椋池、昭和4年採集 (TI00010573)
Oguraike, Kyoto Pref., Japan. 1929 coll. (TI00010573)

千葉県南房総市、平成 27 年採集 (TI00010575)
Minami-Boso, Chiba Pref., Japan. 2015 coll. (TI00010575)

(4) 外来植物—コゴメイヌノフグリ
Veronica cymbalaria Bodard

ヨーロッパ原産のオオバコ科の植物で、1995 年に小石川植物園で発見された。春に道ばたや土手でコバルト色の花を咲かせるオオイヌノフグリの仲間であるが、白い花をつけ、今のところ東京都内の数カ所に帰化しているだけである。外来植物（帰化植物）は、在来の種と競合したり、自生する近縁の種と交雑を起こしたりして、本来の生態系を崩す要因となる。

東京都文京区、平成 27 年採集 (TI00010576)
Bunkyo, Tokyo, Japan. 2015 coll. (TI00010576)

It is usually believed that plants do not change their range of distribution, because they are anchored to the ground. Actually, they have been changing their range in response to changes in the environment, such as climatic fluctuations and geographic movements. In addition to historical events, two recent factors concern changes in distribution of plants. One is human activities, and the another is global warming. The number of individuals of some species are decreasing (endangered species) or increasing (naturalized/invasive species), due to human impact. Some species are shifting their distribution range from south to north in response to the recent global warming.

(1) Extinction in nature – *Aldrovanda vesiculosa* L.

Aldrovanda vesiculosa is an insectivorous, aquatic plant belonging to the family Droseraceae. It has leaves that catch plankton in its fresh water habitat. It was discovered in 1890, and grew in several ponds in Japan, but became extinct in nature in the 1960s.

(2) Extinction in urban areas – *Anemone raddeana* Regel

Anemone raddeana is a perennial plant of the family Ranunculaceae. It grows at the edge of thickets and produces a relatively large white flower. It blooms in early spring, so it is called a 'spring ephemeral.' It was frequent throughout the whole Kanto District, but now it is quite difficult to find in urban areas.

(3) Expanding distributions due to global warming – *Epipogium roseum* (D. Don) Lindl.

Epipogium roseum is a saprophytic plant in the family Orchidaceae. It was reported from southern Japan prior to the 1950s. The first reports from the Kanto District began after the 1960s. Since the 1990s, *Epipogium roseum* has been reported frequently from throughout the whole Kanto District.

(4) Naturalized plants – *Veronica cymbalaria* Bodard

Veronica cymbalaria is a biennial plant, belonging to the Plantaginaceae. It originated in Europe and was first reported to be naturalized in Japan in 1995, in Tokyo. *Veronica cymbalaria* is closely related to *V. persica*, another common naturalized plant in Japan with cobalt blue flowers, but *V. cymbalaria* bears white flowers. (*Hiroshi Ikeda*)

沖ノ鳥島は北緯20度25分に位置する日本最南端の絶海の孤島である。東京からは1740km、硫黄島からは720km、沖大東島からは670kmも離れた場所にある。特別に船を派遣する以外にこの島を訪問する手段は無く、調査が困難であるため、どのような生物がこの島に生息しているか情報はほとんどなかった。

2012年、沖ノ鳥島におけるサンゴの種リストが発表された。一般にサンゴの種数は熱帯域ほど多様であるが、沖の鳥島で記録された種数は93種であり、この数値は八重山諸島の1/4、マリアナ諸島の1/2、九州の天草と同程度の種数であることが分かった。このように種多様性が低い理由は、(1) ほかの海域から孤立しているため幼生の供給が少ないこと、(2) 島が小さいためサンゴの生息に適した環境の面積が限られていることの2点にあると考えられる。

沖ノ鳥島は、無人の小さな孤島であるが、この島の存在により40万km^2もの広大な排他的経済水域 (EEZ) が維持されている。国際法上の島として認められるためには満潮時にも水没しないことが条件であるが、沖ノ鳥島は侵食を受けて満潮時に小さな岩が2つ露出するだけの状態になっており、温暖化に伴う海面上昇によって将来の水没が危惧されている。そのため、サンゴの保全と増殖を図り、沖ノ鳥島を守るため

C2 沖ノ鳥島のサンゴ標本
Corals in Okinotorishima Island

ナガレサンゴ (*Leptoria Phrygia*)。東京都沖ノ鳥島 (OT-54)
Leptoria phrygia. Okinotori-shima (OT-54)

の事業が行われている。

　沖ノ鳥島におけるサンゴの研究は本学理学系研究科の茅根 創らのグループによって行われており、その証拠標本は総合研究博物館地理部門に収蔵されている。沖ノ鳥島のサンゴ相を記録する標本群は通常では入手し難い貴重な資料である。
　　　　　　　　　　（佐々木猛智・茅根　創）

Okinotorishima is 1740 km south of Tokyo and far away from Japanese and other islands. The fauna of this island has been little known due to its remote and isolated location. In 2012, a list of corals in the island was published. A total of 93 species were recorded and this number is considerably small compared to other tropical islands. Possible reasons of low diversity are (1) low probabilities of larval dispersal from other tropical islands in the isolated situation, and (2) small areas of habitats suitable for corals. The island is now facing with a risk of submersion according to sea-level rise by global warming. A conservation program of reef-building corals is now in progress to protect the small island.

(*Takenori Sasaki & Hajime Kayane*)

参考文献 References

Kayanne, H. *et al.* (2012) Low species diversity of hermatypic corals on an isolated reef, Okinotorishima, in the northwestern Pacific. *Galaxea. Journal of Coral Reef Studies* 14: 73–95.

ホソエダミドリイシ (*Acropora valida*)。東京都沖ノ鳥島 (OT-88)
Acropora valida. Okinotori-shima (OT-88)

マルキクメイシ (*Montastraea curta*)。東京都沖ノ鳥島 (OT-79)
Montastraea curta. Okinotori-shima (OT-79)

絶滅危惧生物の保全の重要性は個体数の減少が顕著になった段階で認識される。大型生物や陸上の生物は、小型種や水中の生物よりも個体数を数えやすく、そのため定量的な評価が行いやすい。一方、海中に生息する多くの小型の無脊椎動物ではそのようなデータは利用できないものが多い。

貝類は陸産や淡水産の種では早くから生息状況の調査が行われ、保全の重要性の評価が行われてきた。しかし、海産の種は評価が遅れがちであり、最近になってレッドデータブック、レッドリストに取り上げられるようになってきた。

一般に内湾に生息する貝類は環境悪化の影響を受けやすい。その理由は、(1) 内湾は外洋に比べて水の循環が悪く、汚染、富栄養化、酸素濃度の低下などが起こりやすい。(2) 内湾に生息する種は、外洋域は生息に適していないため、外洋を通じて分布を広げることが困難である。

日本では、内湾域は東京湾、伊勢湾、瀬戸内海、有明海のように離れて存在する場所が多い。従って、分散が起こりにくく、一旦地域的に減少すると容易に回復しないものが多い。

本館のコレクションには明治初期からの標本があり、現在では失われた産地の標本が含まれている。また採集年の記録のある標本からはそれらが実際に生息していた年代を知ることができる。

展示標本であるハイガイ、イセシラガイ、ヒメアカガイはかつては内湾域に普通に生息していたものであるが、現在では環境省レッドデータブック（2014年版）に掲載されている（ヒメアカガイ、イセシラガイ：絶滅危惧Ⅰ類、ハイガイ絶滅危惧Ⅱ類）。これらの種が絶滅寸前に追い込まれていることは、多産する種であっても環境悪化に伴い急速に減少し得ることを示している。

（佐々木猛智）

C3 海産貝類の絶滅危惧種
Endangered species of marine molluscs

ヒメアカガイ (*Scapharca troscheli* (Dunker))。三重県英虞湾、明治38年 (UMUT RM28404)
Scapharca troscheli (Dunker). Ago Bay, Mie Pref., Japan. Collected in 1905 (UMUT RM28404)

Evaluation of marine endangered species of small-sized invertebrates is difficult compared to large-sized or terrestrial animals. For this reason, shallow-water invertebrates were not assessed for conservation until recently. Species living in sheltered bays are more easily subject to extinction or population reduction, due to (1) high possibility of pollution with low water exchange and (2) disrupted distribution isolated by open oceans. Old museum collections include precious specimens recording original nature in the past. Specimens on exhibit represent examples of locally extinct marine molluscs in Japan which were lost after economic development since the 1950s.　　(*Takenori Sasaki*)

参考文献 References

佐々木猛智 (2002)『貝の博物誌』東京大学総合研究博物館。

環境省 (編) (2014)『日本の絶滅のおそれのある野生生物、Red Data Book 6 貝類レッドデータブック』株式会社ぎょうせい。

イセシラガイ (*Anodonta stearnsiana* Oyama)。熊本県天草郡早浦海岸、明治 34 年 5 月 (UMUT RM28406)
Anodonta stearnsiana Oyama. Hayaura, Amakura, Kumamoto Pref., Japan. Collected in May, 1901 (UMUT RM28406)

ハイガイ (*Tegillarca granosa* (Linnaeus))。岡山県児島湾、大正 14 年 (UMUT RM28405)
Tegillarca granosa (Linnaeus). Kojima Bay, Okayama Pref., Japan. Collected in 1925 (UMUT RM28405)

陸産貝類は絶滅危惧種が多いことで以前から注目されてきた。その要因は、陸産貝類は移動能力が乏しく、海や川を越えて分布を拡大することが困難である点にある。特に、日本のような島国では島ごとに分化が進みやすく、日本国内だけで約 700 種の陸貝が記載されている。

陸産貝類の絶滅危惧種の典型例は島のマイマイ類である。最も有名な例は小笠原諸島の陸貝であり、小笠原諸島固有属のカタマイマイ類は特に有名である。この属は島ごとに多数の種に分化しているが、全ての種がレッドデータブックに掲載されている。特に、絶滅危惧 I 類としてランクされている種が多いことから、深刻な状況が理解される。

小笠原諸島で陸貝が減少した理由は複数ある。まず、小さな島は面積が限られているため、古くからの開墾によって古くからあった植生が破壊されている場所が多い。次に、外来種の捕食者の存在が挙げられる。人為的に持ち込まれたニューギニアヤリガタリクウズムシやクマネズミが陸貝の稀少種を捕食し、深刻な影響を与えている。

陸産貝類は植物食であるため農業害虫となる可能性があり、生きた個体の海外からの移入は禁止されている。しかし、そのような制限にもかかわらず、偶然輸入産物に紛れるなどの要因によって持ち込まれた外来種が発見されることがある。例えば、最近ではイスパニアマイマイが千葉県浦安市で発見された。この種は幸い各地へ広まっていないが、根絶は容易ではない。イスパニアマイマイは 2000 年以降に発見された新しい外来種の事例である。　　　　（佐々木猛智）

C4 陸産貝類の絶滅危惧種と外来種

Endangered and alien species of terrestrial molluscs

カタマイマイ（*Mandarina mandarina* (Sowerby)）。小笠原兄島夜明山（Chiba 1989）(RM18043a)
Mandarina mandarina (Sowerby). Mount Yoakeyama, Anijima Island, Ogasawara Islands, Japan. Studied by Chiba (1989) (RM18043a)

Terrestrial snails encompass notable cases of endangered species in most areas of the world. Land snails are easily isolated geographically and differentiated into species endemic to small regions. The rate of endemism is especially high in small islands. In Japanese islands, ca. 700 species of land snails has been described so far. Most of island-dwelling land snails are listed as endangered species in a red data book or red list. The most famous case is land snails in Ogasawara Islands. They are threatened both by human environmental destruction and by coincidentally introduced alien predators. Extermination of the predators seems already too late, and widely spread alien predators are practically out of control. *Eobania vermiculata* originally from southern Europe was found in 2004 in Japan, representing the latest case of introduced land snails. (*Takenori Sasaki*)

参考文献 References

Chiba, S. (1989) Taxonomy and morphologic diversity of Mandarina (Pulmonata) in the Bonin islands. *Transactions and Proceedings of the Palaeontological Society of Japan. New Series* 155: 218–251.

上島 励・岡本 正豊・斉藤 洋一 (2004)「新たな移入種、イスパニアマイマイ」『ちりぼたん』35: 71–74。

イスパニアマイマイ (*Eobania vermiculata* (Müller, 1774))。千葉県浦安市、2004 年（上島ほか 2004）(RM28862)
Eobania vermiculata (Müller, 1774). Urayasu, Chiba Pref., Japan. Collected and reported by Ueshima *et al*. (2004). (RM28862)

チチジマカタマイマイ (*Mandarina chichijimana* Chiba, 1989)。小笠原兄島 (Chiba 1989)、パラタイプ標本 (RM18406a)
Mandarina chichijimana Chiba, 1989. Anijima Island, Ogasawara Islands, Japan. Described by Chiba (1989). Paratype (RM18406a)

東京から約1,000km南に位置する小笠原諸島は、独自の進化を成し遂げた多くの固有生物が生息することから「東洋のガラパゴス」とも呼ばれ、2011年には世界自然遺産にも登録されている。蝶類ではオガサワラシジミとオガサワラセセリという固有種が生息するが、それぞれ環境省レッドリストに絶滅危惧1A類および絶滅危惧II類として掲載されている。特にオガサワラシジミは国の天然記念物に指定されていることに加え、2008年には環境省「種の保存法」の希少野生動植物種にも指定されている。近年、グアム経由で侵入した北米原産の外来トカゲ・グリーンアノールの捕食圧や、アカギ、ギンネム、モクマオウのような外来植物の繁茂による食餌植物の衰退などにより、両種とも激減して絶滅の危機に瀕していることによる。このため、国、地方自治体、動物園、研究者、NPO、ボランティアなど、様々な公的機関や民間組織が参画して、行政・島民・研究者の協働による保全計画が進められている。

　一方、中国大陸原産の外来蝶アカボシゴマダラ（名義タイプ亜種）が神奈川県の藤沢市で1998年に確認されて以来、関東地方を中心に分布を拡大させ、現在では東北、北陸、中部、東海、関西の各地方にまで分布が及んでいる。本種の成虫は樹液や腐果、獣糞などを好み、幼虫はエノキ（アサ科）を食餌植物とする。このような食性や利用する生活空間に関する生態的ニッチが、在来の近縁種ゴマダラチョウや国蝶オオムラサキとほぼ一致するため、外来種と在来種との種間競争や繁殖干渉が強く懸念されている。また、奄美諸島には日本固有亜種となっている在来のアカボシゴマダラ（奄美亜種）が生息するが、気候要因および寄主植物に基づく潜在的生息適地解析によるシュミレーションでは、奄美諸島はこの外来亜種の良好な潜在的生息適地であるため、もしこのまま分布拡大を続けて奄美諸島に侵入した場合、日本固有亜種の存続を脅かす危険性も十分に考えられる。

（矢後勝也）

C5 蝶における外来生物問題
The issues affecting butterflies from invasive alien species

Two small butterflies, *Celastrina ogasawaraensis* and *Parnara ogasawarensis*, endemic to Ogasawara Islands, are ranked as Threatened IA and II respectively in the current Red List of the Ministry of the Environment, Japan (MOE). In particular, the former was also designated as a National Endangered Species of Wild Flora and Fauna by the MOE in 2008. The reason is because that the two species are recently threatened with extinction due to predation by an introduced lizard, Green Anole (*Anolis carolinensis*), and to invasion of some introduced trees such as Bischofia javanica and Leucaena leucocephala. For the purpose of conservation, national and local governments, zoos, researchers, NPOs and volunteers are collaborating closely with each other and conducting conservation activities.

Hestina assimilis assimilis from the Chinese Continent has widely expanded in Honshu, Japan, since it was introduced to Kanagara Prefecture of the Kanto district in 1998. The adults generally suck fluids from tree sap, fruit and animal-dung, and the larvae feed on leaves of Celtis sinensis in Japan. Worryingly, this species occupies the same niche as two native species, *Sasakia charonda* and *Hestina persimilis*, in hostplant selection and ecological behavior. Thus, there is strong concern that reproductive interference and interspecific competition will be caused between the non-native and native species. (*Masaya Yago*)

参考文献 References

斎藤昌幸・矢後勝也・神保宇嗣・倉島 治・伊藤元己 (2014)「外来蝶アカボシゴマダラの潜在的生息適地：原産地の標本情報と寄主植物の分布情報を用いた推定」*Lepidoptera Science* 65 (2): 79–87.

矢後勝也・中村康弘 (2007)「オガサワラシジミの食性と保全」*Journal of the Butterfly Society of Japan, Butterflies* (46): 35–45.

矢後勝也 (2011)「チョウにおける外来種問題の現状」『昆虫と自然』47 (1): 12–15.

矢後勝也 (2014)「小笠原の絶滅危惧種オガサワラシジミの現状と保全体制」『昆虫と自然』49 (9): 4–7.

オガサワラシジミを捕食するグリーンアノール、母島（撮影：忠地良夫）
Green Anole (*Anolis carolinensis*) preying on an adult of *Celastrina ogasawaraensis* (Haha-jima Island. Photo: Yoshio Tadachi)

←小笠原の固有蝶類2種。左上：オガサワラシジミ♂、母島、右上：同♀、母島、左下：オガサワラセセリ♂、平島、右下：同♀、平島
Two threatened butterfly species endemic to Ogasawara Islands. Upper left: *Celastrina ogasawaraensis* (H. Pryer, 1883) ♂, Haha-jima Island. Upper right: *ditto* ♀, Haha-jima Island. Lower left: *Parnara ogasawarensis* Matsumura, 1906 ♂, Hira-shima Island. Lower right: *ditto* ♀, Hira-shima Island

蝶の外来種と近縁な在来種2種。左上：アカボシゴマダラ♂（夏型）、埼玉、左下：アカボシゴマダラ♂（春型）、神奈川、右上：オオムラサキ♂、山梨、右下：ゴマダラチョウ♀、神奈川
An invasive alien butterfly, *Hestina assimilis assimilis*, and two closely related native species. Upper left: *Hestina assimilis assimilis* (Linnaeus, 1758) ♂ (summer form), Saitama. Lower left: *ditto* ♂ (spring form), Kanagawa. Upper right: *Sasakia charonda* (Hewitson, [1863]) ♂, Yamanashi. Lower right: *Hestina persimilis* (Westwood, [1850]) ♀, Kanagawa

近年、地球温暖化が急速に進んだことで分布が北上した昆虫や、これにガーデニングや農業、街路樹などの移植も伴って分布を広げた昆虫など、人間活動の活発化により本来生息していない地域に進入、拡大する種が増えている。このような事例は新たに進入した昆虫と同じ生態的地位にある別種の衰退、あるいは近縁種との交雑による遺伝子撹乱や繁殖干渉、食餌植物への影響、農業被害など、様々な生態系の破壊に加えて、時に人間生活の弊害にも繋がることがある。

今回の常設展では、このような地球温暖化や人為的撹乱により、ここ数十年で南方から東京に進出、あるいは東京を越えて北進する以下の代表的な昆虫を展示した：ナガサキアゲハ、ムラサキツバメ、クロマダラソテツシジミ、ヤクシマルリシジミ、ツマグロヒョウモン（以上、蝶類）、クロメンガタスズメ（蛾類）、アオドウガネ、ダンダラテントウ（以上、甲虫類）、クマゼミ、シロヘリクチブトカメムシ（以上、半翅類）。これらの種の多くは東京大学構内またはその近辺で記録されている。

このうち、シジミチョウ科のヤクシマルリシジミは、国内では西日本にのみ生息していたが、最近では地球温暖化のためか徐々に分布が北上し、東海地方の静岡県西部まで分布が拡大している。ところが、2008年夏に関東では初記録となる本種が東京大学本郷キャンパス構内で発見された。Yago et al.（2009）は進入経路を明らかにするため、分子系統解析や生態・形態学的研究、植栽の調査などを行った。その結果、近年の温暖化等により拡大してきた本種の分布が、食樹ツツジの大産地である三重県鈴鹿市近辺に到達し、このツツジの流通ルートに乗って、当時、大規模整備を行っていた東大本郷に卵や幼虫などが入り込んだ可能性が高いことが判明した。

分布拡大種の中でも、今回のような経緯で進入した昆虫の認識やその進入経路の把握、防止対策などは、生物多様性保全の観点からも極めて重要と言える。

（矢後勝也）

C6 地球温暖化と人為的撹乱による昆虫への影響
The effects of global warming and anthropogenic disturbances on insects

Many tropical and subtropical insects have been expanding their distribution ranges due to global warming and transplantation of their hostplants in recent decades, and the northern limit of the distributions have reached or gone beyond Tokyo. In this permanent exhibition, the following representatives are shown: *Papilio memnon, Arhopala bazalus, Chilades pandava, Acytolepis puspa, Argyreus hyperbius* (butterflies), *Acherontia lachesis* (moth), *Anomala albopilosa, Cheilomenes sexmaculatus* (beetles), *Cryptotympana facialis* (cicada) and *Andrallus spinidens* (stinkbug). These insects have been recorded at the University of Tokyo and/or its surroundings.

Of them, *Acytolepis puspa* were discovered in the summer of 2008 at the Hongo Campus, the University of Tokyo, which is located far away from its northeastern distribution limit; the west area of the Tokai district. Yago *et al.* (2009) investigated the dispersal pathway based on the adult morphology, the genetic variation and all possible hostplants in the university. In conclusion, *A. puspa* has gradually spread its distribution north due to global warming, and its northern limit in Mie Pref. may even have reached Suzuka City although this is as yet unconfirmed. This city is known as the biggest plantation area of its hostplants, *Rhododendron* plants. Thus, it appears likely that eggs or larvae of the species could have been introduced from Suzuka to Tokyo, accompanying transplantation of the hostplants.   (*Masaya Yago*)

参考文献 References

蓑原 茂・矢後勝也・田中和夫・森地重博・平井規央 (2013)「関東地方におけるクロマダラソテツシジミの一時発生と分布拡大について」*Butterflies (Teinopalpus)* (62): 40–56。

Yago, M. *et al.* (2009) A discovery of *Acytolepis puspa* (Lepidoptera, Lycaenidae) in the Kanto district, Japan: a geographic range extension, dispersal pathway inferred from ecology, morphology and molecular analyses. *Transactions of the Lepidopterological Society of Japan* 60(1): 9-24.

東京大学本郷キャンパスで発見されたヤクシマルリシジミ♀。2008年7月28日（撮影：矢後勝也）。左上の建物は医学部教育研究棟
A female of *Acytolepis puspa* (Horsfield, [1828]) discovered at the Hongo Campus, the University of Tokyo (28. vii. 2008. Photo: Masaya Yago). The Faculty of Medicine Experimental Research Building is seen at the top left

←地球温暖化と人為的撹乱により分布拡大する昆虫。左上：クロメンガタスズメ、東京、右上：クマゼミ、神奈川、左下：シロヘリクチブトカメムシ、千葉、中央下：ダンダラテントウ、東京、右下：アオドウガネ、東京
Insects expanding their distribution ranges primarily due to global warming and/or anthropogenic disturbances. Upper left: *Acherontia lachesis* (Fabricius, 1798) [moth], Tokyo. Upper right: *Cryptotympana facialis* (Walker, 1858) [cicada], Kanagawa. Lower left: *Andrallus spinidens* (Fabricius, 1787) [stinkbug], Chiba. Lower center: *Cheilomenes sexmaculatus* (Fabricius, 1781) [ladybird], Tokyo. Lower right: *Anomala albopilosa* (Hope, 1839) [gold beetle], Tokyo

地球温暖化と食草の植栽等により分布拡大する蝶類。左上：ナガサキアゲハ♂、東京、右上：ツマグロヒョウモン♂、東京；同♀、東京、左下：クロマダラソテツシジミ♂、神奈川；同♀、神奈川、右下：ムラサキツバメ♂、東京；同♀、群馬
Butterflies expanding their distribution ranges due to global warming and transplantation of their hostplants. Upper left: *Papilio memnon* Linnaeus, 1758 ♂, Tokyo. Upper right: *Argyreus hyperbius* (Linnaeus, 1763) ♂, Tokyo; *ditto* ♀, Tokyo. Lower left: *Chilades pandava* (Horsfield, [1829]) ♂, Kanagawa; *ditto* ♀, Kanagawa. Lower right: *Arhopala bazalus* (Hewitson, 1862) ♂, Tokyo; *ditto* ♀, Tokyo

蝶類は最も身近な生物の一つで、飛んでいる姿がよく目立ち、しかも各種で特定の環境に生息する傾向があることから、環境指標として非常に優れている。また、蝶類は多くのアマチュア研究者や愛好家による分布情報の蓄積があるため、過去から現在までの分布の変遷がよく読み取れる。このため、蝶類は絶滅過程を詳しく追求できる数少ない生物群の一つにも数えられる。

東京都は本土部だけを見ると狭いが、島嶼部を含めると南北1,000km、標高差2,000mに及ぶ。気候区分では雲取山山頂付近の亜寒帯から小笠原の亜熱帯までを占める。そのために気候や森林帯の幅が広く、意外にも多様な蝶類が生息する。ところが、戦後の東京では、都市化や開発、河川改修、農業の集約化、林業の衰退、里山の荒廃など、高度経済成長を発端とする環境への悪影響がいち早く生じ、蝶類を始めとする多くの昆虫が絶滅した。これまで東京からは140種の蝶類が記録されており、偶産種を除くと127種が生息するが、このうち13種が絶滅している。これは全47都道府県の中で最多の絶滅種数となっている。

ここでは東京から消滅した代表的な蝶類4種（ギフチョウ、クロシジミ、ミヤマシジミ、オオウラギンヒョウモン）を取り上げた。その多くは1970年代までに絶滅している。里山を好むギフチョウやクロシジミでは、環境開発の他、薪炭材の激減、雑木林の荒廃化、林業の衰退が大きく関係している。河川性のミヤマシジミでは、護岸改修および堤防外側の宅地化による生息環境の変化が打撃を与えた。草原性のオオウラギンヒョウモンでは、農地利用の変化により採草地や放牧地等が失われたことに加えて、当時は規制が緩かった強い農薬の使用が影響したと考えられる。全国的に最も生息面積が激減した種でもあり、現在では本州の山口県に1ヶ所、九州に数ヶ所の産地が残るのみである。

このように絶滅産地の蝶類標本は、当時の環境を復元できる貴重な情報源となると同時に、過去に起こった環境問題を浮き彫りにする何よりの証拠にも成り得るのである。　　　（矢後勝也）

C7 東京から絶滅した蝶
Butterflies extinct in Tokyo

Butterflies are very useful as an environmental indicator because they are quite familiar for human beings and each species tends to inhabit a specific and different environment. Moreover, there is a lot of distribution information by amateur researchers and enthusiasts. Therefore, the insect is one of the few living creatures which we can investigate in detail the process of extinction caused by environmental changes.

In Tokyo Metropolis, the most urban area of Japan, 127 butterflies excluding 13 accidental species have been recorded in the past. Of these, 13 species are now extinct from this area due to anthropogenic impacts such as urban development, expansion of residential zones, river improvement, agricultural intensification, forest devastation, etc. primarily in the period of rapid economic growth after World War II.

In this permanent exhibition, the following representatives are shown: *Luehdorfia japonica, Niphanda fusca, Plebejus argyrognomon* and *Fabriciana nerippe*. Most of these butterflies were extinct from Tokyo by the 1970s. *Luehdorfia japonica* and *N. fusca* were severely affected by residential land development and forest devastation. The extinction of *P. argyrognomon* was considered to be influenced by river improvement and residential land development outside the river banks. The move away from maintaining the vast grasslands home to *F. nerippe*, used for thatching and cattle grazing, combined with use of strong pesticides, caused its extinction. (*Masaya Yago*)

参考文献 References

矢後勝也・平井規央・神保宇嗣（編）（2016）『日本産チョウ類の衰亡と保護 第7集』日本鱗翅学会.

西多摩昆虫同好会（編）（2012）『新版東京都の蝶』けやき出版.

戦前の東京郊外（武蔵野台地）の風景。1936年8月、石神井周辺
View of a Tokyo suburb (Musashino Plateau) before World War II. Aug. 1936, Shakujii, Tokyo

←東京から絶滅した蝶類。左上：ギフチョウ♂、高尾山、右上：オオウラギンヒョウモン♂、井の頭、左下：ミヤマシジミ♂、日野市、同♀、日野市、右下：クロシジミ♂、多摩湖、同♀、東大和市
Butterfly species extinct in Tokyo. Upper left: *Luehdorfia japonica* Leech, 1889 ♂, Mt. Takao. Upper right: *Fabriciana nerippe* (C. et R. Felder, 1862) ♂, Inogashira. Lower left: *Plebejus argyrognomon* (Bergsträsser, 1779) ♂, Hino City, *ditto* ♀, Hino City. Lower right: *Niphanda fusca* (Bremer et Grey, 1852) ♂, Tama Lake, *ditto* ♀, Higashiyamato City

600万年以上も続いた人類の狩猟採集生活にピリオドが打たれたのは、西アジアが最初である。1万年より少し前、ムギやマメ、ヤギ・ヒツジを生産する食料生産経済へ移行した。この経済変革はその後、文明の誕生につながり、ひいては現在の私たちの生活基盤そのものを築くことになった。人類史上の大事件であったといってよい。

　この変革には、日本の縄文時代から弥生時代への移行も含まれるが、周辺地域（日本の場合は中国や朝鮮半島）からの外的刺激で移行した場合と自発的に移行した場合とでは意味合いが違う。西アジアの移行は、自発的な移行が世界で最初に達成されたケースとして、そのプロセスの理解にはつとに注目が集まってきた。

　これまでの理解によれば、まず、定住が始まりついで植物栽培、そして動物の家畜化がおこった。1万5000年頃前から1万年前頃にかけての出来事である。

　その幕開けを飾ったのがナトゥーフィアン（ナトゥーフ文化）という西アジア地中海沿岸にひろがった生活様式である。展示物のような三日月形の細石器を特徴とするが、同時に、石壁をもつ竪穴住居、重量石器、さらには岩盤をくりぬいた容器など持ち運び不能な施設がともなう。定住の証しである。

　この研究に格好の資料を提供したのがシリアのデデリエ洞窟である。1989年から2011年まで赤澤威教授（元総合研究資料館）らを中心に発掘された。道具や建物にも重大な発見が含まれていたが、最も注目すべき発見は大量の有機物遺物であった。建物が焼けていたために食用植物が炭化して良好に残っていた。最も多かったのはエノキやピスタチオ、アーモンドといった木の実類である。一方、ムギ類やマメなど、新石器時代以降、栽培化される植物も見つかった。ヤギの放牧がさかんな現在、周辺地域は禿げ山になってしまっているが、かつては豊かな植生が

C8 ナトゥーフィアン
—氷河期末の温暖化に適応した定住的狩猟採集民

Natufian
— sedentary foragers in the terminal Pleistocene

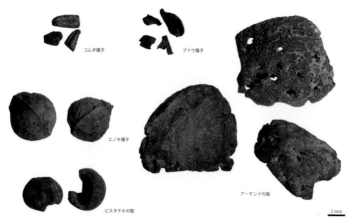

ナトゥーフ期の食用植物、デデリエ洞窟、約13000年前。上段：コムギ、ブドウ（左から）、中段：エノキ、アーモンド、下段：ピスタチオ（撮影：赤司千恵）
Plant remains from Dederiyeh Cave, ca. 13000 BP. Upper (from left): Einkorn/Emmer, Grape; Middle: Hackberry; Lower: Oriental terebinth (Photo: Chie Akashi)

利用できたのであろう。

　この文化の開始は更新世末の気候温暖期、いわゆるベーリング・アレレード期の開始とほとんど一致している。温暖化とともに森林環境が拡大し、内陸沙漠には草原が出現したのだろう。森林と草原双方の資源が利用できるデデリエのような山麓部には多くの集落が設けられた。人口増と定住。その進展にともない狭い地域に定着した集団は、利用できる資源の徹底的な開発に向かったらしい。ナッツ類の利用と同時に穀類の本格利用が始まったことに大きな意義がある。

　この経済は、1万3000年から1万1500年前まで続いた寒冷乾燥期、寒の戻りともいうべきヤンガードリアス期に変更を余儀なくされる。資源の縮小に直面したステップ地帯の集団は、穀物栽培に乗り出したらしい。そして、ヤンガードリアス期が開けた頃、完新世の始め、そこで始まるのは本格的な食料生産であった。

（西秋良宏）

Excavations at Dederiyeh cave in northern Syria revealed an economy at the terminal plesistocene of the Levant. Thanks to the existence of a burnt building, which contained plenty of carbonized plants, an economic reconstruction was possible for the Natufian, a major cultural entity of the Levantine late Epipalaeolithic. A preliminary analysis shows that a large part of the organic remains consisted of nuts, including pistachios and almonds. However, an important portion was derived from emmer and einkorn wheat. A Natufian origin of cereal cultivation has been posited with evidence from Tell Abu Hutreyra, the Middle Euphrates, where remains of rye were recovered, by which the exploitation of cereal is foreshadowed at this Natufian site. On the other hand, in Dederiyeh, emmer and einkorn wheat was exploited rather than rye, a cereal that had been abandoned for use in the following Neolithic period. Given that current data for reconstructing the development of the food production economy during the Natufian period is limited, the data from the Dederiyeh cave deserves further analysis, particularly in terms of a chronological perspective.　（*Yoshihro Nishiaki*）

参考文献 References

Nishiaki, Y. *et al*. (2011) Newly discovered Late Epipalaeolithic lithic assemblages from Dederiyeh Cave, the northern Levant. In: Healey , E. *et al.* (eds.) *The State of the Stone*, pp. 79–87. Berlin: ex oriente.

Tanno, K. *et al*. (2013) Preliminary results from analyses of charred plant remains from a burnt Natufian building at Dederiyeh Cave in Northwest Syria. In: Bar-Yosef, O. & Valla, F. (eds.) *Natufian Foragers in the Levant*, pp. 83–87. Ann Arbor: International Monographs in Prehistory.

植物刈り取り用の鎌刃、デデリエ洞窟、約13000年前。長さ（左端）：4.5 cm（K25-39-42 ほか）
Sickle elements from Dederiyeh Cave, ca. 13000 BP. L: 4.5 cm (K25-39-42 etc.)

デデリエ洞窟の天井開口部。現在は岩山だが、かつては豊かな植生が拡がっていたと考えられる（撮影：西秋良宏）
Chimney of Dederiyeh Cave (Photo: Yoshihiro NIshiaki)

考古遺物の多くは人工物だが、そこに残るのはヒトの活動痕跡だけでない。特に土器は軟らかい粘土を主な素材とするため、たとえ偶然の産物であっても、焼き上げるまでの製作工程で混入した様々な物の痕跡を認めうることがある。植物の断片、虫、貝、骨などが代表的な例であり、これらは多くの場合、圧痕として残される。そして、当時の環境を知る大きな手掛かりを与えてくれる。

日本の考古学界において、土器に残された圧痕の研究は明治年間からの伝統がある。ただし、従来は籾・米や一部の虫など、判別しやすい圧痕をそのまま観察する手法が主流であった。より詳しい同定ができるほど細かな形が残っているとは考えられていなかったようだ。

ところが、丑野 毅（元本学文化人類学研究室）が開発したレプリカ法は、特殊な印象材を用いて数ミクロン単位もの分解能で形どりすることを可能にした。これにより、圧痕の形状は電子顕微鏡を要するまでに微細で、想像以上に豊かな情報を留めていることが分かった。

ここでは、丑野が採取した昆虫圧痕のレプリカと元の土器片を紹介する。石神台遺跡の縄文時代後期の土器片に残されていたのは、コクゾウムシの圧痕である。かつては水稲耕作とともに大陸から渡来したと言われていたイネ科穀物の害虫であるが、圧痕からそれ以前の縄文時代より生息していた事実が判明した。荏生遺跡の縄文時代後〜晩期の土器片には、シギゾウムシ類の幼虫と思しき圧痕が残されている。主に9

C9 土器に残された虫の圧痕
—レプリカ法による古環境の復元

Impressions of insects on pottery
— reconstructing palaeoenvironments by replica method

ヨツボシカミキリ圧痕のある須恵器壺転用硯の圧痕部分のレプリカ（拡大）。群馬県中尾遺跡出土、平安時代（9世紀）。転用硯の実物は群馬県教育委員会蔵（撮影：丑野 毅）
Replica of an impression of *Stenygrinum quadrinotatum* on a potsherd reused as an inkstone, recovered from Nakao, Gunma Pref. 9th century AD. The original inkstone is stored in Gunma Prefecture Education Board (Photo: Tsuyoshi Ushino)

～10月ごろ堅果類を喰い荒らす虫で、ドングリや栗などを重要な食料資源にしていた縄文人にとって身近な存在だったに違いない。干からびず丸々と肥えた姿から、土器づくりの際に生きたまま入り込んだと思われる。つまり、この土器が作られた季節は秋であった可能性が高い。1970年代に発掘された中尾遺跡では、平安時代の須恵器片を転用して作られた硯に虫の圧痕がみつかった。カミキリムシ科の一種とされていたが、近年レプリカ法を試みたところ、ヨツボシカミキリと同定することができた。一昔前はそれほど珍しくなかったが、今では絶滅が危惧される虫である。

（小髙敬寛）

参考文献 References
丑野 毅・田川裕美 (1991)「レプリカ法による土器圧痕の観察」『考古学と自然科学』24：13-36。

Fabric of pottery often included accidental impressions, such as fragmented plants, bones and insects. They provide rich information for reconstructing the palaeoenvironment. To observe them, replica method is recently adopted, which enables to identify the detailed forms in microscopic level. Potsherds and their replicas described here show impressions of insects. A potsherd in late Jomon Period from Ishigamidai archaeological site has an impression of maize weevil (*Sitophilus zeamais*), a harmful insect attacking cereals. Such replica demonstrates that maize weevil lived in Japanese Archipelago before rice-paddy cultivation was first introduced. A late-final Jomon potsherd recovered from Mogurou site has an impression of a larva of chestnut weevil (*Curculio* sp.). It suggests that this pottery was made in autumn, when this weevil attacked nuts. In 1970's, a potsherd with an impression of a longhorn beetle was recovered from Nakao site (9th century AD). Nowadays, applying replica method to it, the identification to species is possible (*Stenygrinum quadrinotatum*).

(*Takahiro Odaka*)

（上）コクゾウムシ圧痕のある土器片（96IC-23-1）と圧痕部分のレプリカ（拡大）（撮影：丑野 毅）。千葉県石神台遺跡出土、縄文時代後期

Potsherd with an impression of *Sitophilus zeamais* (96IC-23-1) and its replica (Photo: Tsuyoshi Ushino), recovered from Ishigamidai, Chiba Pref. Late Jomon Period

（下）シギゾウムシ類幼虫圧痕のある土器片と圧痕部分のレプリカ（拡大）（撮影：丑野 毅）。新潟県䅣生遺跡出土、縄文時代後～晩期

Potsherd with an impression of *Curculio* sp. and its replica (Photo: Tsuyoshi Ushino), recovered from Mogurou, Niigata Pref. Late-Final Jomon Period

考古学の発掘調査では地層にしたがって地面を掘り進める。そのさまは土木工事の現場と同じで、作業にあたっては安全に万全を期さねばならない。物理的な危険だけでなく、遺跡にいる生き物にも気を遣う必要がある。西アジアのような乾燥地の場合、ヘビやムカデもいるが特に要注意なのがサソリである。東京大学が長く発掘を続けていたイラクやシリアの現場ではたくさんのサソリに出会っている。遺跡にいるだけでなく宿舎にも頻繁に出没した。毎朝、出かけるときには靴をひっくり返して中にサソリがいないか確かめてから履くようにと先生から教わったものである。

サソリは節足動物門鋏角亜門クモ綱サソリ目に属する動物の総称で、前脚に鋏、尾端に毒針を持つことから恐れられている。世界各地に生息し1,000種以上も知られているが、生命の危険に関わる強毒を持つ種は25種程度に限られる。一般に夜行性で、昼間は地下の凹みや石の隙間などの暗く涼しい場所に潜み、夜になると食物を求めてよく外に這い出す。また、昆虫などの小さな節足動物を捕食する肉食性だが、その多くは鳥やネズミ、トカゲ、大型ムカデなどの天敵から逃れるために光を嫌う習性がある。

そのような習性だから、発掘がおこなわれる昼間は日射を避け表土にもぐっている。したがって、表土を掘る発掘初日、あるいは新しい発掘区を設けた初日が一番あぶない。大量のサソリが目の前にガサガサ現れるのである。展示したのは、シリアとイラクの遺跡で機会をみて採集したサソリである。スコップですくった後、バケツなどの深い容器に入れて天日干しした。

シリア産のサソリはButhidae科 *Androctonus* 属に属する種で、大きさはまちまちであるが、す

C10 遺跡に生息する危険生物
— 西アジアのサソリ

Dangerous creatures encountered by archaeologists
— scorpions in western Asia

西アジアの遺跡発掘で発見されたサソリ。左から5点：Buthidae科 *Androctonus* 属、シリア、ハッサケ市近郊、セクル・アル・アヘイマル遺跡C15区、2008年8月12日、西秋良宏採集 (SEK08.C15)、右の3点：Buthidae科、イラク、モースル市近郊、サラサート遺跡、1976年、松谷敏雄採集。体長6.8 cm (左端)

Scorpions captured by archaeologists in western Asia. First to 5th, from left: *Androctonus* spp. (Buthidae), 12. viii. 2008, Square C15, Tell Seker al-Aheimar, Al-Hasakah, Syria (Yoshihiro Nishiaki leg.), (SEK08.C15); Sixth to 8th, from left: Buthidae spp., 1976, Telul eth-Thalathat, Mosūl, Iraq (Toshio Matsutani leg.). BL: 6.8 cm (left)

べて同種と考えられる。小さい個体は幼体である。イラク産も Buthidae 科の種であるが、幼体なために詳細な同定はなしえていない（すべて山崎一憲博士同定）。Buthidae 科の中でも *Androctonus* 属は世界で最も危険なサソリの一群で、その毒成分には強力な神経毒が含まれており、毎年何人もの死者が出ているという。

　展示品をみるとシリアのサソリの方が大きいようにみえるが、サイズにはあまり意味は無い。これらは考古学の安全教育のために採集したものであって、系統的に集めた生物学的研究標本ではない。もっと大きな 10cm を超えるサソリに出くわしたこともある。だが、そうした大きいサソリを考古学の現場で標本化するのは容易ではない。危険を熟知している現地作業員があっという間に撲殺してしまうからである。

（西秋良宏・矢後勝也）

参考文献 References

Hendrixson, B. E. (2006) Buthid scorpions of Saudi Arabia, with notes on other families (Scorpiones: Buthidae, Liochelidae, Scorpionidae). In: Büttiker, W. *et al*. (eds.) *Fauna of Arabia* 21: 33–120. Basel: Karger Libri.

Archaeologists conducting fieldwork in western Asia, especially in arid regions, routinely encounter scorpions during excavations. Successful fieldwork requires understanding the habitat of scorpions, creatures that might seriously affect the expedition when attacked.

Scorpions are nocturnal and fossorial; they seek shelter during the day in the relatively cool environment of underground holes or underneath rocks, and emerge at night to hunt and feed. They are opportunistic predators of small arthropods, while most are known to exhibit photophobic behavior, primarily to evade detection by natural enemies such as birds, rats, lizards, and centipedes. The first day of excavation is therefore the most dangerous for archaeologists who may be attacked by scorpions hiding below the surface.

Scorpions on display were collected during excavations of Tell Seker al-Aheimar in Syria, and Telul eth-Thalathat in Iraq, for educational purpose for field archaeologists. Syrian scorpions are assigned to the genus Androctonus of the family Buthidae, while those from Iraq, consisting of young scorpions only, are assigned to the Buthidae (identified by Dr. Kazunori Yamazaki). Androctonus species are one of the most dangerous scorpion groups in the world. Their venom contains powerful neurotoxins known to cause several human deaths each year.

(*Yoshihiro Nishiaki & Masaya Yago*)

セクル・アル・アヘイマル遺跡の発掘、2006 年 9 月（撮影：西秋良宏）
Excavation crew of the Tell Seker al-Aheimar project (September 2006) (Photo: Yoshihiro Nishiaki)

シリア、パルミラで捕獲したサソリ。バケツの底に入れてある。1984 年 7 月（撮影：西秋良宏）
Scorpion collected at Palmyra, Syria (July 1984) (Photo: Yoshihiro Nishiaki)

学術標本との対話
Investigating with scientific materials

3

およそ学問の多くは、一次資料を見つけ出すことから始まるといえるだろう。一次資料とは、たとえば地質学なら岩石や鉱物や化石であり、動物学なら死体や骨や臓器であり、歴史学なら発掘された石器・土器や古文書である。人間が物を考える場面に必ず生じるのが、こうした物の収集と枚挙だろう。単数の物品や単純な配列や把握できるくらいの数からは、理は生まれにくい。いきおい、物がうず高く積まれる場所が、つねに学問と文化の発祥の地となる。

研究する者は、第一に収集癖という一種の病と共存している。石や死体や文書を網羅的に集めなければ学問を築くことはできない。個々の研究テーマに解明すべき目的が厳密に立てられているのはいうまでもないが、それは短期集約型の収集によって成し遂げられるものではなく、平時から大量の物を集めていなければ、世界水準で真理に至ることはできない。だから、学者は学術は、物の蓄積を始める。そしてそれを永久に継続し続ける。止めたらその瞬間に、考えるべき内容が欠乏するからである。

収集の次に待っているのは既存の知に基づく整理である。岩石なら石に分類体系があり、動物は進化史に従って整理されることが多い。土器も文書も知識と理論に従って厳格に配列される。緻密な整理と配列が、理論の第一歩となる。だからかつては生き物を知ろうとしても歴史を知ろうとしても人間を知ろうとしても、物証の類型と配置が、学者の注力の大部分を占めた。そして現在までに、多数の学術資料が、新たな知を開拓する出発点に立ってきた。

ここまでの営みこそ、UMUT オープンラボが見せる博物館の収蔵庫の仕事だ。

UMUT オープンラボでは、大量の知が、多くの学者が関わる解析と理論化に貢献していく。つまり UMUT オープンラボに見られる標本群は、新しい発見がなされ、新しい理論が発表され、新しい考え方が人々に広まる前段階で、学界が築いておかなければならない人類共通の宝物、知の源泉なのである。

他面で、いつからか、社会は知の源泉を大切にしなくなっているといえるだろう。それは、合理主義や経済依存や物質文明の先鋭化にともなって顕著になっている。昨今、学問といえば、往々にして技術の華やかな商業化や経済活動への貢献ばかりが社会を賑わしている。しかしいつの時代も、自然や歴史や人間自身を考える学問の最前線は、標本による知の源泉を継承し、拡大していなければならない。物の豊かさや合理的な経済以前に、根源的な人間存

遠藤秀紀・楠見 繭
Hideki Endo & Mayu Kusumi

在の証しとして人類が温め続けていくべきものは学問と文化である。
　そしてその中心には、標本と人間との対話が在る。

　The study begins with finding the primary materials. The primary materials are that the rocks, minerals, and fossils in geology, the dead bodies, skeletons, and organs in zoology, or the stoneware, earthenware and ancient documents in archaeology. From these collections new ideas were created. However, it is difficult to find truth from one object. Many primary materials provide a chance for the birth of academic and cultural spheres.

　Researchers have a habit of collecting things. They collect old stones, dead bodies or ancient documents, and from these collections, an academic field is established. Certainly studies with strict purposes should be carried out, but we cannot reach a conclusion without materials. For this reason, scholars continuously collect materials.

　Once the material is collected, we classify them based on knowledge. Usually, rocks are classified by geological systems and animals are classified by their evolutionary history. Every collection is strictly arranged according to knowledge and theory, and we can begin to think theoretically about specimens. The UMUT Hall of Inspiration shows that collection and classification are carried out in the storehouse of the museum.

　However, society no longer appears to cherish this source of knowledge. This has become noticeable with the sharpening of rationalism and economic dependence. It is often noticed that when one speaks of academism, it is to suggest that it has simply contributed to the ornate commercialization and economic activity of the technology. However, at the forefront of academic thought regarding nature, history, and human beings, we must inherit and expand the source of knowledge from the specimen. We should develop the academic and cultural spheres as proof of our fundamental human existence.

　A large amount of the materials in the UMUT Hall of Inspiration will contribute to scholarly research. These specimens may not have extended new discoveries, theories or thinking yet. Therefore, we should continuously make collections that will be treasures for humankind.

3-1 学問の継承
―地学系コレクション

Succession of scholarship
― type collection in paleontology

大学博物館の重要な機能の一つは学内外の研究活動で生産される学術資料を収集し、体系化し、保存することである。新しい研究成果が次々に発表され、それらが積み重なりながら学問が発展してゆく。学術資料は絶え間なく生産され続け、残されるべきものは多いが、それらは特別な注意を払わなければ失われやすい。

　東京大学総合研究博物館の特色の一つは、日本の学問の歴史を保存していることである。1877年に東京大学が創設された時、日本には唯一の大学であった。従って、東大の歴史は日本の学問の歴史そのものでもある。そして現在まで途切れず学問は続いている。そのような歴史を踏まえた上で、世界の最先端を目指して日々新しい研究が行われている。

　古生物学は東大が長い歴史を誇る分野のひとつである。初代教授のナウマンが1881年に最初の論文を出版して以来、1000編以上の出版物が作成され、その出版物中で図示あるいは引用された標本の数は3万点以上に及ぶ。タイプ標本の数も国内の古生物コレクションでは最大であり、担名タイプは約4900点、パラタイプは約3700点存在している。従って、本館のコレクションは古生物学の発展史を記録するアーカイブの役割を担っている。

　本館の古生物コレクションの特徴は、歴史的に古いだけでなく、それらが全てデータベース化されている点にある。記載標本は、原記載論文の著者、出版年、タイトル、雑誌名等に加えて、図示標本の図番号、引用ページの情報が入力されている。標本、ラベルの画像は現時点で1万点以上を掲載している。さらに、出版物のPDFを利用できるものはデータベースからダウンロードできるようになっており、外部の機関が公開している資料についてはリンクが入力されている。このように130年間以上にわたって生産された出版物と標本の情報が網羅されている古生物データベースは国内では他に例を見ない。

佐々木猛智・伊藤泰弘
Takemori Sasaki & Yasuhiro Ito

長期にわたる標本とデータの蓄積は一朝一夕にできるものではない。古生物のコレクションは戦前に既に膨大な量に達しており、戦時中は山形県に疎開し、その維持には大変な苦労があったと言い伝えられている。標本登録自体は戦前から行われていたが、現在と同じシステムで標本の登録が始まったのは終戦3年後の1948年である。その当時は教員と学生が総出でボランティアで作業にあたり、貴重なコレクションが守られてきた。そして、総合研究資料館の設立後には資料館に移管され、1998年からデジタル化のプロジェクトが開始された。

　欧米の博物館にはさらに古い歴史と良好な管理体制を持つコレクションがあり、当館もそれらを超えることを目標に努力し続けている。歴史は新しく作り変えることはできず、一方古いものを守るだけでは新しい研究はできない。伝統的な資料を確実に保存しつつ、それらを活用して新しい研究教育活動を行うことが大学博物館に求められる使命である。

参考文献 References
佐々木猛智・伊藤泰弘（編）(2012)『東大古生物学―化石からみる生命史』東海大学出版会。

古生物収蔵標本の代表例（撮影：山田昭順）
Representative example of fossil specimens stored in the Department of Historical Geology and Paleontology (Photo: Akinobu Yamada)

One of primary functions of university museums is long-term preservation of specimens produced by daily academic activities. Leading characteristics of the University Museum, the University of Tokyo exist in history: Developmental processes of various fields of natural and social sciences have preserved in the collection. Paleontology is a representative field holding specimen-rich collection. More than 30000 specimens of fossils has been illustrated, described or cited in nearly 1000 publications since 1881. All of these specimens are catalogued in a database with information of literature citation. PDF files describing the specimens can be downloaded from the database or from outside links.

明治〜昭和前期の東大の古生物・地質学者。A. 小藤文次郎、B. 横山又次郎、C. 神保小虎、D. 矢部長克、E. 小澤儀明、F. 小林貞一
Paleontologists and geologists in the Meiji to middle Showa eras. A. Bunjiro Koto, B. Matajiro Yokoyama, C. Kotora Jimbo, D. Hisakatsu Yabe, E. Yoshiaki Ozawa, F. Teiichi Kobayashi

明治10年に東京大学が設立される以前、日本には西欧式の古生物学という学問は存在していなかった。日本に古生物学をもたらしたのは初代お雇い外国人教師のナウマン（Edmund Naumann）である。ナウマンは明治8年（1875年）にドイツから来日し、東京開成学校で教え、後に東京大学の地質学科の初代教授になった。ナウマンの後任は同じくドイツ出身のブラウンス（David August Brauns）である。従って、日本の初期の古生物学はドイツの影響を強く受けている。

　古生物学がドイツから導入されたことにより日本には緻密な記載を重んじるドイツ流の古生物学が導入された。日本人最初の古生物学者、横山又次郎は、明治15年（1882年）に地質学教室を卒業し、ミュンヘンのZittelのもとに留学し、明治22年（1889年）に帰国した。続いて神保小虎、矢部長克がベルリン、ウィーンに留学し、日本人古生物学者の第一世代を形成した。彼らはクランツ標本を見て古生物学を学び、古生物学の中心地であるドイツに留学し、帰国して古生物学の発展に尽力した。その標本が現在も保管され、1世紀以上が過ぎた現在でも研究教育に現役で活用されている。

　クランツコレクションはこの当時に形成された教育を目的としたリファレンスコレクションであり、その数は古生物標本だけで6000点を超える。このコレクションはドイツのクランツ商会から購入した標本を核に英仏の標本を追加して形成されている。クランツ標本は国内の他の大学にも保存されているが、東大のコレクションが最大のものである。　　　　　　（佐々木猛智・伊藤泰弘）

D1 クランツコレクション
— 19世紀の教材

Krantz Collection
— educational specimens in 19th century

Gryphaea dilatata (Sowerby). Masutomi & Hamada (1966: 90, pl. 45, fig. 6b) による図示標本。フランス、オルヌ（Orne）、ジュラ紀後期（UMUT MM17387）
Gryphaea dilatata (Sowerby). Illustrated by Masutomi & Hamada (1966: 90, pl. 45, fig. 6b). Locality: Orne, France. Late Jurassic (UMUT MM17387)

When the University of Tokyo was fouded in 1877, there was no specialist in paleontology in Japan. The first professor in paleontology, Naumann was invited from Germany to teach geology and paleontology, and the second professor Brauns was also from Germany. For educational purposes, a large number of fossil specimens were imported from various European countries, especially from Germany. Most specimens were purchased from Dr. Krantz in Bonn, Germany and the collection has been collectively called the Krantz Collection. The collection consists of about 6000 specimens and still used in a lecture for undergraduate students.

(*Takenori Sasaki* & *Yasuhiro Ito*)

参考文献 References

田賀井篤平（編）（2002）『東京大学コレクション XIV. クランツ標本』東京大学総合研究博物館．

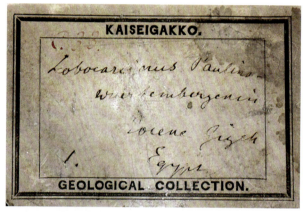

東京大学創設 (明治 10 年) 以前の東京開成学校時代の標本ラベル
A specimen label of Tokyo Kaisei-gakko before the foundation of the University of Tokyo in 1877

19 世紀のクランツコレクションの標本ラベル
A specimen label of the Krantz Collection in 19th century (Dr. F. Krantz in Bonn, Germany)

日本における古生物学の最初の研究論文はナウマンが1881年に出版した日本のゾウについての論文である。この論文はドイツの古生物学の専門誌に発表され、標本は当館の地史古生物部門に保存されている。ナウマンの次に着任したブラウンスもまたドイツ人で、貝化石やゾウ化石の論文を発表している。

　日本人学生のうち最初に古生物についての論文を執筆したのは巨智部（1883）である。巨智部忠承（こちべただつぐ）は理学部地質学科の第二期生で、明治12～13年（1879～1880年）にブラウンスの指導を受け、卒業論文として茨城県常陸地域北部の地質と古生物を調査した。この成果が、明治16年（1883年）に「概測 常北地質編」として出版されている。巨智部の標本の存在は長い間知られていなかったが、Yokoyama（1925）で記載された標本の中に含まれていることが判明した（松原ほか 2010）。

　日本人で初代の古生物学の教授となったのは横山又次郎である。横山は当初は化石全般を研究しており、植物化石、アンモナイトの論文も執筆しているが、後に新生代貝類の研究に専念した。

　横山博士の研究は、分類学的記載を中心に日本の各地の化石を場所ごとに報告するものであった。まだ日本にどのような化石が産出するかも把握されていない時代であったため、その詳細を明らかにした点は意義が大きい。また、化石種として記載された種の中には現生種として生残しているものがあり、現生種として記載された学名が横山博士の学名に先取される例が多数ある。従って、古生物学の分野のみならず生物学の分野でも引用されている。

　横山又次郎以降、日本の古生物の研究は日本人の手によって行われる時代が到来した。横山標本の出版年は1890年代から1930年代に及んでおり、明治末期から昭和初期の標本として最も重要な位置を占めている。

（佐々木猛智・伊藤泰弘）

D2 日本における古生物学の黎明期
Dawn of paleontology in Japan

エゾキンチャク（*Swiftopecten swiftii* (Bernardi)）。
巨智部（1883: 75, pl. 5, fig. 2）、Yokoyama（1925a: 27, pl. 2, fig. 1）および松原ほか（2010: 41, fig. 4.3a,b）による図示標本。茨城県日立市相賀町初崎、鮮新世（UMUT CM22311）
Swiftopecten swiftii (Bernardi). Illustrated by Kochibe (1883: 75, pl. 5, fig. 2,), Yokoyama (1925a: 27, pl. 2, fig. 1), and Matsubara *et al*. (2010: 41, fig. 4.3a,b). Locality: Hitachi, Ibaraki Pref., Japan. Pliocene (UMUT CM22311)

Paleontology in Japan was initiated by professors Naumann and Brauns who were invited form Germany. The first publication by a Japanese student was made by Kochibe (1883). He investigated geology and fossils from Joban area. His specimens were missing but discovered in 2010. Dr. Matajiro Yokoyama was the first Japanese professor in Paleontology. He studied all kinds of fossils from various geologic ages in the beginning but later concentrated his research on Cenozoic molluscs. Since then, Japanese fossils have been investigated by Japanese paleontologists without assistance of foreign professors. Yokoyama's specimens comprise the most important core of the museum collection from the 1890 to the 1930.

(*Takenori Sasaki & Yasuhiro Ito*)

参考文献 References
松原尚志・佐々木猛智・伊藤泰弘 (2010)「日本人による最初の新生代貝類の記載論文 (巨智部 1883) とその図示標本の発見について」『化石』88: 39-48。

ビノスガイ (*Mercenaria stimpsoni* (Gould))。Yokoyama (1922: 148, pl. 11, fig. 11) による図示標本。千葉県大竹、更新世 (UMUT CM21348)。
Mercenaria stimpsoni (Gould). Illustrated by Yokoyama (1922: 148, pl. 11, fig. 11). Locality: Otake, Chiba Pref., Japan. Pleistocene (UMUT CM21348).

ヒナガイ (*Dosinia (Dosinorbis) bilunulata* (Gray))。Yokoyama, (1922: p. 144, pl. 10, fig. 12) による図示標本。千葉県大竹、更新世 (UMUT CM21326)。
Dosinia (Dosinorbis) bilunulata (Gray). Illustrated by Yokoyama (1922: p. 144, pl. 10, fig. 12). Locality: Otake, Chiba Pref., Japan. Pleistocene (UMUT CM21326).

古生物とは過去に存在した生命全てを指す言葉であり、古生物学は過去の全生命を対象とする学問である。その研究材料は過去の生命の痕跡である「化石」が主体である。

　化石には2つの側面がある。化石は堆積岩中に含まれているため、地層の一部である。従って、地層を理解するための研究材料として利用される。一方、化石は過去の生命の痕跡であるため、生物としての情報も含んでいる。体の構造だけでなく、生活史や生態、生息環境なども化石から復元できることがある。

　日本の大学では、古生物学は地質学の一分野として出発し、古生物学の講座は常に地質学の教室の一講座として存在してきた。従って、当初は地質学としての化石研究が強調されてきた。東京大学においても、化石の研究は生命の記録としての視点は乏しく、地層を研究するためのツールのひとつであった。

　そのような「地質学的古生物学」は1960年代頃まで東大における古生物学の主流であった。例えば、横山又次郎博士による新生代貝化石の研究、小林貞一博士による東アジアの軟体動物、腕足動物、三葉虫等の研究、松本達郎博士による中生代白亜紀アンモナイトの研究、などが代表的である。これらの研究は、地層の分布を明らかにし、異なる場所にある地層を対比し、年代を決定し、形成史を理解することを目的とする。専門分野で言えば、層序学や構造地質学が最も密接に関連する分野である。

　さらに1960年代までは資源探査としての意義も含まれていた。例えば、この頃までの化石の報告論文には炭田からの化石の記載がある。石炭が採掘されなくなった現在では入手不可能な研究材料になっている。

　小林貞一博士の記載標本は特に点数が多く、1930年代から1960年代を代表する化石コレクションである。　　　　　　（佐々木猛智・伊藤泰弘）

D3 地質学的古生物学
Fossils as tools for geology

Trigonia sumiyagura Kobayashi & Kaseno. ホロタイプ。Kobayashi & Kaseno (1947: 42, pl. 10, figs. 1a, b, 2a, b.) および Masutomi & Hamada (1966: 86, pl. 43, fig. 3) による図示標本。宮城県唐桑町、ジュラ紀中期 (UMUT MM4301)
Trigonia sumiyagura Kobayashi & Kaseno. Holotype. Illustrated by Kobayashi & Kaseno (1947: 42, pl. 10, figs. 1a, b, 2a, b.) and Masutomi & Hamada (1966: 86, pl. 43, fig. 3) Locality: Karakuwa, Miyagi Pref. Middle Jurassic (UMUT MM4301)

Mission of paleontology in the University of Tokyo in the 1960s and earlier was contribution to geology through studies on fossils. In this situation, fossils were used as tools for understanding strata. Biostratigraphy and structural geology were most important subjects at this time. Paleontology was also frequently connected to geological resource survey. For example fossils were described from coal fields. Dr. Kobayashi is a leading paleontologist studied fossils in relation to geology from the 1930s to the 1960s. After the 1960s, paleontology in the University of Tokyo shifted into more biology-oriented paleontology.

(*Takenori Sasaki & Yasuhiro Ito*)

参考文献 References

佐々木猛智（2012）「東大古生物学の130年」『東大古生物学―化石からみる生命史』佐々木猛智・伊藤泰弘（編）: 175-197、東海大学出版会。

Monotis ochotica densistriata (Teller). Kobayashi & Ichikawa (1949c: 253, pl. 9, fig. 15) による図示標本。高知県高岡郡日高村大和田、後期三畳紀（UMUT MM5283）
Monotis ochotica densistriata (Teller). Illustrated by Kobayashi & Ichikawa (1949c: 253, pl. 9, fig. 15). Locality: Owada, Hidaka Village, Kochi Pref., Japan. Late Triassic (UMUT MM5283)

Izumonauta kagana (Kaseno). Kobayashi (1956f: 99, pl. 6, fig. 3) による図示標本。石川県金沢市東原町（脇原）、後期中新世～前期鮮新世（UMUT CM4685）
Izumonauta kagana (Kaseno). Illustrated by Kobayashi (1956f: 99, pl. 6, fig. 3). Locality: Higashihara-machi, Kanazawa, Ishikawa Pref., Japan. Late Miocene-Early Pliocene (UMUT CM4685)

東大では1970年代に地質学的古生物学から生物学的古生物学への転換期をむかえた。その第一世代は、アメリカへの留学経験のある花井哲郎博士である。また、その後この路線を決定づけたのは速水格博士である。

地質学的古生物学の時代、化石は地層を研究するための材料でしかなく、類型的な記載分類が行われていた。これに対して個体群（集団）の単位で形態変異の時代的な変化に注目し、より進化的、生物学的な視点から化石種を研究する古生物学が発展した。

速水格博士は学生時代は小林貞一博士の指導の下、生層序学のための化石の分類学的記載をされていた。展示標本の*Isognomon*はその時に記載されたものである。

一方、後に生物学的な視点からの研究に転換された。そのきっかけとなったのはヒヨクガイの研究である。ヒヨクガイには肋には高い型（野性型：Q型）と低い型（突然変異型：R型）があり、鮮新世のヒヨクガイはQ型のみであるが、更新世中期にR型が出現し、時代が若くなるにつれてR型の頻度が増加することを報告された（Hayami 1984）。

さらに、速水博士を惹きつけたのはイタヤガイ科の遊泳行動の進化である。ホタテガイなどのイタヤガイ科は捕食者に襲われた時に捕食か

D4 二枚貝類の進化古生物学・機能形態学
Paleobiology and functional morphology of Bivalvia

Isognomon rikuzenicus (Yokoyama). Hayami (1957b: 99, pl. 7, fig. 3) による図示標本。宮城県本吉郡南三陸町細浦、前期ジュラ紀 (UMUT MM267)
Isognomon rikuzenicus (Yokoyama). Illustrated by Hayami (1957b: 99, pl. 7, fig. 3). Locality: Hosoura, Minami-sanriku-cho, Miyagi Pref., Japan. Early Jurassic (UMUT MM267)

ら逃れるために、水を勢い良く噴射し遊泳する能力を持つ。一方、遊泳する能力を持たない種もあり、そのような種では足糸と呼ばれる有機質の糸を出して、岩礁に固着して生活している。遊泳種と固着種は殻の形態（殻頂角、足糸を固定する櫛歯の有無）で区別される。

化石種には、遊泳型と固着型のどちらでも無い生活様式がある。タカハシホタテはその典型例であり、成長の途中から殻を厚くして捕食を逃れる戦略を採用しており、成体は自由生活型であるが遊泳能力はない。膨らみの強い方の殻を下にして軟らかい海底上に横たわって暮しており、このような生活様式は氷山戦略と呼ばれる。

1950年代から1980年代にかけて登録された速水博士の化石標本は、地質学的古生物学から生物学的古生物学への変化を記録する貴重なコレクションとなっている。

（佐々木猛智・伊藤泰弘）

Since the 1970s paleobiology was introduced by Dr. Tetsuro Hanai and later by Dr. Itaru Hayami. In this discipline, species of fossils are interpreted from more biological view point by paying attention to population-level variations. Functional morphology is another field introduced in this age. Evolution of swimming behavior and associated morphological changes in scallops represents the most typical case study of this field. Dr. Hayami's collection records a shift from geologic to biological paleonotology.

(*Takenori Sasaki & Yasuhiro Ito*)

参考文献 References

Hayami, I. (1984) Natural history and evolution of *Cryptopecten* (a Cenozoic–Recent pectinid genus). *The University Museum, The University of Tokyo, Bulletin*, no. 24, pp. i–ix + 1–149, pls. 1–13.

Hayami, I. & Hosoda, I. (1988) *Fortipectenn takahashii*, a reclining pectinid from the Pliocene of north Japan. *Palaeontology* 31(2): 419–444, pls. 39–40. (Reference No. 0649)

ヒヨクガイ（*Cryptopecten vesiculosus vesiculosus* (Dunker)）。Hayami (1984) で用いられた証拠標本。千葉県君津市西谷、後期更新世 (UMUT CM16049)
Cryptopecten vesiculosus vesiculosus (Dunker). Specimen studied by Hayami (1984). Locality: Nishiyatsu, Kimitsu, Chiba Pref., Japan. Late Pleistocene (UMUT CM16049)

タカハシホタテ（*Fortipecten takahashii* (Yokoyama)）。Hayami & Hosoda (1988: 422) に用いられた証拠標本。北海道滝川市、鮮新世 (UMUT CM18117)
Fortipecten takahashii (Yokoyama). Studied by Hayami & Hosoda (1988: 422). Locality: Takikawa, Hokkaido, Pliocene (UMUT CM18117)

頭足類は軟体動物門頭足綱に属する大きな分類群で、オウムガイ類、アンモナイト類、ベレムナイト類、イカ類、タコ類などを含む。現生種は個体数は多く食料資源として重要であるが、種数は800種程度で少ない。一方、化石種は種多様性が高く、アンモナイト類のみで1万種以上が記載されている。

東大における頭足類の研究は、矢部博士、横山博士による種の記載から始まり、松本達郎博士によって白亜系のアンモナイト層序学へと発展してきた。一方、生物学的古生物学の視点からの研究は棚部一成博士によって推進され、その伝統は現在まで続いている。

生物学的古生物学の基本は現在生きている生物を研究し、そこで得られた法則性を化石に適用して化石種が生きている時の姿を推定するという方法である。頭足類の場合、その比較対象として最も適しているのは現生のオウムガイ類である。

オウムガイ類は祖先は古生代にまで遡り、螺旋状の殻を獲得した後にもほとんど形を変えずに生きてきた。かつては世界各地で繁栄した時期もあるが、現在は熱帯西太平洋のやや深い海(100～600m)に5種が生息しており、かつて繁栄したグループが深海で姿を変えずひっそりと生き残っている典型的な「生きている化石」の例である。

アンモナイトは絶滅しているため、アンモナイト類のみを研究していてもその生物学的は側面は理解できない。例えば、アンモナイトの殻の内部には隔壁という仕切り上の構造とそれを横切るようにつながる連室細管という管があるが、それらの機能的な意味はオウムガイとの比較によってのみ理解できる。

棚部博士の研究では、アンモナイト類の胚殻を含む卵塊の化石、口器の内部にある顎の化石、餌をかじり取るための歯舌の化石、連室細管の内部に残る血管の化石など、化石頭足類の生時の復元に重要な化石を多数報告された。その証拠標本は全て総合研究博物館に登録され、貴重なコレクションとなっている。

(佐々木猛智・伊藤泰弘)

D5 頭足類の生物学的古生物学
Paleobiology of Ceaphalopoda

パラオオウムガイ (*Nautilus belauensis* Saunders)。Tanabe *et al.* (1990: 297, fig. 1B)による図示標本。パラオ、コロール島、現生 (UMUT RM18708-9)
Nautilus belauensis Saunders. Illustrated by Tanabe *et al.* (1990: 297, fig. 1B). Locality: Koror Island, Palau. Recent (UMUT RM18708-9)

Cephalopods include ammonites, belemnites, nautiloids, squids, cuttle fishes, and octopeses and comprise a large group of molluscs. The number of specie is only 800 in the Recent fauna, although their biomass is huge as important fishery resources. Species diversity is much higher in fossil cephalopds, and for example, there are more than 10,000 known species only in ammonites. The principle of paleobiology is to observe living organisms, find rules in morphology, and apply the rules to fossil morphology to understand biological background and reconstruct ecology. Living *Nautilus* is the best material to understand ammonite biology. Dr. Kazushige Tanabe has reported numerous important facts on living *Nautilus* and also discoveries of exceptionally preserved internal organs of cephalopods such as eggs, embryos, jaw, radulae and blood vessels. These represent a core collection from the 1990s to the 2010s.

(Takenori Sasaki & Yasuhiro Ito)

Nanaimoteuthis yokoyai Tanabe & Hikida, 2010. 下顎、ホロタイプ。北海道達布地域、白亜紀（UMUT MM30337)
Nanaimoteuthis yokoyai Tanabe & Hikida, 2010. Lower beak. Holotype. Locality: Tappu, Hokaido, Japan. Cretaceous (UMUT MM30337)

参考文献 References

Klug, C. *et al.* (eds.) (2015) *Ammonoid Paleobiology: From macroevolution to paleogeography.* Rotterdam: Springer.

Aristoceras sp. (PM 18799a) & *Vidrioceras* sp. (PM 18799b)。Tanabe, K. *et al.* (1993: 217, fig. 1A) による図示標本。アメリカ合衆国カンザス州、石炭紀。下の写真中の黒い点が胚殻
Aristoceras sp. (PM 18799a) & *Vidrioceras* sp. (PM 18799b). Illustrated by Tanabe, K. *et al.* (1993: 217, fig. 1A). Locality: Kansas, USA. Carboniferous. Black dots in the lower photo represent embryonic shells of ammonites

1877年の東京大学創立以来、古生物学は途切れることなく続き、2017年には創立140年の節目を迎える。21世紀に入り、古生物学はますます盛んになり、学位取得者を連続して輩出している。

東大において生物学的古生物学への方向転換が確立された後の1990年代には、過去の研究には見られなかったキーワードが登場した。例えば、分岐分析、初期生活史、結晶成長、理論形態学、比較解剖、分子系統学、Hox遺伝子、貝殻タンパク質、コンピュータシミュレーション等の用語が当時の学位論文に用いられている。

2000年以降になると、新しい研究手法の導入がさらに進行した。同位体分析、化学合成群集、有限要素法、古生物地理、バイオメカニクス、生痕化石、行動の復元などのキーワードがこの時代の学位論文のタイトルを特徴づけている。研究材料も、貝類、アンモナイト、腕足動物、環形動物、サメ類、恐竜類、鳥類、ほ乳類など多岐に亘っており、幅広い材料で研究が行われている。

近年は毎年複数の論文が出版されており、平均して年間約300点の出版済証拠標本が新規に登録されている。また、現在では出版済標本は全て出版と同時にデータベース化を実現できている。さらに、出版されていない標本もデータベース化が進行中であり、出版済、未出版標本の両者をカバーする網羅的なデータベースの構築が進んでいる。

大学博物館においては、新しい研究が常に行われていること、それらが出版されること、研究の証拠標本が散逸することなく保存されること、標本情報がデジタル化され公開されることが重要である。地史古生物部門は、日本を代表するコレクションを擁する立場として、21世紀あるいはそれ以降の将来に向けて標本を維持管理し、次世代に伝えていくことを重視している。

(佐々木猛智・伊藤泰弘)

D6 21世紀の記載標本
Voucher specimens in 21st century

Phymatoderma granulata. Izumi (2012: 118, fig. 3A) による図示標本。南ドイツ産ポシドニア頁岩、ジュラ紀 (UMUT MW31017)
Phymatoderma granulata. Illustrated by Izumi (2012: 118, fig. 3A). Locality: Posidonia Shale, southern Germany, Jurassic (UMUT MW31017)

Paleontology in the University of Tokyo has maintained nearly 140-year tradition since the foundation of the University of Tokyo in 1878. After the 1980s, main subjects of fossil studies in this university have been characterized by paleobiology. Keywords in the 1990s include new topics such as cladistics, theoretical morphology, molecular phylogeny, hox genes, shell matrix protein, etc. In the 21st century, new approaches have been attempted in the field of isotope analysis, chemosynbiosis-based biological communities, computer simulation, biomechanics, and trace fossils. Animal groups used in research are also variable recently. On average, around 300 specimens have been used annually in scientific publications and registered in the paleontological collection. Data of all specimens are entered in a database immediately after publication. Conserving voucher specimens is a primary function of the collection room of this museum. (*Takenori Sasaki & Yasuhiro Ito*)

参考文献 References

Ito, Y. *et al*. (2009) *Catalogue of type and cited specimens in the Department of Historical Geology and Paleontology of The University Museum*. The University of Tokyo. Part. 6. The University Museum, The University of Tokyo, Material Reports 80.

Inoceramus hobetsensis Nagao & Matsumoto, 1939. Ubukata & Nakagawa（2000: 313, table 1）による証拠標本。北海道穂別町、白亜紀（UMUT MM27744）
Inoceramus hobetsensis Nagao & Matsumoto, 1939. Illustrated by Ubukata & Nakagawa (2000: 313, table 1). Locality: Hobetsu, Hokkaido, Japan. Cretaceous (UMUT MM27744)

Arcthoplites (Aubarcthoplites) sp. Iba (2009: 48, fig. 2) による図示標本。北海道中川郡中川町知良志内川、前期白亜紀（MM29217）
Arcthoplites (Aubarcthoplites) sp. Illustrated by Iba (2009: 48, fig. 2). Locality: Chirashinaigawa, Nakagawa, Hokkaido, Japan. Early Cretaceous (MM29217)

D7 大型アンモナイト標本
Large-sized specimens of ammonites

　アンモナイト学は東京大学の古生物学を代表する研究テーマである。特に日本のアンモナイトの重要なタイプ標本の多くが東京大学総合研究博物館に収蔵されている。ここに図示する2点のアンモナイトは比較的大型ものである。

　標本番号MM6862. *Canadoceras multicostatum* は戦前に樺太の内淵地方から採集されたものである。現在では樺太地方を調査することが困難であるため、貴重な標本である。

　標本番号MM18213. *Yubariceras japonicum* は北海道の蝦夷層群から得られたものである。本種の強い肋は捕食者に対する防御として有効であったと考えられている。

　本館にはさらに大型のアンモナイト類を収蔵している。最大のものは *Jimboiceras planulatiforme* (Jimbo) で長径70cm、重量90kgに達するが、展示するには巨大で重すぎるため、収蔵庫に収められている。

（佐々木猛智・伊藤泰弘）

Canadoceras multicostatum Matsumoto. Matsumoto (1954a [for 1953]: 304) による証拠標本。樺太内淵地方、白亜紀（UMUT MM6862）
Canadoceras multicostatum Matsumoto. Illustrated by Matsumoto (1954a [for 1953]: 304). Locality: Naiba area, Sakhalin, Cretaceous (UMUT MM6862)

Taxonomy, biostratigraphy and paleobiology of ammonites have been most actively studied field of paleonology in the University of Tokyo. There is a trend of size enlargement in the evolution of ammoniates in the Cretaceous. The largest ammonite specimen in this museum attains 70 cm and 90 kg.　　(*Takenori Sasaki & Yasuhiro Ito*)

参考文献　References

Matsumoto, T. (1954a) [for 1953] *The Cretaceous System in the Japanese Islands*. Tokyo: The Japanese Society for the Promotion of Scientific Research.

Tanabe, K. & Shigeta, Y. (1987) Ontogenetic shell variation and streamlining of some Cretaceous ammonites. *Transactions and Proceedings of the Palaeontological Society of Japan. New Series* 147: 165–179.

Yubariceras japonicum Matsumoto, Saito & Fukada. Tanabe & Shigeta（1987: 166, fig. 2-1A, B）による図示標本。北海道留萌郡小平町、後期白亜紀（UMUT MM18213）
Yubariceras japonicum Matsumoto, Saito & Fukada. Illustrated by Tanabe & Shigeta (1987: 166, fig. 2-1A, B). Locality: Obira, Hokkaido, Japan. Late Cretaceous (UMUT MM18213)

3-2
無限の遺体
―生物系コレクション
Infinite dead bodies
– Biological specimens

自然を探究するとき、つねに人間の好奇心は生き物に向けられてきた。その理由は、人間が同じ地球上の命の一つであると同時に、豊かな生命として変遷していくからだろう。結果、多くの場合に学問が自然を見る目は、命を凝視する目となっている。人間は多くの場面で、けっして物質のみを探査しているのではなく、命ある存在に目を向け続けているのだ。

　もともと、自然を対象とした学問の開闢はたとえばアリストテレスにさかのぼることができる。実験科学成立以前から、学問体系の始まりにおいて、生き物は好奇心の対象となった。命を見る目は、必ずしも再現性の高さに依存してきたのではなく、自然哲学においても既に成立している。宇宙観における地動説に相当する生命観の転換は一例としてはダーウィンの進化論であっただろうが、ダーウィン以前から続く博物学であろうがそれ以降に興隆する近代生物学であろうが、生き物は一貫して人類の好奇心探究心の中心にあったといえる。

　それゆえ、UMUT オープンラボは、大量の生物の標本を展示の中に用意した。とりわけ動物学標本の世界を主題とすることに挑んだ。その訳は、ひとつには動物を探究する道において、その 2000 年間の歴史がいまも標本一点一点に確かに息づいていることを感じたいと博物館が思うからである。骨や剥製の標本群は、その時代の命をまさに固定し、未来へ引き継ぐ。いわば命の古文書といえる存在なのである。

　とりわけ動物学では、生命を有して動いていた現物を、その瞬間に固定して永い時間封じ込める作業が、博物館で行われる。科学はもちろん生物と無生物を断絶させて研究しているわけではない。だが、博物館が生命あるものの探究にとりわけ熱狂してきたことは、科学史が示す事実である。

　人類は命のすべてを知の体系に網羅することを、つねに目指してきた。第一に、数多の骨格や剥製や液浸標本は、それら自体が人類に限りない知識と考え方をもたらしてきたマテリアル・エビデンスである。動物の標本がこれまでに示し、今も見せ続けている最新かつ最深の知見を感じとっていただきたい。標本を観察する、知識として得るということはもちろんであるが、単純な合理的知識受容の世界を越えて、標本を知とともに感じとっていたくことが、博物館の願いである。

　続いて、標本には学に歩む人間の足跡が残されていく。学術標本の社会貢献は、何も知見そのものでのみ示されるわけではない。学の開拓を愉しむ人間たち、学者の、大学の姿そのものが、文化的社会の未来を発展させることを助けてきたのである。

遠藤秀紀・楠見 繭
Hideki Endo & Mayu Kusumi

When human beings examine nature, their curiosity is always been directed towards other organisms. Even though humans are also organisms, the reason for this examination could be that various organisms surrounding humans continue to change. Natural science fundamentally approaches the mystery of life even though it studies inorganic materials.

Natural science began in Aristotle's era. Since then, even before experimental science, life has been an object of curiosity. The challenge to the mystery of life did not depend on objectivity, and it was already established in the period of natural philosophy. As Darwin's theory of evolution in biology was equivalent to the -Copernican theory- in astronomy, from natural history until modern biology, organisms have been the essence of what we regard as curious.

We have prepared a large number of biological specimens as shown in the UMUT Hall of Inspiration. One subject of the exhibition is the world of specimens of zoology because we would like to get a sense of zoology's history through 2000 years in each specimen. Skeletal and stuffed specimens fix the life of an ancient era to preserve it for the future. These are the archives of life.

The museum has been collecting the zoological specimens. We have fixed and stored the life of the animals in the museum. We have also collected inorganic matter, but the history of science shows us that museums are especially enthusiastic about zoological specimens and science.

Humankind has always tried to resolve the life's mysteries. A large number of skeletons, stuffed specimens and fixed specimens are material evidence that introduce us to unlimited knowledge. The museum hopes that people get a sense of the deepest knowledge from animal specimens in the UMUT Hall of Inspiration.

The contribution of scientific materials to society is not only an element. Stored specimens also show us the history of the curators who collected them. Scholars and universities support the development of culture and education through the use of these specimens.

定量化と再現性を旨とする動物学の世界で、研究する対象を飼育時の愛称で呼ぶことはまれである。どのような固有名詞をもとうと、それは特定の個体の例でしかなく、集団の普遍的属性を記録しなければならない科学の厳しい姿勢としては推奨される方法ではないからである。しかし、ゾウやサイほどの大型獣になると、研究の現場でも生前の愛称が引き続き用いられることがある。それは、博物館で標本となった大型獣が、生前に多くの人々と社会に残した印象の強さを物語っているといえる。同時に標本を収集している学者にとっても、譲られた日の経過とともに記憶に刻まれ、個体の姿を思い出すことがあるからかもしれない。

　総合研究博物館は、過去10年の間に、4頭のアジアゾウ（*Elephas maximus*）の死体を譲り受けることができた。そのうち成獣、老獣のものは、神戸市王子動物園の諏訪子と大阪市天王寺動物園の春子である。諏訪子は死亡時に65歳。その時点で日本最高齢である。春子は推定66歳。世界でも指折りに長寿の個体であった。関西の動物園で半世紀以上にわたって親しまれた両個体は、死後、たくさんの市民が別れを惜しんだ。実際来園者としても三世代にわたって同じゾウの姿を楽しんだという家族が多く、人と町の歴史の語り部ともいえる。

　両個体とも、老齢のゾウによく見受けられるように、臼歯の奇妙な変形と咬耗が確認される。しかし、飼育者の深い気遣いによって、この最後の臼歯で餌を食べることができたことは間違いない。まさしく天寿をまっとうした個体といえよう。

　ゾウの研究は体が大き過ぎるがゆえに、一般に難しい。だが、総合研究博物館は、これだけの巨体を長く飼育し、ついには大学博物館への譲渡を決意してくださった動物園の方々にできる限りの感謝の気持ちをこめて、研究を継続する。現在、総合研究博物館のゾウについては頭骨と四肢骨から骨の内部構造のデータが得られつつあり、巨大な体重を支えるための特殊なゾウの骨格の構造が、解明されつつある。

（遠藤秀紀・楠見 繭）

E1 アジアゾウ骨格
―諏訪子と春子

Skeleton of Asian elephants
― Suwako and Haruko

アジアゾウ、諏訪子。頭骨、全長 1300mm
Asian elephant. Suwako, cranium, L: 1300 mm

In the University Museum of the University of Tokyo, four dead bodies of the Asian elephant (*Elephas maximus*) were donated during the past decade. Among them, the old elephants were Suwako from Kobe Oji Zoo and Haruko from Tennoji Zoo of Osaka City. Suwako is 65-year-old at the time of death. At that point, it was the oldest elephant in Japan. Haruko is the estimated to be 66-year-old. It was one of the oldest elephants in the world. Both of them have been loved for more than half a century in the zoo of Kansai Area. When they died, a lot of citizens regretted parting. Because the elephants lived long time, the three generations in many families enjoyed watching the same elephant.

The molars of both individuals have strange deformation and attrition as can be seen in the old-aged elephants. However, they were able to eat food using this molar by the deep care of staff of zoo, and the two elephants accomplished natural life span.

The body of the elephant is too large to morphologically examine. However, in the University Museum, we will continue the study of elephants, with great appreciation to the staffs who have maintained the large animals.

The data has been obtained about the internal structure of the skull and limb of the elephants stored in the University Museum. The characteristic structure to support the huge weight is being elucidated from the skeleton of the elephants. (*Hideki Endo & Mayu Kusumi*)

諏訪子の頭骨
Suwako. Cranium

諏訪子の骨盤。全幅1200mm
Suwako. Pelvis, W: 1200 mm

諏訪子の肩甲骨、上腕骨、橈骨、尺骨、大腿骨、脛骨、腓骨。
Suwako. Scapula, humerus, radius, ulna, femur, tibia and fibula

アジアゾウ。春子。下顎骨、全長1000mm
Asian elephant. Haruko. Mandible, L: 1000 mm

自然界のサイ類はどの種も絶滅の危機に立たされている。動物園での飼育と繁殖は、このような種においては来園者に見てもらうだけでなく、生息域の外で人工的に繁殖を進めるという意義をもっている。しかし、年齢とともに必ず一定数のサイが死期を迎える。死体はこの珍しいグループにおける基礎的な情報をもたらすことになる。

総合研究博物館には、動物園に由来するアフリカとアジアの複数種のサイが収蔵されてきた。展示されるのは、アフリカに分布するシロサイ（*Ceratotherium simum*）の2個体である。鹿児島市平川動物公園に暮らしたチョウスケと神戸市王子動物園に生きたナナコである。いずれも死後、死因の究明が進んだ後、死体が総合研究博物館に寄贈された。両個体とも解剖の後、身体のとても大きな成獣個体であったため、一度土中に埋設して白骨化を進めた。さらにその後、ナナコの骨は念入りに熱湯による晒しを施されて標本化されている。

シロサイだけでなく、すべてのサイの種類に関して、種や個体の希少さゆえに、個体レベルでの解剖学・生理学の研究はほとんど進んでいない。既存知見の重要な部分は100年も前の研究に依存するほどである。しかし、総合研究博物館は動物園から緊密な協力を得て、様々な困難を克服して、死体からのデータ採集を実現してきた。たとえば、下部消化管の形態、皮下構造、耳管の形状や大きさ、骨格の断面構造などに関心をもって研究を進め、いくつかの世界的に貴重な報告をもたらしている。動物園動物は大切に飼われ、市民に愛される。それと同時に、死後も人類の知に貢献し、UMUTオープンラボのような空間で、第二の生涯を歩むことができるのである。

（遠藤秀紀・楠見 繭）

E2 シロサイ骨格
―宝箱に生きる希少種

Skeleton of white rhinoceroses
― rare species that lives in treasure house

シロサイ、チョウスケ。頭骨、全長 800mm
White rhinoceros. Chosuke. Skull, L: 800 mm

チョウスケの頭骨
Chosuke. Skull

チョウスケの肩甲骨、上腕骨、橈骨、尺骨、寛骨、大腿骨、脛骨、腓骨
Chosuke. Scapula, humerus, radius, ulna, coxa, femur, tibia and fibula

シロサイ、ナナコ。頭骨、全長 800mm
White rhinoceros. Nanako. Skull, L: 800 mm

ナナコの頭骨
Nanako. Skull

The wild populations of rhinoceros are in danger of extinction. The zoos have a role to artificially maintain and breed these species to protect them. Even if the zoos protect them carefully, a number of rhino die of senility. These dead bodies produce basic morphological information about the endangered group.

The African and Asian rhinoceros have been donated to the University Museum of the University of Tokyo. These two specimens are white rhinoceros (*Ceratotherium simum*) which are distributed in Africa. Their nicknames are Chosuke from Hirakawa Zoo (Kagoshima City) and Nanako from Oji Zoo (Kobe City). After examining the cause of death, the dead bodies have been brought to the University Museum. Because the bodies of the adult individuals were too large, they were buried in the soil to prepare the skeletons after being dissected. At last the bones of Nanako were exposed to hot water to make the specimen.

About all species of the rhinoceros, few studies of anatomy and physiology have been carried out. So, we actually depend on the information of records of 100 years ago. However, in the University Museum, we have overcome various difficulties and gathered the data from dead bodies of rhinoceros with the ccooperations between zoo and our department. We have conducted researches about the structure of the white rhinoceros, for example the form and function of the intestines, the subcutaneous structure, the shape and size of Eustachian tube and the microstructure of the bones, and published the fruitful results. They were carefully maintained in the zoo, and loved by the people. Moreover, after death they give knowledge to the people, and spend the second life at UMUT Hall of Inspiration.

(*Hideki Endo & Mayu Kusumi*)

山口コレクションとは、山口健児（たける）氏の収集したニワトリ関係の総合的コレクションである。山口氏は日本農産工業株式会社に勤務し、常務取締役として活躍した人物である。コレクションは40羽を越える日本鶏の剥製を中心とし、欧米産品種の剥製、骨格、野生鳥類の卵殻、そしてニワトリに関する民具を含む、大コレクションである。氏が勤務し、経営を進めた日本農産工業株式会社は、動物の飼料や鶏卵を生産しているが、和鶏館という展示施設を作り、長くコレクションを公開していた。

　2012年、日本農産工業株式会社のご厚意により、コレクションがすべて総合研究博物館に寄贈され、家禽研究の中心的資料として新たな道を歩み始めている。総合研究博物館主催の展示行事では、日本鶏を紹介するストーリーにおいて活躍し、ニワトリの多様さを示す貴重な標本群として公開されてきた。

　UMUTオープンラボでは、矮鶏を中心に標本を展示する。矮鶏は江戸時代ににその起源をさかのぼるとされる。矮鶏を育種・改良した飼育者たちの目的は、愛玩動物として飼うためのニワトリを作ったことだといえる。わずか500g台で成長を終えてしまう矮鶏は、成長パターンに対して改良が重ねられたとともに、姿かたちを愛でるための鶏として成立した。大きな眼窩・眼球、身体に対して長すぎる風切羽、そして短い後肢は、鑑賞を通じて飼育者を楽しませるための特徴である。畜産業における食肉・鶏卵生産とは一線を画す、人の精神的潤いを満たすために作られた品種集団なのだ。鑑賞用品種は、同時期に欧米でも作出されたが、徳川幕府によって平和が続き、文化が花開いたわが国で、矮鶏は人と動物の精神世界を結ぶ象徴として多様に作出され、今日に至っているといえる。

（遠藤秀紀・楠見　繭）

E3 和鶏剥製
—ニワトリコレクター　山口健児

Stuffed specimens of Wakei (Japanese domestic fowl)
— Takeru Yamaguchi who collected domestic fowls

桂矮鶏。剥製、全長300mm。山口コレクション
Japanese Katsura Chabo. Stuffed specimen, L: 300 mm. Yamaguchi Collection

Yamaguchi Collection is comprehensive collection including the scientific materials and folklore goods of the domestic fowls by Mr. Takeru Yamaguchi. Mr. Yamaguchi worked in Nosan Corporation as a Managing Director. The Collection includes mainly more than 40 stuffed specimens of various breeds of the Japanese domestic fowl, stuffed specimens and skeletons of the European breeds, eggshells of wild birds, and the folk arts about the domestic fowl. Nosan Corporation produces animal feed and eggs. Furthermore, the company had an exhibition facility, Wakei (Japanese fowls) Museum, where he exhibited the Collection.

In 2012, Yamaguchi Collection has been donated to the University Museum of the University of Tokyo from Nosan Corporation. The specimens act as important materials of the study of the domestic fowl. These valuable specimens that show variety of the domestic fowl have been installed in the exhibitions of the University Museum.

In UMUT Hall of Inspiration, mainly the stuffed speimens of the Japanese Chabo are displayed from the Collection. The history of the Japanese Chabo started in Edo era as pet animals. The body weight of the breed is only 500 g even in adult. By improving the growth pattern, it was established as a breed that would be admired on the external appearances. It has big eyes, long flight feathers and short hindlimbs showing cuteness of appearances to breeders. The Japanese Chabo does not have the properties necessary for food production. We considered that the Japanese Chabo has been bred to satisfy the human mind. The ornamental breeds appeared also in the Western countries; however, many ornamental breeds have been developed in Japan by a peace duing the Period of Tokugawa. The fowl, not just for food production, connects a spirit world of humans and animals and are kept carefully as a companion to enrich the human mind today.

(*Hideki Endo & Mayu Kusumi*)

山口コレクションの矮鶏群。剥製
Various appearaces of Japanese Chabo from Yamaguchi Collection. Stuffed specimens

家禽ニワトリは、ウシ、ブタ、ウマ、ヤギ、ヒツジなどと比較して、ペットとして育種された集団が多彩に発展してきた。たとえば観賞用の品種が世界各地で生まれている。日本の矮鶏や小国、長尾鶏などが実例である。また声を楽しむためのニワトリも複数品種化されてきた。日本では東天紅、声良などが良い例である。また遊興目的に闘鶏が行われ、世界各地で闘鶏品種が生み出されている。いずれも第一産業の生産物という位置づけに収まらず、人と家禽の深い精神的結びつきを証明する、命ある文化の証しだと考えることができよう。

　ドンタオ（Dong Tao）は、ベトナム北部ドンタオ地方に古くから伝わる地方品種である。標本が示す通り、何より太い脚部が印象的である。全体には背の高い立派な体格の鶏であるが、太い足をぶら下げるように歩く姿がユーモラスで、人々に愛されてきた。またこの鳥の肉が健康によいと信じられ、薬膳としても大切にされている。

　ドンタオの歴史は古く、起源は詳細には分かっていないが、ベトナムに王室が残っていた時代には、農民からの貢物としてこの鳥が珍重されたらしい。かつての戦乱のときも、ベトナム戦争当時も、農民は村を捨てて逃げるときにもドンタオ鶏を連れて逃げたというエピソードを残している。

　生産性の高い品種が国外から持ち込まれるとともにドンタオの生産は減り、いまでも品種としての絶滅が危惧されている。他方で、経済の解放とともに、このニワトリの姿を北ベトナム訪問者に楽しんでもらい、また肉を味わってもらおうという村おこしの機運も高まっているようだ。

　標本は日本大学の恒川直樹博士によって現地で処理された皮をもとに作られた貴重な剥製である。総合研究博物館では骨格のほか、ドンタオの骨格や筋肉の研究が進捗している。謎の多い品種の特質が解明される日は近いだろう。

（遠藤秀紀・楠見　繭）

E4 ドンタオ剥製
―ベトナム農民の心をとらえて

Stuffed specimens of Dong Tao fowl
― the fowl captures the heart of Vietnam farmers

ドンタオ。雌、剥製、全長500mm
Dong Tao. Female, stuffed specimen, L: 500 mm

The populations of the domestic fowl (*Gallus gallus domesticus*), which were bred as pets as compared with cow, pig, horse, goat and sheep, have been variously developed. Ornamental breeds ware born in the world. For example, the breeds of Chabo, Shokoku and Onagaodori were maintained as pets in Japan, and the breeds of the chicken with attractive voice have been maintained such as Totenko and the Koeyoshi. In addition, the cockfighting was loved as an entertainment, so the fighting cocks have been bred all over the world. These breeds indicate not only the characteristics for the food production, but also the spiritual bonds between human and livestock.

The Dong Tao is one of the local traditional breeds in Dong Tao District of Northern Vietnam. The huge legs are the most impressive to us. The walking by the thick legs is humorous, so it has been loved by Vietnam people. In the local villages, this chicken is the symbol of good health, and it has been valued as a medicine. The origin of this breed is not known in detail, but it has certainly the long history. In Vietnam, this chicken had been the gift from the farmers to the royalty. There is an episode that farmers took Dong Tao fowl when they abandoned the village during the Vietnam War.

The number of the breed decreased because more productive fowls were brought to Vietnam from outside the country, and the Dong Tao became endangered. But now, this chicken takes a role of village revitalization. The humorous appearance of the fowl attracts the tourists in Vietnam, and actually they enjoy the taste of the dishes of Dong Tao.

The rare stuffed specimens of Dong Tao were prepared in the field by Dr. Naoki Tsunekawa (Nihon University). In the University Museum of the University of Tokyo, we continue to examine the skeletons and muscles of the Dong Tao fowl. The mysterious morohological characteristics of the breed will be elucidated soon.   (*Hideki Endo & Mayu Kusumi*)

ドンタオ。雌雄、剥製
Dong Tao. Male and female, stuffed specimens

日本のウマの飼育頭数は10万頭程度で推移している。ウシが500万頭弱であることを知れば、ウマがいかに少ない数しか飼われていないことに気づくだろう。日本のウマは一部に馬肉生産のための集団はあるものの、大半は競走馬、品種でいえばサラブレッドになる。ある意味で競馬場のウマこそが、日本人のウマに対するイメージを独占してしまっているともいえる。これはウマが第一次産業の生産物である時代を通り越し、現代社会において既に人間の精神世界を豊かにするためのエンターテインメントの中に生きる存在になっていることを意味している。

しかし、世界のウマはサラブレッドだけではない。日本にもこの標本のような、サラブレッドとはまったく異なる外貌のウマが少数ながら飼われてきた。本標本の品種はベルジアン（Belgian）系と呼ばれ、輓馬、つまり重い馬車や橇を牽引するために改良されてきた品種である。

競馬場やその中継でサラブレッドを見ている読者は多かろう。しかし剥製が見せるのは、大き過ぎる体幹、重量感にあふれた頸部、そして太い四肢とそれを引き上げる肩と腰の骨格。すべてが競走馬の優美さを否定する武骨なシルエットである。輓馬は強大な筋肉で重い荷物を曳くために改良された。そのため、最高速力も加速力もサラブレッドの性能に満たない。しかし、性質がきわめて温和で、人にとってこれほど扱いやすい大家畜は無いであろう。

蒸気機関やエンジンが発明される以前、ウマは人間にとってきわめて貴重な重量物の運搬輸送手段であった。たとえば200年ほど前ののナポレオン軍の巨大な大砲を陸送するには、改良した輓馬が必要不可欠であった。もちろんそれはトラクターの無い時代の農耕に用いられたことも意味している。かつては輓馬は畜力として存在意義を示していたのである。

現在の日本では北海道にわずかながら輓曳競馬が残されていて、こうしたウマの飼育は小規模に継続している。しかし北海道の地域経済の縮小とともに、年々輓馬を見る機会は減ってきている。標本は、輓曳競馬に使われた個体を剥製として残したものである。ベルジアン系の品種について、また人間と輓馬の関係についての基礎資料として、研究が続けられている。

（遠藤秀紀・楠見　繭）

E5 輓馬剥製
—大家畜品種の盛衰

Stuffed specimen of draft horse
— rise and fall of various breeds of large livestock

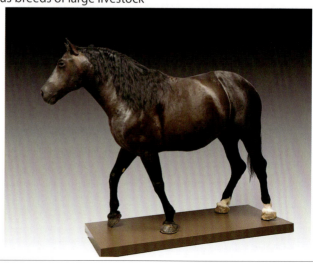

輓馬。ベルジアン系、剥製、肩高1850mm
Draft horse related to the Belgian breed. Stuffed specimen, shoulder height: 1850 mm

In Japan, the population of the horse (*Equus caballus*) has stayed at about one hundred thousand. As the cow population reaches approximately five million, it is noticed that the number of the horse is few in Japan. Although a part of the horses are maintained for meat in Japan, most of them have been bred as racing Thoroughbred.

But, the breeds of the horse do not indicate only the Thoroughbred. In Japan, the other breeds have also been maintained besides the Thoroughbred. The breed of this specimen is that related to the Belgian. The Belgian is a draft horse that has been improved to pull the heavy carriage or sled.

A lot of people would have seen the Thoroughbred in the racetrack or on TV. But, this stuffed specimen is much larger than the Thoroughbred. As showin in the specimen, the draft horse had been improved to possess strong muscles to carry the heavy luggage. Speed is lower in the Belgian than in the Thoroughbred. However, in the Belgian the character of behavior is extremely gentle and it can be easily maintained.

When the steam or gasoline engines had not been invented, the horse was one of the important tools for transportation. For example, 200 years ago, Napoleon's army used draft horses to carry heavy cannon. In addition, it was useful in farming instead of present tractor. However, the race horse replaced the draft horse after the horse had been released from war and labor.

The draft horse racing has been carried out in Hokkaido and a small number of the draft horses have been maintained for race. However, also in Hokkaido, the population of the draft horse is gradually decreasing. This stuffed specimen was made from an individual that was used in draft horse racing. This specimen has been used as a basic material to eamine the Belgian breed and the relationships between human and draft horse.

(*Hideki Endo & Mayu Kusumi*)

左側面
Left loteral aspect

壁にかけられているのは、制作途上の動物の骨である。大切な骨をくるんでいるのは、輸送時にみかんやタマネギを包むネット袋だ。

標本をつくる人々は、それぞれに工夫を重ねる。自分で考案した道具を携え、自分で見出した手法を駆使して、コレクションをつくる。ときにそれは、どこにでも売られている、どこでも見ることのできる道具を利用しての作業となる。このみかんネットの利用は、骨づくりの学者のすばらしい"発明"である。

多くの動物は、大小不揃い、形も様々な骨のパーツを、一個体の動物から取り出して標本化する。たとえば、頭蓋骨や寛骨や肩甲骨はたいてい大きく、背骨や足首や指の骨は往々にして失くしてしまいそうに小さい。しかも、骨づくりの過程は、すべての骨を湯で加熱し、水で洗うということを繰り返す。一つ一つの骨をバラバラなまま加熱し洗うことは困難だ。

誰が考案したか、いつのまにか博物館にはみかん用のネットが常備されるようになった。今ではネットは、博物館のアクティビティの象徴といえるだろう。精力的な博物館なら、年間 10 万個を超える骨のパーツを洗う。厳しいことだが、その膨大な作業を全うできるかどうかが、博物館の質を決める。その傍らに必ずあるのが、農産物に使う当たり前すぎるこのネットである。

（遠藤秀紀・楠見　繭）

These prepared bones which are put in a net on the wall. These nets, which wrapped important materials, are generally used for agricultural products, such as oranges or onions.

We have created various innovative methods of specimen preparation. We make specimens using our own tools and techniques. Generalized tools are often used. The use of net for oranges was a good "invention" by scholar who collect bone specimens.

The bodies of animals have bones with different forms and sizes. For example, skulls, hip bones, shoulder blades are usually large, whereas vertebrae, carpals and phalanges are so small that we would lose by mistake. In the process of making skeleton specimens, the bones are repeatedly boiled and washed. When the bones of the whole body are washed, we cannot deal separately with each bone.

A net for oranges was essential in the resolution of this problem. This net is now one of the symbols of the museum's activities. The energetic museum washes more than hundred thousand bones per year. The quality of the museum depends on whether it can fulfill its enormous work.

（*Hideki Endo & Mayu Kusumi*）

E6 網の中の誕生
―バックヤードの光景

Birth in the net
― scene of backyard of museum

ネットに入った骨格群
Bones in nets

濱田隆士東京大学名誉教授はかつて教養学部で、古生物学・地質学・自然誌学の教鞭をとった学者である。博士には、博覧強記という言葉が当てはまるであろう。何から何まで記憶にとどめ、それを基に無制限無秩序に物を集め、記載と解析を続け、大量のものを残して、生涯を終えた。

濱田博士は 1933 年に生まれている。本土で空襲を経験し、高度成長期の飢え乾く社会で育ったと述懐していた。私は教養学部に入学したときに、博士と出会った。公式の師弟関係になったことは一度もないのだが、学者としての本質核心を濱田博士から教授された。言葉も知識ももちろん無限に教え込まれたが、ひとつだけ取り上げるなら、博士の日々の生き方が今の私の学者人生を決定づけているといえる。

駒場の狭い教授室に窮屈そうに腰かけて、つねに標本を凝視し、つねに筆を執っている。十八歳の私を、博士は見守ってくれていた。いつもにこやかに。そして、実はいつも大量の標本にうずもれながら。

東京大学退官後、神奈川県立生命の星・地球博物館と福井県立恐竜博物館の両館で初代館長を務めた。そして、亡くなった後、博士が残された遺品を東京大学総合研究博物館で引き取ることになった。たくさんの同窓がそれを助けてくれた。そのうちごく一部の 200 箱ほどの遺品の箱が、UMUT オープンラボの壁に並ぶ。博士はあまりに物集めに狂ったがゆえ、たくさんの人や場所に迷惑をかけた教授だろう。現に、身寄りのない自宅周囲に、トラックを 5 台も 6 台も連ねないと運べないほどの大量の標本を残したまま、亡くなってしまった。

もちろんこうした物の遺し方が教科書的に品行方正かといえば、そうではない。しかし、学者は、学問は、いつの時代にもこう生きなければならないのである。ただルールを守り、ただ経営を妥当にこなし、ただ説明責任を満たし、ただルールを守るだけの人物の頭数を揃えたところで、市場原理的経営成績は維持できるかも

E7 濱田隆士コレクション
—物集めの生涯

Hamada Takashi Collection
— the life of collecting materials

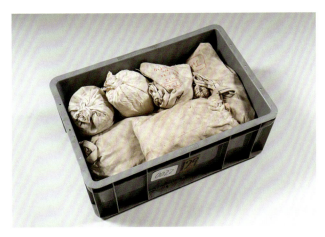

箱に入れて残されたコレクション
Box with Collection

しれないが、その程度の頭脳では学問も文化も大学も博物館も築けない。それでは、社会の期待に応えることは不可能なのだ。その程度の能力では、けっしてUMUTオープンラボは魂を得られないのである。

だからこそ、UMUTオープンラボには濱田隆士に居てもらわねばならない。死してなお、その博覧強記を人類に見せつけてもらうために。

（遠藤秀紀）

Dr. Takashi Hamada, professor emeritus of The University of Tokyo, is a scholar who studied and taught paleontology, geology, and natural history in the College of Arts and Sciences. Dr. Hamada was a learned man with a retentive memory. Throughout his life, he collected, analyzed and described various materials. He left a large amount of materials behind him.

Dr. Hamada was born in 1933. During the war, he experienced air raids, and grew up in the period just following the war. I met Dr. Hamada when I enrolled in the College of Arts and Sciences. He was not officially my supervisor, but I was taught the essence of being a real scholar by Dr. Hamada. I learnt huge words and acquired great knowledge. Of course both the words and the knowledge were endlessly instilled, but it may be said that Dr. Hamada's daily way of life inspires my present scholar life.

Dr. Hamada sat in narrow professor's room in Komaba, staring at specimens and writing. He always smiled at me. He worked among a large number of collections.

After his death, we received a donation from his will. About 200 boxes of his specimens are exhibited in the UMUT Hall of Inspiration. As he excelled at collecting materials, Professor Hamada must have troubled many places and people. Finally, he died, leaving five or six trucks of specimens in his house.

Of course, the Professor was not correct to keep so many of materials to himself. However, scholars should emulate his way of life. Universities and museums that are responsible for science and culture will not develop without scholars like him. We need the philosophy and attitude of Dr. Takashi Hamada in the UMUT Hall of Inspiration to develop academic and cultural spheres. (*Hideki Endo*)

シーラカンス類化石。長さ 200mm
Fossil of coelacanths. L: 200 mm

ハチノスサンゴ類（タイ産）。長さ 300mm
Fossil of favosites from Thailand. L: 300 mm

現生オウムガイ。長さ 100mm
Shell of extant nautilus. L: 100 mm

UMUTオープンラボの動物標本には大量の動画作品が用意されている。これらは、世の表現無き博物館に"納品"されてきた展示解説映像とは、何らの共通点もない。普通のディレクターや普通の展示制作代理業が拵える普通の動画表現では、学問の生の現場を伝えることは困難である。ゆえに、私は、真に私の所業を映像にできる創作者とだけ動画を撮った。彼の名は喜多村武という。

喜多村氏の作品は、学者たる私の人生をつねに鋭く抉り取っている。映像を抱え込んだUMUTオープンラボは、必ずや学者の足跡が、熱や痛みや臭いや不潔さを抜きには語れないことをも示すはずだ。ルール通りに消毒液が撒かれ、ルール通りに言葉が狩られ、ルール通りに説明責任を果たす場所は、永遠にUMUTオープンラボとは相容れない。だが、喜多村氏が学者の真の姿を捉えようとするとき、映像は知に飢える人間の熱狂を伝え始める。そして、映像はUMUTオープンラボを創り上げる。

動画作品はいつまでも制作が続けられ、50本、100本と歩みを重ねていくことだろう。そのそれぞれが、学者と知との対話を捉えている。何度も何度も博物館に足を運んでいただきたい。喜多村氏の作品は、これからも知の無限の広がりを追い続ける。

（遠藤秀紀）

For the exhibition of animal specimens, we have prepared a large number of films. The images in these are quite different from the commentary videos that are common in museums. Not everyone can shoot a movie to describe the site where science occurs. Therefore, I have taken these films with a director who can shoot a true picture of our activities. His name is Takeshi Kitamura. The works of director Kitamura accurately describe my scholarly life at all times.

The films show that the way of a scholar is not necessarily brilliant. At the UMUT Hall of Inspiration, which was the site of many films, the life of scholars should also be shown as not disconnected from heat, pain, smell, and dirtiness. The world where antiseptic solutions must be used, where words are hunted by strictures, and where you are accountable to demands from above, is forever incompatible with the UMUT Hall of Inspiration. But, when director Takeshi Kitamura tries to capture the truth of the scholar, the film begins to tell the man of enthusiasm to go hungry in knowledge. Then, his film creates the UMUT Hall of Inspiration.

The films will increase with our activities because the camera will continue to follow Room of Professor Endo, which will go on till infinity. The films of Takeshi Kitamura will pursue the infinite

(*Hideki Endo*)

E8 カメラ、好奇心を追う
―遠藤教授の部屋、熱狂を切り取って

Camera pursues curiosity
― clipped passion, Room of Professor Endo

今日、動物園で死亡した動物の死体は、身体の進化史や生命を支えるメカニズムを解明することに測り知れない貢献を見せている。

千葉市動物公園から当館に譲られたのはミナミコアリクイ（*Tamandua tetradactyla*）である。アリクイ類の顎は特殊化した咀嚼メカニズムを備えていることで注目されてきた。歯が一本も無いために噛むことはなく、代わりに顎を内外側に開閉している。顎の開きに同期して舌を長く伸ばし、アリ・シロアリを食塊として食道に送り込む動作を繰り返している。知見の多くは数少ないオオアリクイに基づくもので、今後アリ食適応における咀嚼メカニズムの一般的理論化が期待される。このミナミコアリクイの骨格標本は、まさにアリ食適応の実態を解明する重要な鍵となろう。

ゴマフアザラシ（*Phoca largha*）の骨格は三重県の水族館、二見シーパラダイスで死亡した個体のものである。当館はアザラシ類とアシカ類が遊泳時に前後肢をどのように動かしているかという研究を重ねてきた。この個体は、他のアザラシやアシカの骨格と比較され、鰭の運動パターンの解析に用いられてきた。

インギー種は、イギリスとの交易にまつわる渡来史をもつニワトリ（*Gallus gallus domesticus*）として知られている。1894年に遭難し種子島に漂着した英国帆船から、救助の御礼として贈られた積み荷のニワトリが起源とされる。当館はインギーの死体を鹿児島市平川動物公園から譲り

E9 動物園動物の第二の生涯
―最前線の標本群

Second life of zoo animals
― specimens at the forefront

ミナミコアリクイ。頭骨、下顎、全長120mm
Southern tamandua. Cranium and mandibular bodies, L: 120 mm

受け、骨格標本として研究と教育に用いている。現在、CTスキャンを用いて、品種の形態特性の解析が進められている。

このアルパカ（*Vicugna pacos*）の剥製は、動物園で死亡した個体から制作された。日本人にはなじみの薄い南米のラクダ科であり、毛皮標本を国内で見ることは希である。この標本は体毛が十分に伸びていない時期のものであるが、家畜品種の多様化を伝える貴重な剥製である。

キリン（*Giraffa camelopardalis*）の骨は、かつて東京都多摩動物公園で飼われていたキクタカという雄のものである。元々は野生個体であったものを、1971年から1985年まで飼育、死後東京農業大学に寄贈されて、骨格標本がつくられた。長く同大学で教育に活躍し、後年当館に譲られた。

（遠藤秀紀・楠見 繭）

Today, after death, animals in zoos also contribute to the elucidation of the evolutionary history of the body and the mechanism to support life.

The southern tamandua (*Tamandua tetradactyla*) was donated from Chiba Zoological Park. The mandible of Vermilingua has attracted us because it comprises a specialized mastication mechanism. They never bite because it has no teeth. Instead the tamandua can medio-laterally open and close the mandible. The species sends its long tongue according to the movement of the jaw, and it takes ants and termites into the esophagus. The information has been obtained from the giant anteater. It has been expected that the mechanism of mastication adapted to eat ants would be theorized in the Vermilingua. The skeleton specimen will be an essential key to establish the new theory.

ゴマフアザラシ。頭骨、下顎、全長220mm
Spotted seal. Cranium and mandible, L: 220 mm

アルパカ。剥製、肩高850 mm
Alpaca. Stuffed specimens, shoulder height: 850 mm

ニワトリ。インギー品種、頭骨、全長70mm
Domestic fowl. Ingie breed, skull, L: 70 mm

The skeleton of the spotted seal (*Phoca largha*) was made of an individual that died at Futami Sea Paradise in Mie Prefecture. In the University Museum of the University of Tokyo, the swimming locomotion has been functional-morphologically investigated in seals and sea lions. This specimen was used for comparison with the other skeletons of seals and sea lions in the analyses of movement patterns of limbs.

Ingie is a breed of domestic fowl (*Gallus gallus domesticus*) that has been brought to Japan by the trade ship of the United Kingdom. It is said that, from a sailboat of UK in distress near Tanegashima Island in 1894, the fowls that were given as a reward of relief are the origin of the breed. We were donated a dead body of Ingie from Hirakawa Zoological Park (Kagoshima City). This skeleton is used in research and educational activities in the University Museum of the University of Tokyo. We are now analyzing the morphological characteristics of the breed by using the CT scanner.

This stuffed specimen of alpaca (*Vicugna pacos*) was made of an individual that died in zoo. This species belongs to the Camelidae of South America. It is rarely kept as livestock in Japan, so the opportunity is not much to see the fur specimen of the alpaca. Hair of the specimen does not extend sufficiently. However, this is a precious stuffed specimen to indicate a variety of livestock breeds.

The skeleton of the giraffe (*Giraffa camelopardalis*) is that of a male named "Kikutaka". The individual is has been kept in Tama Zoological Garden (Tokyo) since 1971 until 1985. The skeleton was prepared in Tokyo University of Agriculture after death and donated to the University Museum.

(*Hieki Endo & Kusumi Mayu*)

キリン、キクタカ。頭骨（一部を切断・分離）
Giraffe, Kikutaka. Cranium (partially separated)

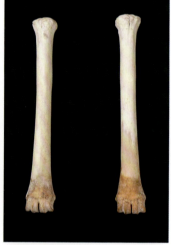

キリン、キクタカ。中手骨、全長700mm
Giraffe, Kikutaka. Metacarpal bones, L: 700 mm

キリン、キクタカ。頸椎列
Giraffe., Kikutaka. Cervical vertebrae

3-3

モノの文化史
―考古学コレクション
Cultures and civilizations

総合研究博物館では莫大なコレクションを地学系、生物系、文化史系といった大まかなくくりで管理、活用している。この区分は研究史や標本を集めた研究者の所属にもとづく便宜的所産であって、実際の学術が全てそれに沿っておこなわれているわけではない。本章で扱う文化史系について言えば、実際、その研究に用いる標本は必ずしも文化のかおりがするものばかりではない。江戸時代の焼き物だとかルネッサンス期の絵画などは間違いなく文化史標本と言えるだろうが、一方で、たとえば、黒曜石の原石とか古代人の食べ物の残りとか、住居址に寄生していたイエネズミの骨、それらも文化史系標本である。原石標本は、石器を作る材料がどこで集められたのかを知る研究に用いられるし、食料残滓は生活の基盤を調べるのに不可欠な資料である。ネズミの骨なども、住まいが仮住まいだったのか一定の定住性があったのかを判断する一級の証拠となりうる。文化史研究には地学系、生物系標本も欠かせないのである。文化史系標本とは、ヒトの行動の歴史にかかわる総合的な物的証拠と言った方がよい。

　物的証拠に対して、ヒトの過去を調べるためのもう一つの強力な証拠は文書記録であろう。それ自体では沈黙しているモノと違い、文書は雄弁である。書き手の意気込みすら伝わることもある。性格を異にする両者があい補って文化史研究は進んでいく。

　物的証拠が文書記録とは異なった貢献をする点は少なくとも二つある。一つは、時代を問わない一貫性である。文書記録は今から約5000年、世界で最初に文字を使い始めたメソポタミア社会にまでしかさかのぼれないが、物的証拠はヒトが地球上に現れた数百万年前にまでさかのぼれる。したがって、文字記録の有無とは無関係に歴史を語りうる。もう一つの強みは、客観性である。文書のように書き手が選んで残す記録と、活動の現場に残った物証は

西秋良宏
Yoshihiro Nishiaki

違う。犯罪捜査の際、証言だけでなく、できうる限り物証を求めるのと同じである。もちろん、物的証拠のもつ客観性というのは相対的なものであるから、その判断は十分な研究をへておこなう必要がある。ヒトはモノに意味を込め、行動痕跡を操作することもありうるからである。

　要するに、文化史研究とは、意識的でもあり無意識的でもある複雑なヒトの行動の歴史を解読していく作業である。ヒトが人工物を作り始めてから経過した時間は250万年とも350万年とも言われるが、この間、どんな歴史が作られてきたのだろうか。現在、地球上に展開する実に多様な文化、文明は、地域や時代によって異なる背景で生じた歴史的産物である。文化史系標本には、その時々の痕跡が刻まれている。

　Today's cultures and civilizations display enormous diversity, reflecting the variety of historical and ecological backgrounds that differ by period and region. Research based on material remains, consisting of artifacts, non-artifacts, and their contextual relations, rather than written documents can produce unique insights into understanding how such cultural diversity emerged. Human's past, represented by plenty of cultures and civilizations, is the result of conscious and unconscious behaviors. Research in cultural history thus comprises of reading the evidence. The emergence of hominins date back to several million years ago, and the oldest artifacts known thus far derive from at least two and a half million years ago. In this long human history, how did human behavior evolve into the current status? Scientists believe that there is ample evidence to answer this in the material remains.

縄文時代の土器を縄文土器という。1877（明治10）年、東京大学の教授として招聘されたアメリカの生物学者、エドワード・S・モースは、東京府大森貝塚を発掘して多数の土器を得た。その多くに縄目の文様がついていたので、索紋土器（索とは縄のこと）と名付けた。その後、植物学者の白井光太郎が縄紋土器と呼んで今日に至っている。

次の時代に用いられたのが弥生土器であるが、縄文土器のすべてに共通する弥生土器と区別できる固有の特徴はない。ただ、弥生土器と比べた場合、いわゆる縄文土器らしさを随所に指摘することができる。

たとえば、展示資料である関東地方の縄文時代中期につくられた加曾利E1式土器の深鉢は、口縁端部に大きな突起を設け、口縁部から頸部には太い粘土の紐でS字状の渦巻き文を貼り付けている。さらに、縄文をつけた胴部にはヘビのごとくうねった沈線を垂下しているように、これぞ縄文土器という特徴が満ちあふれている。

弥生土器に立体的な文様はあまりない。それに対して、縄文土器は口縁部の突起などに代表されるように立体的である。弥生土器や銅鐸には、線でシカや鳥などの絵画を描く一方で、縄文時代に線で描いた絵はほとんどない。

こうした違いの理由は推測するしかないが、弥生文化は森を切り開き広々とした平らな土地に水を引いて稲を育てる生活を中心に生まれたのに対して、縄文文化は起伏のある山野を駆け巡る狩猟採集生活に重きを置いた森の生活を中心に生まれたところに理由があるのかもしれない。森に住む万物に精霊の存在を信じたアニミズムが彼らの思考の根底にあり、それが複雑な文様や造形品を生み出す母体になっていたのであろう。

先ほど紹介した加曾利E1式土器は、千葉市加曾利貝塚のE地点で発掘された土器を標識として設定された型式である。土器型式名には、代表的な遺跡の名前を付ける場合が多い。縄文中期の後半につくられ、およそ関東地方一円

F1 関東地方の縄文土器

Jomon pottery of the Kanto Region

勝坂式土器。把手付深鉢、縄文時代中期、東京都目黒区下目黒不動堂附近。高さ38.0cm（2250）
Katsusaka type pottery, deep bowl with handles, Middle Jomon period, Simo-Meguro area, Tokyo. H: 38.0 cm (2250)

に分布した。同じ時期、長野県域には曽利I式、東北地方には大木8a式が分布した。

加曾利E式は勝坂式→中峠式を母体として、加曾利E1式→加曾利E2式→加曾利E3式→加曾利E4式と変化した。型式に年代序列をつけることを編年というが、土器編年は文様の変化をとらえて配列されることが多い。その順番は、遺跡の発掘調査によって下の地層から出てきたものの方が上の地層から出たものよりも古いという原理にもとづいて確認される。この原理は地質学の地層累重の法則、あるいは地層同定の法則にもとづくものである。

モースが発掘した明治のころには、縄文土器の型式は陸平式（現在は加曾利E式などとされている）、大森式（現在は加曾利B式や曾谷式などとされている）といった区別くらいしかなかった。陸平式は中期であり厚い土器が多く、大森式は縄文後期の土器で薄いのが多いので、厚手派、薄手派と区別され、それらは部族の差を示すと考えられていた。

大正時代、東北帝国大学にいた松本彦七郎が仙台湾の貝塚の堆積層を細かく分けて発掘調査をおこない、各層位から出土した縄文土器の文様の変化を細かく追跡することで土器型式の研究を推し進めた。松本は古生物学者だったので、生物の系統発生という考え方を土器の部位に応じた文様の系統変化に応用したのである。土器を口縁部、胴部、底部と分けて、それぞれの部位を飾る文様が発生、進化、退化を経て消滅するという進化論的な動きを見出し、その序列を層位によって確認することに意を注いだ。

この方法を受け継いだのが、同じく東北帝国

加曾利E1式土器。把手付深鉢、縄文時代中期、出土地不明。高さ36.0cm（12858）
Kasori E1 type pottery, deep bowl with handles, Middle Jomon period. H: 36.0 cm (12858)

加曽利B1式土器。深鉢、縄文時代後期、茨城県椎塚貝塚。高さ19.0cm（2207）
Kasori B1 type pottery, deep bowl, Late Jomon period, Shiizuka shell midden, Ibaraki Pref. H: 19.0 cm (2207)

堀之内2式土器。深鉢、縄文時代後期、千葉県堀之内貝塚。高さ15.0cm（2247）
Horinouchi 2 type pottery, deep bowl, Late Jomon period, Horinouchi shell midden, Chiba Pref. H: 15.0 cm (2247)

加曽利B1式土器。双口土器、縄文時代後期、茨城県陸平貝塚。高さ18.0cm（2169）
Kasori B1 type pottery, double-mouthed vessel, Late Jomon period, Okadaira shell midden, Ibaraki Pref. H: 18.0 cm (2169)

大学にいた先史考古学者、山内清男であった。のちに東大に赴任した山内は、仙台湾の貝塚や関東地方の貝塚を中心とする遺跡を分層発掘し、あるいは地点を違えて出土する土器の型式を分析することで東北、関東地方を中心とした縄文土器の編年網を作り上げた。昭和初期のことである。山内は遺伝学を志した科学者であったので、やはり生物（土器の文様）は系統発生を繰り返すという観点から文様帯系統論を武器に編年をおこなった。

『日本先史土器図譜』は、山内がつくりあげた縄文土器の標準型式カタログである。生物学でカタログが重要なことは周知であるが、自らを「カタログメーカー」と称していた点に、山内の学問の自然科学的な傾向性が反映されている。展示している土器の多くは、この図譜に掲載された、学史上重要な資料である。

縄文土器が弥生土器と区別される総合的な特徴がないのと同じく、関東地方の縄文土器すべてにわたって共通した特徴はない。並んでいる土器は、中期から晩期のおよそ2000年間に及ぶが、同じ系統のものとはとても思えない。それでも時期ごとに、あるいは変化のなかにいくつかの一貫した特徴は指摘できる。

縄文時代中期の土器は厚手派と呼ばれていただけあって、ずっしりした豪快な土器が特徴である。

後期以降、薄手の繊細な土器が多くなる傾向も認めてよい。それとともに文様も洗練されて、双口や注口付など特殊な器形も増えた。縄文時代後期は、環状列石（ストーンサークル）など儀礼の施設が増加する時期であり、儀礼によって集団の統合を図ることが強化されたが、こうした社会の複雑化を土器も反映している。

縄文晩期の東北地方では、亀ヶ岡文化が栄えた。この文化は漆技術など採集狩猟文化の枠内では最高峰の技術を誇る。他の地域に与えた影響力も極めて強く、関東地方の縄文土器もその影響を大きく受けた。洗練された文様が特徴だ。この文様は、次に述べる関東地方の弥生土器に引き継がれたように、影響力の持続性も注意しなくてはならない。
　　　　　　　　　　　　　　　　（設楽博己）

参考文献 References

山内清男（1967）『日本先史土器図譜』先史考古学会（再版・合冊刊行）。

加曽利B3式土器。深鉢、縄文時代後期、茨城県椎塚貝塚。高さ13.0cm（1694）
Kasori B3 type pottery, deep bowl, Late Jomon period, Shiizuka shell midden, Ibaraki Pref. H: 13.0 cm (1694)

加曽利B3式土器。深鉢、縄文時代後期、千葉県犢橋貝塚。高さ30.0cm（12938）
Kasori B3 type pottery, deep bowl, Late Jomon period, Kotehashi shell midden, Chiba Pref. H: 30.0 cm (12938)

安行1式土器。深鉢、縄文時代後期、茨城県椎塚貝塚。高さ15.5cm（5151）
Angyo 1 type pottery, deep bowl, Late Jomon period, Shiizuka shell midden, Ibaraki Pref. H: 15.5 cm (5151)

安行2式土器。台付異形土器、縄文時代後期、埼玉県真福寺貝塚。高さ 11.5cm (12002)
Angyo 2 type pottery, irregular-shaped vessel with foot, Late Jomon period, Shinpukuji shell midden, Saitama Pref. H: 11.5 cm (12002)

安行2式土器。台付鉢、縄文時代後期、千葉県余山貝塚。高さ 10.5cm (5135)
Angyo 2 type pottery, footed bowl, Late Jomon, Yoyama shell midden, Chiba Pref. H: 10.5 cm (5135)

安行2式土器。注口土器、縄文時代後期、茨城県福田貝塚。高さ 12.0cm (2168)
Angyo 2 type pottery, spouted vessel, Late Jomon period, Fukuda shell midden, Ibaraki Pref. H: 12 cm (2168)

安行3a式土器。注口土器、縄文時代晩期、埼玉県真福寺貝塚。高さ 13.5cm (12003)
Angyo 3a type pottery, spouted vessel, Final Jomon period, Shinpukuji shell midden, Saitama Pref. H: 13.5 cm (12003)

The ceramic vessel made during the Jomon period is called Jomon pottery. In 1877 Edward S. Morse, an American biologist, was offered a post as professor at the University of Tokyo. He excavated the Omori shell midden (Tokyo prefecture) and obtained numerous pottery sherds. Many of the sherds were decorated with a "cord-mark" design and were later named "Jomon (cord-mark) pottery." Compared with Yayoi pottery, Jomon pottery presents a dynamic three-dimensional form typically seen at the rim with an appliqué.

The figures of birds and deer on the pottery and *dotaku* (bronze bell) from the Yayoi period were frequently represented with lines. However, in the Jomon period there were few examples of line-drawing. For instance, the wild boar terracotta clay figures of the Jomon period are three-dimensional. The animistic faith and the belief in the existence of forests spirits must have formed the source of Jomon people's thought. It may have produced the fountain from which complicated patterns and artifacts were born.

In the Taisho period, paleontologist Hikoshichiro Matsumoto developed a typological analysis of Jomon pottery. He carefully excavated each sedimentary layer of the shell midden and examined the change of patterns on the pottery. At the beginning of the Showa period, Sugao Yamanouchi, who specializes in prehistoric archaeology, succeeded this method. He established the chronological system of dating Jomon pottery in Kanto and Tohoku regions. Many of the potteries on exhibition appear in "*Nihon Senshi Doki Zufu* (Illustrated Catalogue of Prehistoric Pottery)," the catalogue for standard types of Jomon Pottery compiled by Yamanouchi. The pottery of the Middle Jomon period is dignified and dynamic. After the Late Jomon period, thinner and more delicate pottery was common. The patterns were refined and special forms for ceremonial purposes like double-mouthed vessels and spouted vessels increased. These potteries reflect the complexity of society in the Late Jomon period. In the Tohoku region, Kamegaoka culture flourished during the Final Jomon period, and its elaborated patterns influenced the pottery of the Kanto region.   (*Hiromi Shitara*)

弥生土器は、1884（明治17）年に東京府本郷弥生の向ヶ丘貝塚から一つの壺形土器が発見されたことをきっかけに認められた。薄手であるのは大森式などと近いが、壺の形をしていることや、赤っぽい色をしていることなど、異なる点も目立つ。

弥生土器が発見されたころは、まだ弥生時代という概念が定まっておらず、縄文時代→弥生時代→古墳時代という、現代では常識になった時代区分が確立していなかったこととも相まって、中間土器という名で呼ばれることもあった。

弥生土器第1号とよく似た特徴の土器は九州地方に至るまで広い範囲で確認されていった。ところが、九州地方や近畿地方など西日本の弥生土器には縄文がまったくみられず、静岡県地方あたりがもっとも西の範囲である。縄文が施されているということは、それだけ縄文文化の伝統が強いことを意味する。弥生文化の特徴として青銅器などの漢文化の影響を大きく評価する研究者は、縄文文化の要素については等閑視する傾向があった。

山内は、西日本ばかりではなく、日本列島全体を見渡し、さらにそれを世界的視野から評価するパースペクティブを有していた。山内が弥生文化を構成している要素として、大陸系と独自に形成された固有要素のほかに縄文文化系の要素を見逃さなかったのは、このような広い視野をもっていたからである。

山内が漢文化の影響を過大評価することに待ったをかけたのは、大陸から訪れて西から東へと東漸する農耕文化の動態を、記紀にみられる神武東征と重ね合わせる一部の意見に対して危惧をもっていたからに他ならない。山内は弥生文化に対して、漢文化という政治的な要素を過度に強調することを批判して、稲作文化を導入した点に縄文文化との差を見出すこと、すなわち生活文化の視点から弥生文化をとらえることを促した。

展示されている弥生土器は、いずれも関東地方の弥生時代中期のものである。関東地方の弥生時代は、後期になると弥生土器第1号と同じく縄文を転がした壺はあるものの、あっさりとした横帯縄文に整理されてくる。

これに対して、野沢遺跡の弥生土器は弥生中

F2 関東地方の弥生土器
Yayoi pottery of the Kanto Region

野沢式土器。顔壺、弥生時代中期、栃木県野沢遺跡。高さ18cm（2197）
Nozawa type pottery, jar with human face ornament, Middle Yayoi period, Nozawa site, Tochigi Pref. H: 18 cm (2197)

期という弥生時代前半期に属し、幾何学的な磨消縄文で飾られる点や筒形の器形もあるといった点に、壺と甕と高坏と鉢という実用的な用途を重視した機能主義的な西日本弥生土器の器種構成との違いが如実にあらわれている。それは縄文時代後・晩期の土器の特徴をよく継承した結果である。

　何よりも目立つのが、顔を表現した壺であり、顔壺と呼ばれている。展示されている顔壺は、再葬墓という墓から出土したとされている。再葬墓は、遺体を骨にしたのち、骨を埋葬する墓であり、中部地方から南東北地方の初期弥生文化を特徴づけている。顔壺は縄文時代の土偶の顔の表現を引き継いでいるので、土偶と関係をもちながらうまれたのであろう。縄文時代の土偶は女性原理にもとづき、生命の誕生をつかさどる役割をもっていた。顔壺は、そうした縄文文化の意識が継承された再生を願う器として墓に納められたのではないだろうか。

山内が重視した、西日本と異なる弥生文化を代表する弥生土器としてご覧いただきたい。

(設楽博己)

In 1884, a jar was discovered in the Mukogaoka shell midden (Mukogaoka-Yayoi, Hongo-ku, Tokyo prefecture). The thin wall of this jar was considered to be similar to the "Omori type" (Late Jomon period), but its form and reddish surface color suggest that they correspond to a different type. It was named Yayoi pottery after its origin. On the other hand, Yayoi pottery of eastern Japan has a cord-mark pattern, a strong influence from the Jomon culture, which is absent in western Japan. Archaeologists who paid much attention to Han culture's strong impact on Yayoi culture, such as bronze implements, tended to disregard traces of Jomon culture. Yamauchi however, did not overlook traces of Jomon culture as one of the components of Yayoi culture. Potteries of the first half of the Yayoi period in the Kanto region retain features of Late and Final Jomon potteries.

　All the pieces in the exhibition were unearthed from the Nozawa site (Tochigi prefecture) of the Kanto region and belong to the Middle Yayoi period, namely, the first half of the Yayoi period. They share similarities with Jomon pottery, such as a geometrical design realized by erased-over code impressions and a cylindrical form. At the same time, they present significant differences from vessels regulated within functional form categories with simple appearances for practical usefulness, which were regarded as more important in western Japan. One outstanding feature of potteries from the first half of the Yayoi period of the Kanto region is the jars with a human face ornament, which show a continuation of clay figurines of Jomon culture. The one exhibited here is said to have been excavated from a grave of a secondary burial, which was a characteristic funeral practice in the southern Tohoku region. It suggests that the southern Tohoku region strongly influenced the Kanto region.

(Hiromi Shitara)

野沢式土器。筒形土器、弥生時代中期、栃木県野沢遺跡。高さ 16.5cm (2171)
Nozawa type pottery, jar, Middle Yayoi period, Nozawa site, Tochigi Pref. H: 16.5 cm (2171)

野沢式土器。壺、弥生時代中期、栃木県野沢遺跡。高さ 33cm (5488)
Nozawa type pottery, jar, Middle Yayoi period, Nozawa site, Tochigi Pref. H: 33 cm (5488)

鎌倉市は、南を海に、それ以外の三方を山に囲まれた自然の要塞であり、鎌倉時代にはそこに都が置かれた。当時の海岸段丘は、墓所、あるいは遺体の集積所として使われたようであり、現在の由比ガ浜から材木座のあたりからは、発掘調査によりおびただしい数の人骨が出土している。材木座中世遺跡とその人骨資料はこれら中世鎌倉遺跡調査の端緒を築いた標本群である。

東京大学理学部人類学教室が主体となり、昭和28年（1953年）に第1次、第2次、昭和31年（1956年）に第3次発掘が、鎌倉材木座（現　鎌倉簡易裁判所）にて行われた。大小さまざまな32群の人骨集中区より、総数910体以上の人骨が収集されている。全身骨格またはそれに近いものは少なく（約30体）、大部分の人骨は遊離した頭骨と四肢骨が2次的に埋納されたものである。出土した陶片、古銭より鎌倉時代を中心とした遺跡と考えられ、大量の人骨は当時の合戦（新田義貞の鎌倉攻めなど）による戦死者を片付けたものと推断されている。

1次・2次発掘資料については、人骨の刀キズや頭骨の形質（長頭傾向）についての詳細な報告がある（日本人類学会編 1956）。頭骨をもとにした性および年齢構成は、男性が多く、次に女性、幼若年が最も少なく、ほぼ6：3：1の比である。年齢については、成年が多く（75.4%）、次いで熟年（13.2%）、老年はわずか（0.4%）である。

刀キズは頭骨を中心に観察されており、深い創（斬創、切創）より浅い創（掻創）が多く、8割以上を占める。これについて鈴木（1956）は、これらのキズが直接の合戦時ではなく、頭部の軟部組織を剥ぎ取った際にできたものであり、

F3 鎌倉材木座中世遺跡出土人骨
Medieval human skeletons from Zaimokuza, Kamakura

材木座人骨の出土状態。29群（中央）はヒトの頭骨を集めたもの、30群（左下）はウマ、イヌの集積（鈴木 1963 より改変）
Excavation of the Zaimokuza site

戦の後の恩賞と見るよりもある迷信に基づく、たとえば悪病の治療のために戦死者から無差別に軟部を剥ぎ取ったものではないかと考えている。

材木座人骨は、中世東日本を代表する人骨群として、日本人の小進化を物語る主要標本群である。頭骨の形質については、脳頭蓋の強い長頭傾向と歯槽部の前突（反っ歯）が特徴的である。とくに強い長頭は日本人形質の時代変化のなかで、中世人が極大となる（もっとも前後に長くなる）ことが示されている。

近年、周辺の同時期の集団墓地遺跡の調査が進み、人骨の性、年齢構成や、受傷のパターンに違いがあることがわかってきた（平田ほか2004）。材木座遺跡においても、遺跡内の各墓坑（群）ごとの分析検討が必要とされている。

（近藤　修）

Kamakura city, surrounded by mountains and the sea, was the capital of Medieval Kamakura. Since then, a number of human skeletal remains have been uncovered along the sea coast. The excavation of Zaimokuza site and the human remains marked the first milestone for the historical study of Kamakura.

More than 910 individuals were uncovered during the third-times campaigns in 1953 and 1956 by Department of Anthropology, the University of Tokyo. The majority of them were composed of partial skulls or limbs, not of the whole body parts, which were secondarily collected and separately buried in 32 variable-sized bone pits. The associated pottery fragments and old coins dated the site to the Kamakura Period. A large number of human bones were believed to be the war dead, who had been cleared and collected after death.

As for the sex and age structure based on the skulls (Suzuki 1956), the ratio of male, female and immature was 6:3:1, and young adults were dominant compared to elderlies. The observed cranial trauma was dominant in slighter scratches and less in deeper wounds by sword cut. These were not interpreted as the war-induced trauma, but as the vault scalping for the superstitious treatment against epidemics (Suzuki 1956).

The Zaimokuza human has served as a representative of Medieval East Japan in order to document the microevolution of the Japanese. The skull is characterized with a dolichocephalic head and a strong alveolar prognathism. It has been confirmed that the dolichocephalic trend appeared strongly in the medieval period among the population history in Japan.　　(Osamu Kondo)

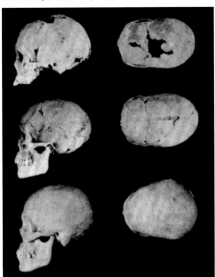

材木座（鎌倉時代）人（上2例）と現代日本人（下）の比較（鈴木1963より改変）
Zaimokuza (Kamakura Period) skulls (upper two) and a modern Japanese skull (lower)

参考文献 References

鈴木 尚（代表者）（1956）『鎌倉材木座発見の中世遺跡とその人骨』日本人類学会編、岩波書店。

鈴木 尚（1963）『日本人の骨』岩波書店。

平田和明ほか（2004）「鎌倉市由比ヶ浜地域出土中世人骨の刀創」Anthropological Science (Japanese Series) 112: 19–26.

古代中国では、新石器時代に形成された各地域ごとの文化圏を基礎として、「夏」殷周時代に初めて、各王朝を中心とした緩やかなまとまりが、その範囲を徐々に広げながら形成されていく。その後春秋・戦国時代という動乱期を経て、秦漢王朝によって古代王朝として統一される。

　青銅器は、古代中国を特色づける物質文化のひとつである。青銅器文化は世界各地に遍く見られるが、古代中国青銅器の特色は、王朝による統治のための政治的道具として生産・流通・使用されたことである。紀元前2千年紀前半、「夏」代になると、新石器時代以来の土器・青銅器作りの技術的伝統を背景に、複雑に組み合わされた土製の分割鋳型による青銅彝器の製作が始まる。下の展示品は、それよりもやや下る殷前期（紀元前約16世紀）の青銅爵である。1930年代に、江上波夫によって中国大陸よりもたらされたものである。器物全体の形は典型的な殷のそれであるものの、鋬に型持を設ける点で、「夏」の技術を残す珍しい例である。ここに、王朝の交替に際しての青銅器製作者たちの動きの一端が見て取れよう。現在、青銅彝器は「夏」殷周の各王朝が興った黄河中流域だけでなく、遠く長江流域でも数多く出土する。各王朝は、青銅彝器を各地に配布し、王室祭祀を実行させることで、支配の再確認を行ったと考えられている。

　漢字もまた、中国を特色づける文化的要素のひとつである。現在の東アジアが「漢字文化圏」とも称される所以である。殷後期（紀元前約13～11世紀）に甲骨文として生まれた漢字は、青銅器・土器・簡牘・帛書などへと書写対象を広げ、政治のための道具或いは記録のための手段として、古代国家の形成に寄与していく。

　本展示の古代中国遺物はすべて文学部列品室に収蔵される資料である。現在の文学部列品室

F4 古代中国の考古学
Archaeology of Ancient China

青銅爵。伝「北支那」出土、殷前期（二里岡期）、高さ13.0cm、流尾長14.5cm (c1123)
A bronze vessel called a "Jue 爵", donated by Namio Egami, probably unearthed in "Northern China", early Shang period (Erligang period), H: 13.0 cm, L: 14.5 cm (c1123)

は、明治43年文科大学が理科大学の一室に設置した列品室に由来する。ここに、学内で所蔵されていた各種の文化標本が陳列されていたという。大正12年の関東大震災でそのほとんどを焼失したが、その後再び、発掘調査・寄贈・購入などの手段によって資料の収集が進められ、現在では国内外の各種考古資料が収集・保管される。同時に、古くは戦前、殷墟遺跡出土青銅武器の化学分析が行われたのを始めとして、研究資料としても活用されてきた。この他、東京大学では、東洋文化研究所・総合研究博物館・教養学部美術博物館などにも古代中国遺物が収蔵されている。　　　　　　　　　（鈴木　舞）

参考文献 References
鈴木 舞（2010）「東京大学文学部列品室所蔵青銅爵に関する考察－特にその製作技術の面から－」『東京大学考古学研究室研究紀要』24: 1–28。

「亜𠦪」銘をもつ青銅武器。中国、殷後期（殷墟期）、有銘青銅武器（戈）内破片、幅4.7㎝、残長6.0㎝（c118）。表・裏ともに、内の中央に「亜𠦪」の銘が見られる
A bronze weapon with a clan sign "亜𠦪". A bronze weapon called a "Ge 戈" with inscription, late Shang period (Yinxu period), China, W: 4.7 cm, L: 6.0 cm (c118). There is a clan sign " 亜𠦪 " cast on the handle

左下の展示品は殷後期の戈（か）と称される武器形青銅器の内破片である。近年の研究により、武器の一部分であること、またその表面には緑青がかなり生じているものの、内には紋様と共に「亜𠦪」という銘文の鋳出されていることが明らかとなった。さらにトルコ石の象嵌も確認できる。国内外に所蔵される同銘器を掲載した金石著録中の記載と照らし合わせると、本展示品は中国河南省殷墟遺跡で出土したものと推定できる。　　　　　　　　　（鈴木　舞）

鳥を象る骨製簪。中国、殷後期（殷墟期）、鳥形骨製簪、長さはそれぞれ19.1㎝、17.5㎝、8.1㎝（残存長）（c700及びc705）
Hairpin with bird ornament, bone tool, late Shang period (Yinxu period), China, L: 19.1 cm, 17.5 cm, 8.1 cm (c700 and c705)

中国では新石器時代以来、数多くの骨角器が用いられてきた。上の展示品はそのうちのひとつ、河南省殷墟遺跡で出土したとされる鳥形簪である。鳥形簪は、主に殷の王墓や王室関係者の墓の副葬品として出土する。古代中国において、簪とは単なる装飾品ではなく、身分や地位を表現するものであった。本展示品は、日本国内の研究機関ではほぼ所蔵例のない貴重な収蔵品であり、その製作技術などを見て取ることができる。1924（大正14）年3月27日、江藤壽雄氏による寄贈品である。　　　　　　　　　（鈴木　舞）

燕は中国の西周時代から戦国時代（前11世紀～前3世紀）に北京付近にあった国である。戦国時代には強国となり、日本列島の弥生文化にも影響を与えた。本展示品は戦国時代の燕の土器の壺。表面に文字が三行にわたりスタンプされ、その一行に「廿二年正月左匋尹」と製作年月を記す。この「廿二年」は、壺の形態の特徴などから判断して燕の文公22年（前340年）であると考えられる。広く東アジア古代史を探る上でも貴重な年代がわかる燕の考古資料である。

（石川岳彦）

Bronze vessels and Chinese characters are among the most important cultural elements of ancient China. Although bronze cultures can be found all over the world, bronzes in ancient China were characterized by their social role. That is, the bronzes were the political tool of royal families. In the 17th century BC, Chinese people started to use the clay mold section method to cast the bronze vessels. Today, these bronze vessels are unearthed not only in the central plain of China but also in the Yangzi river valley. Ancient Chinese dynasties distributed these bronze vessels to various districts, and had lords engage in rituals for the royal family and its ancestors in order to ensure their rule. Chinese characters, meanwhile, were born as characters inscribed on oracle bones in the late Shang dynasty (13-11th centuries BC). Later, those characters were also cast as inscriptions on bronze vessels, stamped on potteries, written on bamboo and silk manuscripts, etc. These were also used as political and recording tools, and contributed to the formation of the ancient states in China.

中国戦国時代の燕の土器の壺、高さ24cm (c-718)
Jar, Yan State, the Warring States Period of China, H: 24 cm (c-718)

The bronze depicted here is a vessel called a "Jue 爵", from the early Shang period (Erligang 二里岡 period). It was donated by Namio Egami in the 1930s. Although its shape is a typical Shang style, we can also see the casting skill of the "Xia" in the spacer on its handle.

All of the ancient Chinese materials described here are owned by the Museum of the Faculty of Letters, established in 1910. Today, the museum not only holds Chinese materials, but also many kinds of archaeological materials from all over the world. The Institute of the Advanced Studies on Asia (IASA), the University Museum and the Komaba Museum also have archaeological materials from ancient China.　(*Mai Suzuki*)

後漢時代の中国南部（華南）では青銅製の盨水器（銅洗）が大量生産された。その一器種の銅盂が北部ベトナムに波及した際、外面に地元の青銅器文化（ドンソン文化）の紋様が付加され、創出された青銅器が「ドンソン系銅盂」である。本標本はその底部だけが残ったもので、元駐ハノイ総領事永田安吉氏の寄贈品である。裏側（銅盂底部内面）には、漢系の銅洗底部内面に多く見られる双魚紋が残る。製作年代は2世紀前半頃と推測される。

（吉開将人）

ドンソン系銅盂（う）底部、径22cm (o-166)
Bronze basin of the Dong-Son Culture. Decorated bottom. D: 22 cm (o-166)
後漢時代の中国南部（華南）では青銅製の盨

渤海 (698-926) は現在の中国東北地方を中心に、ロシア沿海地方南部や北朝鮮北部に領域を広げた国である。その建国には粟末靺鞨や668年に滅亡した高句麗の末裔が関わったことが知られるが、自国の史書を残さないため、その歴史は主に『旧唐書』や『新唐書』をはじめとする他国の史料をもとに研究される。最盛期には「海東の盛国」と呼ばれた渤海は、複都制を採用しており、上京龍泉府・中京顕徳府・東京龍原府・西京鴨緑府・南京南海府の五京が置かれた。

五京のうち上京龍泉府(上京城)と中京顕徳府(西古城)、東京龍原府(八連城)の3つの都城の遺跡[1]では、20世紀初頭から現在までに大規模な発掘調査が度々行われてきた。その調査・研究の初期段階には多数の日本人研究者が携わり、渤海都城の様相が明らかにされる中で、高句麗文化との連続性や、唐の長安城や日本の平城京・平安京など他の東アジアの都城との類似性が研究されるようになった。

当館には、後に本学教授となった原田淑人や駒井和愛らが主体となって行った1933年及び1934年の東亜考古学会による上京城遺跡の調査と、軍人であった斎藤甚兵衛(優)が行った八連城遺跡の調査に伴う遺物が、一部収蔵されている。これらの遺跡の出土資料の多くは、報告書の作成や遺物の保存・管理のために東京大学に移送されたものであり、戦後石仏や三彩などの精品を含む一部が、中華民国政府と中華人民共和国政府に返還された。一方で、瓦磚を中心とする多くの遺物が、現在も東京大学考古学研究室や当館などに収蔵されている。

1990年代末以降、主に中国と韓国の間で高句麗・渤海の歴史認識をめぐる論争が起こり、上京城や西古城、八連城の各遺跡では、発掘調査を含めた精力的な調査・研究が進められた。出土資料も急増し、稀少性という点からは戦前調査資料の価値は下がったと言えよう。一方で、

F5 北東アジア、渤海の調査

Bohai (Balhae)
– an ancient kingdom in Northeast China

青銅製騎馬人物像。中国黒竜江省、渤海(左:報119-1、右:報119-2)
Bronze equestrian ornament, Heilongjiang Province, China, 698-926,
H: 5.2 cm (left, 報119-1), L: 4.3 cm (right, 報119-2)

注釈　1) 以前、上京龍原府址は「東京城」、東京龍原府址は「半拉城」とも呼称されたが、現在では一般的に、前者が「上京城」、後者が「八連城」の名で知られる。

遺物の再整理を通して瓦磚の製作技法の研究が進み、近年では3次元計測データを基にした同笵瓦の認定など、新しい手法を用いた研究も実を結びつつある。　　　　　　　（中村亜希子）

参考文献 References
東亞考古學會（編）（1939）『東京城：渤海國上京龍泉府址の發掘調査』東亞考古學會.
田村晃一（編）（2005）『東アジアの都城と渤海』東洋文庫論叢 第64、東洋文庫.

前頁左の作品は、馬上の人物の手元に小孔が開けられていることから、吊り下げて用いた装身具と考えられる。東亜考古学会による上京城遺跡調査時に、現地の住民から購入した。馬は鞍や障泥をつけ、口や蹄の表現が巧みである。尾部は欠損する。馬に跨る人物は、裾を絞った長ズボンに短い上衣を纏う。頭髪は特徴的な形に表現するが、髷あるいは帽子であろうか。鋳造品であり中空。類例が少なく、貴重な資料である。右も同様、装飾品として用いられた青銅製騎馬人物像の一部と考えられるが、扁平かつ作りが粗雑である。馬上の人物はわずかに胴部の表現のみを残し、その上部側面には紐を通すための小孔が穿たれる。本作品も上京城遺跡付近での購入品。

上京遺跡宮殿址前で出土した建築部材の石獅子（東亞考古學會 1939 より）
Stone lions excavated in front of remains of Bohai palace

東亜考古学会による上京遺跡の発掘風景（東亞考古學會 1939 より）
Excavation of Shangjin site by Far Eastern Archaeological Society

上京遺跡内に現存する渤海時代の石灯籠（東亞考古學會 1939 より）
Bohai period stone lantern, Shangjin site

渤海国は仏教を重んじており、814 年には唐に金製及び銀製の仏像を献じたという記録が残る（『冊府元亀』巻 972）。上京や中京、東京などの都城をはじめ、ロシア沿海地方でも寺址が発見されており、銅、石、土など様々な素材の仏像が出土した。展示品は上京郭城内の村で住民から購入したもの。鋳造による青銅の観音菩薩立像で、全体に鍍金を施す。頭には宝冠をかぶり、冠帯を肩に垂らす。首飾りや腕輪、瓔珞などで飾り、左手に浄瓶を持つ。芯を刺すため、中空になっている。光背部分は欠損。

金銅仏。中国黒竜江省、渤海、高さ 9.4cm（報 110-1）
Gilt bronze figure of Buddha, Heilongjiang Province, China, 698-926, H: 9.4 cm (報 110-1)

大理石製。獣足の表現は、渤海では三足を底部に付した三彩香炉に、また同時代の唐や朝鮮半島、日本などでも香炉や硯に多く認められる。本展示品も容器に付した三足のひとつだろう。三彩香炉の獣足と同様に、獣頭の口から獣足が伸びるように表現する。発掘による出土品ではなく、現地の住民から購入したものである。なお、獣足を付した石製容器は、渤海では現在のところ本例しか知られていない。

石製獣形器足。中国黒竜江省、渤海、長さ 9cm（c-1062）
Stone cabriole leg with animal mask, Heilongjiang Province, China, 698-926, L: 9 cm (c-1062)

ハート形の複弁蓮華紋は渤海の瓦当紋様として特徴的なものであり、上京に遷都した 8 世紀半ばから渤海の滅亡する 10 世紀初頭まで用いられた。上京遷都当時の瓦当紋様は蓮弁がなだらかにふっくらと膨らみ、蓮弁間に紡錘形の間弁を配するが、時代が下るにつれて蓮弁は線的な表現となり、蓮子は円環外に移動後消滅、間弁は十字形へと変わる。その末期の特徴を示す瓦が契丹の 10 世紀前半の遺跡でも出土しており、国の滅亡に伴い契丹に移住させられた渤海の瓦工人の足跡を辿ることができる。

蓮華紋瓦当。中国黒竜江省、渤海、径 15.5cm（右）（左から G150, C879, C873）
Roof end tiles with lotus flower design, Heilongjiang Province, China, D: 15.5 cm (right) (from left: G150, C879, C873)

屋根の棟先端を飾る瓦。眼球や鼻、牙や歯、鬘を立体的に配し、その形態は他国では類を見ない。赤色の粗い胎土表面に白化粧を施し、緑釉を中心に、部位によって黒や褐色などの釉薬を塗り分ける三彩製品。大棟の両端を飾る鴟尾や、棟の上に積む熨斗瓦とともに、建物の屋根を緑色に縁取った。上京をはじめとする渤海都城の宮殿や官衙、寺院、門址で普遍的に出土しており、渤海の建築における鉛釉陶製建築部材の使用率は、同時期の東アジア各国の中で群を抜いていたことを物語る。
　　　　　　　　　　　　　　　（中村亜希子）

三彩鬼瓦、中国黒竜江省、渤海、幅 43.0cm、高さ 34.0cm
Three-color glazed ridge-end tile, Heilongjiang Province, China, W: 43.0 cm, H: 34.0 cm

Bohai (or Balhae; 渤海) is an ancient kingdom that was located in the area of today's Northeast China, the southern part of the Russian Maritime Province and the northern part of the Korean Peninsula, dating from AD 698 to 926. It is known that the Bohai Kingdom was a multiethnic nation and its majorities were Suomo-Mohe (粟末靺鞨) and descendants of Gaojuli (or Goguryeo; 高句麗). As Bohai didn't leave its own historical documents, studies of its history are mainly based on the foreign historical records such as "Jiu-Tang-Shu" (旧唐書) and "Xin-Tang-Shu" (新唐書).

The Bohai Kingdom adopted the multi-capital system, and had five capitals at the peak of its prosperity. Among the five capital cities of Bohai, the sites of the northern capital (上京), central capital (中京) and eastern capital (東京) have been excavated intermittently from the early twentieth century to the present. At the beginning of the researches, many Japanese researchers participated in the excavations and started to study the capital system of the Bohai Kingdom. These studies have stressed the continuity from the Gaojuli culture to the Bohai culture, as well as the similarity with other East Asian cities such as Chang'an (長安) of the Tang dynasty or Heijyo-kyo (平城京) and Heian-kyo (平安京) in Japan. The Bohai collection in this museum was mainly brought from the Shangjin (上京, northern capital) site by The Far Eastern Archaeological Society (東亜考古学会) in 1933 and 1934, which was conducted by Professors Yoshito Harada (原田淑人) and Kazuchika Komai (駒井和愛) of the University of Tokyo.

After the end of the World War II, some important relics such as the stone Buddhas and Sancai (三彩、three-color glazed pottery) were returned to the Republic of China and People's Republic of China. However, many Bohai relics, especially tiles and stone building components have been left in the Museums and the Department of Archaeology. Studies on these artefacts have been continued up to th present, especially focusing on their production technique by applying new research method such as three-dimensional scanning.
　　　　　　　　　　　　　　　(*Akiko Nakamura*)

1935年、江上波夫は、モンゴル高原のオロンスム（多くの廟）と呼ばれる都城跡を訪れた。1930年に黄文弼が元代の石碑「王傅徳風堂碑」の存在を報告し、1934年にオーウェン=ラティモアが「内モンゴルのネストリアンの都市」として紹介した場所である。江上は、ここをモンゴル帝国－元朝時代に有力だったオングトの本拠地と考定した。オングトは、チンギス=カンの建国（1206年）に協力した部族で、その王家は皇帝の娘を嫁とする「駙馬」の家柄であった。ネストリウス派キリスト教徒であり、一時カソリックに改宗している。江上はこの遺跡を調査する重要性を説き1939年と1941年に測量と試掘を行ったが、戦争のため本調査はかなわず、戦後の混乱の中で図面のほとんどは失われ、遺物の一部は行方知れずとなった。東京大学総合研究博物館所蔵のオロンスム出土・採集資料は、このような状況を経て今に伝えられた。

　建物の装飾と思われる瓦器に表された龍の横顔は、牙こそ剝いているものの、大きな丸い目、膨らんだ頬、上向きの鼻面などの表現が、ユーモラスで愛らしい。装飾瓦器をはじめオロンスムの出土資料にはモンゴル帝国の首都であったカラコルム出土資料と比較されるものが多く、オロンスムが首都に匹敵する壮麗な建物を備えた都城であったことをうかがわせる。

　1368年、元は明によって北方へ追われオロンスムも炎上した。16世紀、アルタン・ハン（1507-1581）がこの地を勢力下に置く。チベット仏教が導入され、多くの寺院が建てられた。オロンスム出土モンゴル語文書は、仏塔下のネズミの巣から取り出されたもので、仏典の断片が多い。泥の塊にしか見えないものもあったが、ほぐしたところ文書が現れ、文字史料の少ないモンゴルにあって16世紀から17世紀のモンゴル語と当時のこの地域の様子を伝える貴重な文献であることが明らかになった。江上の要請で服部四郎が一部を翻訳、その後ワルター・ハイシッヒがこの文書を集成した大著を刊行した。

（畠山　禎）

F6 内蒙古、オロンスム都城
Olon Süme, a powerful city of the Yuan period in Inner Mongolia

竜頭形装瓦器、長さ29.6cm
（10253）
Architectural ornament, decorated in the shape of a dragon head, L: 29.6 cm
（10253）

モンゴル語文書、オロンスム、16〜17世紀、幅29.6cm（上段）（EG04.11.1, 14, 12）
Mongolian fragmentary documents, Olon Süme, 16–17c (EG04.11.1, 14, 12)

ネストリウス派教会址でみつかった墓碑、オロンスム、13〜14世紀（江上2000より）
Tombstone, Olon Süme, 13–14c (Egami 2000)

Olon Süme was known as a Yuan dynasty walled city site by Huang Wenbi's report. Meanwhile, Owen Lattimore described it as a ruined Nestorian city.

In 1935, Namio Egami visited Olon Süme and inferred that it was the royal capital of the Önggüt, a powerful tribe of the Mongol empire and the Yuan dynasty, and that its royalty were followers of the Nestorian Christian faith. In 1939 and 1941, Egami carried out a preliminary survey and planned a full-scale expedition. However, this was abandoned because of the Pacific war. Some artifacts were lost as well as almost all documents and drawings prepared from surveys during the unstable period after the war. The collection at the museum from Olon Süme survived this severe period.

The architectural ornament on display is shaped like a dragon head. Artifacts from Olon Süme, including architectural ornaments like this, are reminiscent of artifacts from Kharakorum, capital of the Mongol Empire.

In 1368, Olon Süme was destroyed during the collapse of the Yuan dynasty. In the sixteenth century during the reign of Altan Qaghan, Buddhist monasteries were built at Olon Süme. Many Mongolian documents from Olon Süme were sutra fragments. They reflect the Mongolian language of the sixteenth and seventeenth centuries and the state of Olon Süme in the period.

(Tei Hatakeyama)

参考文献 References

江上波夫（1967）「元代オングト部の王府址「オロン・スム」の調査」『アジア文化史研究　論考編』江上波夫：265-302、東京大学東洋文化研究所.

江上波夫（2000）『モンゴル帝国とキリスト教』サンパウロ.

江上波夫・三宅俊成（1981）『オロン・スムⅠ　元代オングート部族の都城址と瓦塼』開明書院.

ハイシッヒ（田中克彦訳）（2000）『モンゴルの歴史と文化』岩波文庫、岩波書店.

服部四郎（1940）「オロンスム出土の蒙古語文書について」『東方学報』11(2): 257-278.

余遜・容媛（編）（1930）「民国十八、十九年国内学術界消息　6　西北科学考査団之工作及其重要発見」『燕京学報』1930(8): 1609-1614.

横浜ユーラシア文化館（編）（2003）『オロンスムーモンゴル帝国のキリスト教遺跡』横浜ユーラシア文化館.

Heissig, W. (1976) *Die mongolischen Handschriften-Reste aus Olon süme Innere Mongolei (16.-17. Jhdt.). Asiatische Forschungen*, Band 46, Wiesbaden: Otto Harrassowitz.

Lattimore, O. (1934) A Ruined Nestorian City in Inner Mongolia. *Geographical Journal* 84(6): 481-497.

Киселев, С.В., Евтюхова, Л.А., Кызласов, Л.Р., Мерперт, Н.Я. и Левашова В.П. (1965) Древнемонгольские города, Москва.

エクスペディションとクロノスフィア
Expedition + chronosphere

4

イラク、サラサート遺跡。
1957年（撮影：三枝朝四郎）
Excavations of Telul-eth
Thalathat II, Iraq, 1957
(Photo: Asashiro Saegusa)

4-1

海外学術調査
Scientific expeditions and
the University Museum

情報技術の急速な進展は地球規模で知識の共有化を実現しつつある。同時に、ヒトやモノの遠隔交流の進展ぶりも著しい。そんな現代社会において研究者の関心、研究テーマが拡がりを見せないわけがない。身近に得られる証拠だけでは解決できない課題に挑むための研究手段の一つが、海外学術調査である。宇宙へのエクスペディションもが進む昨今、実地調査のフィールドを国内、国外で区別することなど意味のないことにもうつろうが、研究目的も手順もずいぶんちがうことは今もかわらない。その歩みや行く末を見つめることは野外科学をさらに育成していくうえで欠かせない。一次情報を入手すべくフィールドワークが欠かせない標本研究者が集う総合研究博物館においてはなおさらである。

歴史を振り返れば、本学では創立間もない19世紀末から海外での野外調査をさかんにおこなっている。最初期の野外調査は、お雇い外国人に代わる日本人教授候補者が欧米に留学する途次に各地を巡検し、知見を記録したというものが多い。あるいは、開国間もない明治日本にとって近隣諸国の自然その他の諸事情を知るための事業であったかも知れない。初期の海外調査の多くは、国外に出て、その目で日本を見ることが主たる目的とされていたようにみえる。

研究の関心が一気に変貌するのは第二次大戦後である。1950年代から復活した海外調査は学術の目的を大きく変えた。最初に組織されたのは1956年から57年にかけて実施されたイラク・イラン遺跡調査団である（東洋文化研究所）。ついで、1958年にはアンデス学術調査団（教養学部）がペルー、ボリビアなど南米に出かけ、さらに、1960年には植物調査団（理学部）がヒマラヤへ、1961年には洪積世人類遺跡調査団（理学部）が化石人骨調査にレヴァント地方へでかけている。イラク・イラン調査団がかかげた目的は文明の起源の研究。アンデス調査団も同様であり、人類遺跡調査団はヒトの進化。ヒマラヤ植物調査は当初は比較研究による日本植物相の起源を探ることを掲げていたが、やがては植物の高地適応という、より一般的な課題にテーマを変更している。国の内と外、あるいは日本中心の論点がよりグローバル、越境的になったことを反映していよう。海外調査がその数の補足も困難なほど増加した現在においても、その傾向は顕著に続いている。

総合研究博物館は、半世紀以上も続く上記四大調査をはじめとした、東京大学における海

西秋良宏
Yoshihiro Nishiaki

外学術チームが拠点をおく一大基地である。同時に、世界各地から集められたありとあらゆる分野の学術標本を蓄積、活用するための拠点としての役割もはたしている。初期の調査が総合調査として企画されたことは、収集標本の種別を著しく豊かなものにすることに貢献した点でたいへん意義深い。自然史、文化史問わず標本の多国間移動が制限されつつある現在、その巨大コレクションには二度と集積不可能な標本群が多々ふくまれている。多面的、融合的、越境的、さらに斬新な研究関心に応えうるデータバンクとして、それらコレクションを活用し、同時に成長させ維持、発展させる重要な責務を総合研究博物館は担っている。

Overseas scientific expeditions investigate issues that cannot be solved with evidence from the Japanese archipelagos alone. The UMUT has served as a major base for the organization of such research projects at the University of Tokyo. Among numerous expeditions covering diverse research disciplines, the exhibition features three long-term expeditions that started after World War II. The first is the Iraq-Iran Archaeological Expedition (1956–), which targeted investigating the origins of ancient civilizations in Mesopotamia, with a special focus on the development of early farming societies as a foundation for civilizations. The second is the Scientific Expedition to Nuclear America (1958–), which also aimed to document the origins of ancient civilizations, but from a different field – the Andes Mountains of Peru. The third expedition on display is the Scientific Expedition to West Asia (1961–). Its research objective has been the investigation of human evolution using fossil evidence, in which a series of Neanderthal remains have been discovered in the Levant.

The important contributions of these expeditions, which are still in progress, are not limited to each research field. They significantly enlarged the research scope of Japanese academia post-World War II, which was previously rather limited to East Asia. They also contributed to building a substantial research collection at the University Museum. As such expeditions consisted of numerous scientists from various disciplines, the unique collections available in Japan for original research benefited from multi-disciplinary perspectives.

参考文献 References
西秋良宏（1997）「エクスペディシオンと研究の越境」『精神のエクスペディシオン』：384-391、東京大学出版会。

先にも述べたように、西アジアにおける考古学調査は東京大学が戦後最初に組織した大型海外学術調査であった。以来、半世紀以上もの間、代々の後継教員を中心にした息の長い野外調査が続けられている。大きな研究テーマの一つは文明の起源である。文明の基盤は都市社会にあり、その基盤は食料生産にあろうとの認識のもと、狩猟採集社会から食料を生産する農耕牧畜社会への転換、そしてその発展に関する研究を続けてきた。

　主たる調査地は、世界最古の文明が発祥した地、メソポタミアとその周辺である。最初に着手されたイラン南部のマルヴダシュト遺跡群の調査は1956年から1965年まで（代表：江上波夫）、イラクのサラサート遺跡群の調査は1956年から1976年まで続いた（代表：江上波夫、後に深井晋司）。イラン革命、イラク・イラン戦争など政情不安が続いた両国から1980年代以降は調査地がシリアに切り替わった。1987、1988両年にはカシュカショク遺跡（代表：松谷敏雄）、1994年から1997年にはコサック・シャマリ遺跡が調査された（代表：松谷敏雄、後に西秋良宏）。2000年から2010年までは、セクル・アル・アヘイマル遺跡における調査が続いた（代表：西秋良宏）。さらに近年では調査対象地域もひろがり、2008年以降、西アジアの北縁、アゼルバイジャン国においていくつかの初期農耕遺跡が発掘されている（代表：西秋良宏）。

　これらの遺跡はいずれも初期農耕時代、すなわち新石器時代の集落遺跡である。年代的には紀元前8千年紀以降にあたる。西アジア地域における農耕牧畜の開始は前10千年紀にも遡る。なぜ、その時代の遺跡を調べないのかと思われるかも知れないが、農耕社会の発展とは数千年をかけた長いプロセスであって、その間にいくつもの画期が認められる。前8千年紀や7千年紀も大きな転換点の一つであり、徹底的な研究を向ける価値ある時代なのである。

　前8千年紀には農耕村落が起源地の山麓地帯からメソポタミア平原部に拡散する。そして、前7千年紀末には、アゼルバイジャンあるいはヨーロッパなど、西アジアを超えてその生活様

G1 西アジア原始農村調査

Expeditions to early farming villages in Upper Mesopotamia and beyond

シリア、コサック・シャマリ遺跡で見つかった土器工房、前5000年頃。倉庫に収められていた土器片が手前に見える（撮影：西秋良宏）
A potter's workshop of the Ubaid period, Tell Kosak Shamali, Syria. ca. 7000 BP (Photo: Yoshihiro Nishiaki)

式が拡がった。そうした拡散の引き金をひいたのが何なのか。これまでの東京大学の原始農村調査は、それを探し求める研究遍歴であったと整理できるかも知れない。最終的な回答を提示できるにはなお時間がかかろうが、前8千年紀の拡散には、その頃達成された家畜技術の確立が背景にあるようである。ヤギ・ヒツジの飼養、乳製品利用技術を完成した集団は乾燥沙漠でも山岳でも、食料を持参できるようになったことを意味する。一方、前7千年紀末の農耕拡散の背景には地球規模の気候悪化があったらしい。8.2kaイベントとよばれる短期的な乾燥寒冷期の到来である。それによって、初期農耕村落が再編され、その後の温暖期に新天地への展開がなされた可能性がある。

今回の展示標本の中心は、1950、60年代に入手されたものである。メソポタミアの原始農村から出土した土器片のほか、古代文明の展開を示すイラン青銅器、鉄器時代遺跡で得られた標本を展示している。

1970年頃から文化財は当該国が保管、活用すべきという方針が国際的に定着しつつある。したがって、それ以降に東京大学にもたらされた発掘品は限られている。例外は現地の文化財保護活動やその普及に資すると当局が判断した場合である。その一つとして、シリアのコサック・シャマリ遺跡調査の遺物があげられる。ユーフラテス川に設けられたダムによる湖で水没する遺跡の救済事業に協力したことから比較的多くの研究標本が分与されている。そこでは、前6千年紀から5千年紀にかけての土器工房が累々と出土した。焼け落ちた土器工房から出土した土器群は壮観であった。こわれていたから接合が必要であったが、新品の土器が全部で200点以上、まとまって出土した。本学に分与されたのは破片群のみで、完形品はシリアで政情不安がおきるまで、国立アレッポ博物館の先史時代室の中央に飾られていた。

（西秋良宏）

破片を接合すると完形土器が200点以上、収納されていたことがわかった（撮影：野久保雅嗣）
Refitting of the sherds from the workshop resulted in a reconstruction of more than 200 complete painted pottery vessels (Photo: Masatsugu Nokubo)

Research into Neolithic villages of western Asia has been one of the major field projects conducted at the University Museum. Starting with excavations in the 1950s at Telul-eth Thalathat, Iraq, and Tall-i Bakun, Iran, the expedition team has investigated numerous early farming settlements in Iraq, Iran, and Syria. Most recently, comparable Neolithic settlements in the southern Caucasus in Azerbaijan have also been subjects of field work.

These sites, although distributed in a large geographic region, represent the late Neolithic rather than the early Neolithic period, which may appear more attractive for investigating the beginning of the food production economy at the early Holocene period. However, the late Neolithic period has also distinct significance in Neolithisation research. In fact, Neolithisation was a long-term process, involving several developmental stages over millennia. One feature characterizing the late Neolithic era is a geographic expansion of the distribution of early farming settlements. Substantial farming settlements appeared in the Mesopotamian plains from the 8th millennium BC, and new settlements were established beyond western Asia from the late 7th millennium BC. Original data collected through intensive fieldwork in different regions allow the University Museum to serve a unique institution and investigate the mechanism of development and expansion of early farming settlements.

(*Yoshihiro Nishiaki*)

参考文献 References

松谷敏雄 (1997)「西アジアにおける学術調査」『精神のエクスペディション』西秋良宏編:102–110、東京大学出版会。

Nishiaki, Y. & Matsutani, T. (eds.) (2001) *Tell Kosak Shamal*, Vol. 1. Oxford: Oxbow Books.

Nishiaki, Y. & Matsutani, T. (eds.) (2003) *Tell Kosak Shamal*, Vol. 2. Oxford: Oxbow Books.

Nishiaki, Y. *et al.* (eds.) (2013) *Neolithic Archaeology in the Khabur Valley, Upper Mesopotamia and Beyond*. Berlin: ex oriente.

Nishiaki, Y. *et al.* (2015) Chronological contexts of the earliest Pottery Neolithic in the Southern Caucasus. *American Journal of Archaeology* 119(3): 279–294.

アゼルバイジャン、ギョイテペの発掘 (撮影:西秋良宏)
Excavation at the Neolithic site of Göytepe, Azerbaijan (Photo: Yoshihiro Nishiaki)

土器は、考古標本の中で最も数の多い資料の一つである。とりわけ破片はつまらぬ土塊にみえるかもしれないが、コレクションとして集積することによって学術的価値は飛躍的に高まる。

ここではまず、東京大学がイラク北部やシリア北部（いわゆる北メソポタミア）の諸遺跡から発掘あるいは採集した土器片を展示する。層位学や型式学といった考古学の古典的手法に加え、放射性炭素年代測定などの理化学的手法により、これらには時系列的順序を与えることができる。その結果に基づき、年代順に土器片を並べてみた。半世紀余りに及ぶ調査・研究によって、後期新石器時代（前6900～5200年頃）の全般をカバーするコレクションが形成されている。

セクル・アル・アヘイマルの土器は、当地最古の土器を約60年ぶりに塗り替える発見であった。続く時期の土器は大きく特徴を異にし、地域によって個性が強い。ところが前7千年紀末になると、地域を超えて華麗な彩文装飾が流行する。では、この間、人びとの暮らしに何が起き、なぜこのような変化が生じたのだろうか。経済を

G2 北メソポタミア先史時代の編年
―蒐集した土器を配列する

Chronology in prehistoric Upper Mesopotamia
― arranging potsherds collected from various sites

前5200年頃 (ca. 5200 BC)
ハラフ土器。イラク、アルパチヤ遺跡採集 (IQ-A4-45, 47, 66)
Halaf potsherds from Tell Arpachiyah, Iraq (IQ-A4-45, 47, 66)

前6000年頃 (ca. 6000 BC)
サマッラ土器。イラク、サマッラ遺跡採集 (IQ-S1-46)
Samarra potsherd from Samarra, Iraq (IQ-S1-46)

ハッスーナ＝サマッラ土器。イラク、ハッスーナ遺跡採集 (IQ-H2-32, 38, 202, 244)
Hassuna-Samarra potsherds from Tell Hassuna, Iraq (IQ-H2-32, 38, 202, 244)

前6200年頃 (ca. 6200 BC)
プレ・ハラフ土器、シリア、コサック・シャマリ遺跡出土（1995年）。(95KSL AG5 9 1 19, 95KSL AF5 19 2 25)
Pre-Halaf potsherds from Tell Kosak Shamali, Syria, excavated in 1995 (95KSL AG5 9 1 19, 95KSL AF5 19 2 25)

プロト・ハッスーナ土器。シリア、カシュカショク遺跡出土（1987, 1988年）。(87KKII-076-2, 88KKII)
Proto-Hassuna potsherds from Tell Kashkashok II, Syria, excavated in 1987/88 (87KKII-076-2, 88KKII)

プロト・ハッスーナ土器。イラク、サラサート遺跡出土（1964年）。(3ThII-1777-1, 3)
Proto-Hassuna potsherds from Telul eth-Thalathat II, Iraq, excavated in 1964 (3ThII-1777-1, 3)

前6500年頃 (ca. 6500 BC)

プレ・プロト・ハッスーナ土器。シリア、セクル・アル・アヘイマル遺跡出土（2000, 2002年）。(SEK00 B3-9 122, SEK02 E7-7 1)
Pre Proto-Hassuna potsherds from Tell Seker al-Aheimar, Syria, excavated in 2000/02 (SEK00 B3-9 122, SEK02 E7-7 1)

前6900年頃 (ca. 6900 BC)

北メソポタミア先史土器編年
Development of the Neolithic pottery in Upper Mesopotamia

支える生業の転換か、社会構造を揺るがした環境変化か、あるいは複合的な要因が考えられるのか。このように、小さな土器片から研究課題が提起されていく。

並んで展示する2点の完形土器は、同じく東京大学によるイラク北部からの発掘品だが、時代は下って前3100〜2550年頃のものである。台付鉢には彩文土器伝統の継続が窺える一方、同じ遺跡から出土した小型の椀は、無文ながらロクロ挽きによる薄手のつくりが美しく、高温で硬く焼き締められた質感も印象的だ。この頃、南メソポタミアには王の君臨する都市文明が築かれていた。北メソポタミアでも大量消費や贅沢品需要に応えて生産活動の効率化が進み、工芸品の多くは専門の職人に委ねられた。これらもそうした経済や社会の変質を反映した作例といえ、先史時代の終焉を物語る。　　（小髙敬寛）

参考文献 References

谷一 尚・松谷敏雄（1981）『東京大学総合研究資料館考古美術（西アジア）部門所属考古学資料目録　第1部　メソポタミア（イラク）』東京大学総合研究資料館標本資料報告第6号、東京大学総合研究資料館．

深井晋司・堀内清治・松谷敏雄（編）（1974）『テル・サラサートIII　第五号丘の発掘　第四シーズン（1965年）』東京大学イラク・イラン遺跡調査団報告書15、東京大学東洋文化研究所．

Pottery is one of the most general artifacts recovered from archaeological sites. Even with tiny potsherds, the collection provides significant information. Potsherds from Upper Mesopotamia are arranged in chronological order; they cover the range of the Late Neolithic period (ca. 7000–5100 BC). Specimens from Tell Seker al-Aheimar were a new discovery from the oldest pottery vessels. Succeeding potsherds demonstrate the diversity depending on the site. Since the late 7th millennium BC, however, elaborate paint decoration flourished across the region. What happened in those days? Why did pottery change in such way? Thus, new research topics are introduced.

Two nearly complete vessels dated 3100–2550 BC, were recovered from Upper Mesopotamia as well. A pedestal bowl demonstrates a long-established painted pottery tradition, while the advanced skill of the specialized potter is suggested by a plain wheel-made cup with a hardly-fired thin wall from the same site. It indicates the final stage of the prehistoric era; the influence of urban societies was imminent, which was already established in Lower Mesopotamia.

(Takahiro Odaka)

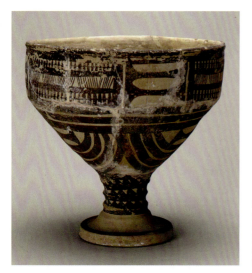

ニネヴェ5期土器。イラク、サラサート遺跡出土（1965年）、前3100〜2550年頃、高さ:24.2cm（左）、6.4cm（右）（4ThV.P25 & 4ThV.P51）
Ninevite 5 pottery from Telul eth-Thalathat V, Iraq, excavated in 1965, ca. 3100-2550 BC, H: 24.2 cm (left), 6.4 cm (right) (4ThV.P25 & 4ThV.P51)

カスピ海南西岸デーラマン地方を含むイラン北部の山岳地帯は、貴金属製品や特異な考古遺物を産する地域として早くから注目されていたが (Samadi 1959; Schaeffer 1948)、これらの多くは学術調査で得られたものではなかった。1959年春先、テヘランの古物市場に流入したイラン北部アムラシュ由来とされる古物から、正倉院蔵白瑠璃碗類品が見出されるに及び、東西交渉史上の重要性を認めた東京大学は、出土地とされるデーラマン地方の5遺跡の調査を行った。1960年と64年の二回にわたる調査の詳細が、4冊の大著にまとめられた結果 (江上・深井・増田編 1965; 江上・深井・増田編 1966; 曽野・深井編 1968; 深井・池田編 1971)、イラン北部がはじめて考古学の研究対象となり得たのであり、調査から半世紀が経過した今日においてもその重要性は失われていない。

　以後、調査成果に基づいた土器の編年観が示され (三宅 1976)、欧米の研究者による同地域の編年研究も進められたが (Haerlinck 1988)、同地の鉄器時代、パルティア・サーサーン朝時代の編年の枠組みには問題が少なくなかった。該期の土器は地域性が強く他地域との比較が困難な上、編年は墓地遺跡からの出土遺物による型式学的な比較検討のみで構築されており、層位的な裏付けを持たなかったからである。より広範に分布するガラス製品を含めた比較検討も進められてきたが (谷一 1997 など)、古物市場を介した博物館資料と数少ない発掘品の関係は如何ともしがたく、文化の総体把握が困難な状態が続いてきた。

　近年、考古学と分析化学の共同研究が進展したことで、デーラマン出土資料と出自不明の博物館資料を同一の地平で議論する下地が出来上がりつつある。まず、ガレクティ2号丘4号墓出土品を含むバイメタル剣は、大型放射光施設SPring-8 (兵庫県佐用町) において、高エネルギーX線透過画像撮影が行われた結果、従来の見解とは異なった製作技法が用いられていることが判明した。また、類品の蛍光X線分析によって、ハッサニ・マハレ7号墓出土突起装飾ガラス碗は初期サーサーン・ガラスと判断され、デー

G3 デーラマン、考古科学と東西交渉史

Dailaman, northern Iran
– archaeometry documenting ancient technology and trade

触角状突起付青銅剣。ガレクティ1号丘6号墓 (E区)、鉄器時代 I 期、長さ51cm (GHAI-T6-7)
Bronze Sword with Feeler-like Projections, Iron Age I. Tomb 6 of Ghalekuti I, Iran, L: 51 cm (GHAI-T6-7)

ラマン地方のパルティア式土器は3世紀中葉〜後半まで継続していたことが明らかとなった（四角 2014）。同地の発掘調査が停滞する中、デーラマン資料の学際研究は、文化の総体把握や周辺地域との交易関係を知る手がかりを与えてくれる。

（四角隆二）

前頁写真は、青銅器時代末から鉄器時代初期にかけて、カスピ海南西岸域とトランスコーカサス地域に限定されて分布する剣。カスピ海南西岸域では古式のものと新式のもの双方が出土しているが、デーラマン地域では、葬送慣習にトランスコーカサス方面の要素が認められる特定の墓からのみ、類例が出土する。本資料は、カスピ海南西岸域が青銅器時代から、継続的により北方の地域と文化圏を共有していた可能性を示しており、鉄器時代移行期の様相を知る上で重要な資料である。

From the early 20th century, archaeologists focused attention on the mountainous area of northern Iran, including the Dailaman basin in the south-western Caspian Sea, as the region yields antiques of precious metals or unique forms. Prior to a Japanese expedition to Dailaman in 1960 and 1964, most of these were antiques and not archaeological remains. The expedition excavated five archaeological sites, and revealed material culture of the early Iron Age and the Partho-Sasanian period. Four volumes of the detailed report have not lost importance even today, although half a century has elapsed since the expedition.

At first, an attempt was made to establish a chronological framework of Dailaman and the surrounding region. However, as the pottery of the period is extremely local, and the chronology related only to grave material, it has no stratigraphic evidence. Some attempted to make a comparative study with widely distributed imported material, such as bronze, iron, or glass, however the situation is almost same.

In recent years, it appears that, based on interdisciplinary research between archaeologist and analytical chemist, there was a lack of archaeological information regarding Dailaman materials and museum pieces. The high-energy X-ray graphic study of bi-metalic swords, including that from Ghalekuti II revealed previously unknown production techniques. The X-ray fluorescence analysis of glass revealed the rise and fall of the glass industry in late antiquity of western Asia, as well as trade between the Dailaman region and the surrounding area.

(*Ryuji Shikaku*)

参考文献 References

江上波夫・深井晋司・増田精一（編）(1965)『デーラマン I ガレクティ、ラルスカンの発掘 一九六〇』東京大学東洋文化研究所.

江上波夫・深井晋司・増田精一（編）(1966)『デーラマン II ノールズ・マハレ、ホラムルードの発掘 一九六四』東京大学東洋文化研究所.

曽野寿彦・深井晋司（編）(1968)『デーラマン III ハッサニ・マハレ、ガレクティの発掘 一九六四』東京大学東洋文化研究所.

四角隆二 (2014)「岡山市立オリエント美術館所属突起装飾ガラスをめぐる考察」『岡山市立オリエント美術館研究紀要』28: 1–11.

谷一 尚 (1997)「ハッサニマハレ、ガレクティ編年の再整理と発掘の意義」『東京大学創立百二十周年記念東京大学展 第二部 精神のエクスペディシオン』西秋良宏編: 150–156、東京大学出版会.

深井晋司・池田次郎（編）(1971)『デーラマン IV ガレクティ第 I 号丘、第 II 号丘の発掘 一九六四』東京大学東洋文化研究所.

三宅俊成 (1976)「デーラマン古墓出土の土器の考察」『江上波夫教授古稀記念論集 考古・美術篇』: 297–329、山川出版社.

Samadi, H. (1959b) *Les decouvertes fortuites Klardasht, Garmabak, Emam et Tomadjan*. Tehran: Musee National de Tehran.

Schaeffer, C. F. A. (1948) *Stratigraphie compree et chronologie de l'Asie occidental*. London: Oxford University Press.

Haerinck, E. (1989) The Achemenid (Iron Age IV) period in Gilan, Iran. In: De Meyer, L. & Haerinck, E. (eds.) *Archaeologia Iranica et Orientalis. Miscellanea in Honorem Louis Vanden Berghe*, pp. 455–474. Gent: Peeters Press.

イラン北部の山岳地帯における、鉄器時代の開始は前15世紀半ばに設定されている。ただし、実際に鉄製利器が出現するのは前12世紀頃で、青銅柄鉄剣の出現を画期とする。剣全体が鉄製となるのは前8世紀以降のことである。下の資料は剣身と柄頭は別作りで、出土時には剣身から伸びる細い茎（なかご）と、刃基部の責め金具の周囲に木質痕が検出されたことから、本作には木製の柄が取り付けられていたことが分かる。

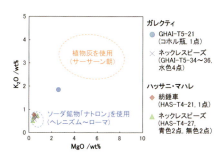

ソーダ石灰ガラスの融剤推定
Trace element analysis of soda-lime-silica glass

鉄剣。ガレクティ C1号墓 - 上層、鉄器時代 III 期、長さ 39cm（GHAI-TC1-Upper）
Iron Dagger, Iron Age III. Ghalekuti Tomb C-1 Upper layer, Iran, L: 39 cm (GHAI-TC1-Upper)

淡緑色透明ガラスを、ロッド技法によって成形した壺。類例は、イラン北部からトランスコーカサス地方を中心に分布し、南はニムルド遺跡（イラク）からの出土が知られている。非破壊蛍光X線分析分析の結果、植物灰ガラス組成（融剤として植物灰を用いたガラス。前1千年紀後半では、ユーフラテス以東に特徴的）と判断された。また、消色剤として機能するアンチモン Sb やマンガン Mn は検出されず、一般的なアケメネス朝期の無色透明ガラスとは異なる起源の素材ガラスが用いられていたことが判明した。

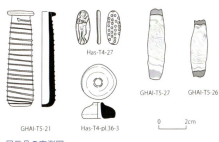

展示品の実測図
Drawing of the glass objects on exhibition

やや赤みのある暗褐色の筒状ガラスの端部に黄色ガラス、胴部に白ガラスを巻き付けた本作は、両端に貴金属製のターミナルをもつ、半貴石製垂飾をガラスで模したものである。白色部分は金属棒で引っ掻くことで、自然石特有の縞文様を再現している。非破壊蛍光X線分析の

筒状コホル瓶。ガレクティ1号丘5号墓、鉄器時代 IV 期、長さ 6.8cm（GHAI-T5-21）
Kohl Tube, Iron Age IV. Tomb 5 of Galekuti I, Iran, L: 6.8 cm (GHAI-T5-21)

縞文様ビーズ。ガレクティ1号丘5号墓、鉄器時代 IV 期、長さ 4.0cm（左）、4.9cm（右）(左：GHAI-T5-26、右：GHAI-T5-27)
Glass beads, Iron Age IV. Tomb 5 of Galekuti I, Iran, L: 4.0 cm (left), 4.9 cm (right) (Left: GHAI-T5-26, Right: GHAI-T5-27)

結果、黄色部分はアンチモン酸鉛 $Pb_2Sb_2O_7$ による黄濁、白色部分はアンチモン酸カルシウム $Ca_2Sb_2O_7$ による白濁と判断された。該期の着色剤として一般的な二色に対し、暗褐色部分からは顕著な量の鉄 Fe が検出された。これは、該期のイラン北部由来ガラスに特徴的な組成傾向である。

金属棒に取った色ガラスに、異なる色調の溶解ガラスを連続して貼付けることにより、同心円状の文様を作り出したガラス・ビーズを重層貼目珠という。非破壊蛍光 X 線分析の結果、これらは地中海周辺地域に一般的な、ナトロン・ガラス組成であると判断された。同墓出土の筒状コホル瓶（GHAI-T5-21）、縞文様ビーズ（GHAI-T5-26）とは異なる起源の素材ガラスが用いられていることは興味深い。同墓には、エジプト末期王朝時代のウジャト形護符が副葬されていた事実と合わせ、該期のカスピ海南西岸を舞台とした、活発な交易活動を窺うことが出来る。

重層貼目珠。ガレクティ I 号丘 5 号墓、鉄器時代 IV 期、長さ 98cm（GHAI-T5-45）
Glass beads, Iron Age IV. Tomb 5 of Galekuti I, Iran, L: 98 cm (GHAI-T5-45)

ハッサニ・マハレ 4 号墓では、女性と考えられる被葬者の傍らで、貴石製やガラス製のビーズが集中して出土した。ガラス・ビーズは表面が風化していたが、非破壊蛍光 X 線分析の結果、多くは地中海周辺地域に分布するナトロン・ガラス（エジプト産の天然鉱物ナトロンを融剤として用いる）と判断された。一方、型押しレリーフ装飾ビーズの折損部分を分析したところ、消色材として機能するマンガン Mn を検出したが、風化が著し

く、ソーダ源を判断するには至らなかった。さらに、断面からは金 Au を検出したことから、本作は、2 層のガラスに金箔を挟み込んだ金層ビーズを型押しレリーフ装飾とした豪華なビーズであることが、化学的に確認された。

ビーズ。ハッサニ・マハレ 4 号墓、パルティア（1〜3 世紀）、長さ 46cm（HAS-T4-27）
Glass beads, Parthian period. Tomb 4 of Hassani mahale, Iran, L: 46 cm (HAS-T4-27)

中央に設けられた穴に差し込んだ細長い棒を中心に回転させながら、繊維に撚りをかける紡錘車は、女性の墓から出土する例が多い。本資料は金属棒に溶解した紺色ガラスを巻き取ったもので、金属棒を抜き取ったときの痕跡が観察出来る。非破壊蛍光 X 線分析の結果、ハッサニ・マハレ出土ガラス製紡錘車はすべて、ナトロン・ガラス組成と判断された。該期の東地中海周辺地域に一般的な、ガラス組成と分析結果は、類品が紀元前後の東地中海周辺地域で広範に分布する事実と矛盾しない。

（四角隆二）

ガラス製紡錘車。ハッサニ・マハレ 4 号墓、パルティア（1〜3 世紀）、直径 2.4cm（HAS-T4-21）
Glass spindle whorl, Parthian period. Tomb 4 of Hassani mahale, Iran, D: 2.4 cm (HAS-T4-21)

文化人類学教室の石田英一郎と泉 靖一が立ち上げたアンデス調査は、江上波夫らの西アジア調査と呼応し、文明の起源の解明というテーマを共有していた。また初期の調査団には人文地理学の小堀 巌など、環境分野の専門家が参加し、アンデス地域の環境史研究を平行して進めた点も特徴である。コトシュ遺跡の発掘が大きな成果を挙げたあと、継続的に実施されるのは考古学調査だけとなったが、人骨・獣骨・鉱物などを分析する日本人研究者と連携し、学際的に調査団を組織する方針は今も続いている。文明の起源の解明は一貫して中心的テーマであり、形成期の神殿遺跡の多いペルー北部山地が主要なフィールドである。しかし1990年代にクントゥル・ワシ遺跡の調査に学生が多数参加し、21世紀に入って彼らが海岸部や南部でも活動するようになり、また形成期より後の諸文化を専攻する者も増えた。日本人研究者は互いにゆるやかに結びつき、アンデス考古学界における一大勢力となっている。

東京大学では現在、本館の鶴見英成がペルー北部ヘケテペケ川中流域を拠点に調査を重ねている。テーマは文明の起源の解明で、コトシュ以来の本学の伝統的なスタンスだが、新たな視点も取り入れられており、それを象徴するのが岩絵の研究である。自然岩に図形を施した岩絵はしばしば人里離れた荒野で発見され、短期的な土地利用、つまり旅行者の逗留や信仰の場と考えられる。神殿の登場は定住村落の成立と連動する現象であるが、神殿の周辺につかず離れずの距離をおいて同時代の岩絵がしばしば発見されることは、注目されてこなかった。単一の図像としてはペルー最大のペトログリフ（線刻岩絵）である「フェリーノ」は、胴体に猛禽を納めたネコ科動物（フェリーノ）の図で、美術様式的には土器に先立つ時代の特徴を見せる。ヘケテペケ川流域での神殿の成立は土器の導入以降と考えられていたが、2009年からの調査により、フェリーノから1.6kmほど離れたモスキートZなど、土器を伴わない神殿群が続々と発見された。ヘケテペケ川流域におそらく最初にできた神殿に、岩絵が伴うのはなぜか。今では失われているが、アンデス山中にかつて遠隔地を結ぶ交通網が展開しており、神殿の立地条件の一端となってい

G4 アンデス文明の起源を求めて

In search for the origin of Andean Civilization

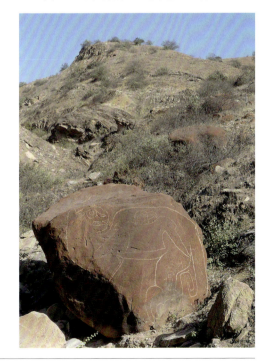

ペトログリフ「フェリーノ」。ペルー、カハマルカ州、モスキート遺跡
Petroglyph "Felino". Mosquito site, Cajamarca region, Peru

たのではないか。想定されるルート上を踏査すると、実際に形成期の神殿遺跡や岩絵を多数発見できることもわかり、アンデス文明の知られざる特徴が明らかになりつつある。なお今日の研究状況に照らして知見をアップデートすべく、2015年よりコトシュ遺跡の再調査にも着手した。

経済格差のもたらす諸問題、横行する盗掘や遺跡破壊など、調査を困難にする要因は少なくない。しかしペルーでは学位や現場経験などの条件を満たせば、外国人であっても資格を得て、各自の関心に応じて調査できる点が大きな魅力である。そして何より調査者の足取りを軽くするのは、いつしか胸中に生まれた、アンデスの自然と文化への敬愛の念である。　　　　（鶴見英成）

ペトログリフ「フェリーノ」をトレースする筆者、2009年
Tracing the petroglyph "Felino", Mosquito site, 2009

モスキートZ神殿の発掘現場での現地説明会、2014年
Local briefing session at Mosquito Z Temple, 2014

小堀 巌によるアンデス各地採集の地学サンプルの一部、ペルー・ボリビアの砂（2369.8 ほか）
Geological samples from the Andean region, collected by Iwao Kobori (2369.8 etc.)

Cultural anthropologists Eiichiro Ishida and Seiichi Izumi organized the first expedition to the Andes for the purpose of elucidating the origin of the Andean civilization. Specialists on environmental studies, such as human geographer Iwao Kobori, were among the members who carried out researches on environmental history of the Andes. Japanese archaeologists concentrated their research in the northern Peru as it is the heartland of Formative ceremonial center sites. In recent years the number of archaeologists has increased and some of them have begun to investigate other regions and later periods than the Formative period.

At present, the University of Tokyo is investigating the Formative sites from a new viewpoint; that is about the role of network of interregional route in the emergence of ceremonial centers. Because of their isolated locations rock art sites are considered to be the place for temporal activities such as camping and rituals by travelers. However, it is noteworthy that some Formative rock art sites are detected nearby ceremonial center sites of the same period. In the case of the Jequetepeque valley, a temple named Mosquito Z which is referred as the first ceremonial center in the valley is accompanied by a huge petroglyph "Felino". The University of Tokyo also started a new project to reexamine Kotosh in the light of the latest studies on the earliest ceremonial centers.

(Eisei Tsurumi)

参考文献 References

大貫良夫（2010）「アンデス文明形成期研究の五〇年」『古代アンデス 神殿から始まる文明』大貫良夫・加藤泰建・関雄二編：55–103、朝日新聞出版。

鶴見英成（2014）「北部ペルー踏査続報－ワンカイ、ワラダイ、ラクラマルカ谷からの新知見」『古代アメリカ』17: 101–117。

西野嘉章・鶴見英成（編）（2015）『黄金郷を彷徨う－アンデス考古学の半世紀』東京大学出版会。

Tsurumi, E. & Morales, C. (2015) Un gato con muchas vidas: un petroglifo Arcaico Tardío en el valle medio de Jequetepeque. *Mundo de Antes* 8: 141–157.

Embassy of the Republic of Peru in Japan (2015) *Aporte japonés a la investigación de las Antiguas Civilizaciones de los Andes del Perú.*

アンデス考古学では農耕定住、大規模公共建造物、製陶・冶金術など、文明の基盤が次第に形成された時期を形成期と呼ぶ。20世紀前半、文明形成過程の研究とは「チャビン文化」の解明とほぼ同義であった。ペルー北部山地の大神殿遺跡チャビン・デ・ワンタルは、迷宮のような回廊網を擁する精妙な石造建築で、神殿を飾る石彫や出土遺物には様式化されたネコ科動物など洗練された図像表現が見られる。この神殿の影響が広がり、類似した工芸品や図像を伴う神殿が各地に現れた、という説が有力であったのである。「チャビン様式」の土器は高度に磨研され、彩文よりも刻線やスタンプ押捺など立体的装飾が多い点が特徴とされた。展示品の鐙型ボトルもその一例と言えようが、逆にこのような海岸部の土器の方が古いとする研究も現れた。東京大学が参画した1960年頃のペルー考古学界では、社会像を論ずる以前に、データの蓄積と編年の精緻化が課題だったのである（なお現在の基準では、角張った鐙型注口や浅く細い刻線などからこのボトルは形成期中期対応とされる）。

コトシュの出土土器は「チャビン様式」の範疇のものばかりであるが、大規模な層位発掘と慎重な観察が奏功し、土器とそれを伴う建築群は4時期に分類された。最終時期のコトシュ・サハラパタク期の土器は光沢がやや弱く、独特な幾何学文を反復する。その下から出土したコトシュ・チャビン期の土器はまさに、金属的な光沢を放つ「チャビン様式」土器の典型であった。さらにその下、コトシュ・コトシュ期の土器は器形や装飾が一変し、焼成後に赤・黄・白の顔料や黒鉛を塗る技法が多用される。さらに下層のコトシュ・ワイラヒルカ期の土器の例として、約5km離れたシヤコト遺跡の三角鉢を展示した。三角形のほかに舟形など変則的な器形や、区画内に細い線を刻み赤色顔料を充填する装飾が特徴的である。ペルー最古級の土器でありながら技法も意匠も完成の域にあり、製陶技術がペルーの外で誕生・成熟したのち到来したことを物語る。「チャビン様式」より古い土器、さらに土器より古いコトシュ・ミト期の神殿が出土するに至り、単純に「チャビン文化」を文明の起源

G5 アンデス文明形成期の土器
Pottery of the Andean Formative

幾何学文様三角鉢。ペルー、ワヌコ州、シヤコト遺跡、コトシュ・ワイラヒルカ期（形成期前期）。高さ21cm (SC-01)
Triangular bowl with geometric design. Shillacoto site, Huánuco region, Peru. Kotosh Waira-jirca phase (Early Formative Period / early Early Initial Period). H: 21 cm (SC-01)

とする見方は否定された。

　コトシュ発掘後間もなく団長の泉靖一を失った調査団は、70年代に寺田和夫のもとラ・パンパ遺跡へ、次いでワカロマ遺跡へと北進し、80年代はワカロマと並行して近郊のセロ・ブランコ遺跡等を発掘した。寺田の没後には大貫良夫らが今世紀初頭まで15年かけてクントゥル・ワシ遺跡を発掘した。小さな発掘坑を点々と掘って終わる調査が多い中、調査団は土器包含量の多い山地の神殿群を大規模に発掘し、充実したデータを遺跡間で比較し、約40年かけて北部ペルーの精緻な形成期土器編年を作り上げた。さらに形成期の社会変化を神殿の果たした役割に着目して論じ、神殿の登場以降を形成期早期（前3000–1800年）、土器の登場以降を形成期前期（前1800–1200年）、中期（前1200–800年）、後期（前800–250年）、末期（前250–50年）とする編年案を提示した。
（鶴見英成）

Half a century ago, all the archaeological remains of the earliest ceramic culture of Peru were considered as the results of an influence of "Chavín culture" which originated from the highland site Chavín de Huántar. In the light of such an understanding, the brilliantly polished surface and stylized feline motif of this stirrup spout bottle could be regarded as features of Chavín style. However, today, the results of various investigations of diverse coastal sites since the 1970s reveal that trapezoidal form of stirrup and superficial fine-line incision are now regarded as features of an earlier coastal style than Chavín style. In 1960s, at the northern highland Kotosh site the archaeologists from the University of Tokyo discovered a building associated with Chavín style pottery, and in the lower levels they detected two other pottery styles earlier than Chavín. This triangular bowl from Shillacoto site, located 5 km away from Kotosh, is an example of Kotosh Waira-jirca phase vessels, one of the earliest pottery traditions in Peru. After concluding investigations at Kotosh, the University of Tokyo started new projects in other highland sites such as La Pampa, Huacaloma, Cerro Blanco and Kuntur Wasi. Due to the comparative analysis among these sites the chronological sequence of the early pottery cultures in the Peruvian north highlands has been established firmly.
（Eisei Tsurumi）

ジャガー文様鐙型ボトル。ペルー北部海岸、形成期中期。高さ 20.5cm（SAAU-P1）
Stirrup spout bottle with incised jaguar design. North coast of Peru. Middle Formative Period / late Early Initial Period. H: 20.5cm (SAAU-P1)

参考文献 References

加藤泰建・関 雄二（編）（1998）『文明の創造力：古代アンデスの神殿と社会』角川書店。

Onuki, Y (1972) Pottery and clay artifacts. In: Izumi, S. & Terada, K. (eds.) *Excavations at Kotosh, Peru, 1963 and 1966*, pp. 177-248. Tokyo: University of Tokyo Press.

Onuki, Y. & Inokuchi, K. (2011) *Gemelos prístinos: el tesoro del templo de Kuntur Wasi*. Fondo editorial del Congreso del Perú y Minera Yanacocha.

（左より）コトシュ・ワイラヒルカ期（形成期前期）、コトシュ・コトシュ期（形成期中期）、コトシュ・チャビン期（形成期後期）、コトシュ・サハラパタク期（形成期末期）の土器片。ペルー、ワヌコ州、コトシュ遺跡（KTE9152 ほか）
(From left to right) pottery sherds of Kotosh Waira-jirca phase (Early Formative Period/ early Initial Period), Kotosh Kotosh phase (Middle Formative Period / late Initial Period), Kotosh Chavin phase (Late Formative Period / Early Horizon) and Kotosh Sajarapatac phase (Final Formative Period / terminal Early Horizon). Kotosh site, Huánuco region, Peru (KTE9152 etc.)

コトシュ・ミト期神殿の発見（150頁参照）以前にもペルーの海岸部では、土器が出土しない神殿遺跡の事例は報告されていた。しかし神殿を建てるほどに成熟した社会が土器を知らなかったとは考えにくく、また年代測定法の実用化前であったため古さを確かめることもできず、そもそも海岸部では一般的に土器の出土量が少ないこともあり、先土器期の建築であると確信されてはいなかった。1960、63、66年の3シーズンにわたり継続されたコトシュの発掘は大規模で、必要に応じて発掘区を拡張し、ベルトコンベアまで導入して深く掘り下げた。そして大量の土器を伴う建築群が何層にも重なりあう下で、ぱたりと土器の出土が止み、無土器の建築がさらに何層も埋もれていることを明確に示したのである。さらに調査団はそれらが神殿であることの証拠を求め、宗教美術の出土を待望していた矢先に発見されたのが壁面レリーフ「交差した手」であった。年代の近い海岸部の遺跡セロ・セチンは、人体の断片を表す多数の石彫で神殿の外壁を飾っているが、その中に同じモチーフが見られるので、おそらくこれらは切断した腕であり、人身供犠などのテーマを表現したものであろう。神殿の入り口から見て奥の壁面に施してあるが、向かって左のものは男の手、やや細い右のものは女の手と解釈されている。腕の重ね方も左右で異なっており、二元論的な対比が表現されている。

1960年に発見された男の手は、発掘のあとに埋め戻されたが、その後まもなく心ない訪問者が掘り起こし破壊してしまった。63年に女の手が発見されると、ペルー政府は同じ轍を踏むことのないよう、レリーフを壁から切り取って首都リマに移送するよう調査団に求めた。地元の理解が得られず苦境に陥った調査団であったが、地道に対話を重ね、紆余曲折の末に女の手はリマの国立博物館に収蔵された。日本人研究者は初の発掘において研究史に残る成果を挙げるとともに、地域社会との関係、文化財問題、博物館活動といった諸側面でも貴重な経験を積むこととなり、その後半世紀以上にわたって

G6 交差した手
The Crossed Hands

ペルー、ワヌコ州、コトシュ遺跡。レプリカ。左：男の手、高さ37.6cm（SAA-CP4）、右：女の手、高さ32cm（SAA-CP5）
Kotosh site, Huánuco region, Peru. Replicas. Left: Hands of Man, H: 37.6 cm (SAA-CP4), Right: Hands of Woman, H: 32 cm (SAA-CP5)

ペルー社会との信頼関係のもと活動を続けている。交差した手がそのきっかけを作ったと言って過言ではない。

交差した手はペルー最古の宗教美術の代表として長らく歴史教科書の冒頭を飾り、現存する女の手は国立博物館の順路の起点「起源の回廊」の中に展示されている。近年はペルーを代表する文化財として、記念硬貨シリーズのひとつに選ばれた。とくに地元ワヌコ州では地域のシンボルとして、土産物から大学の校章まで街中にデザインされている。しかし遺跡から現物が失われて半世紀が経過し、交差した手とはそもそもどのようなものなのか、今どこにあるのか、ワヌコ市民は忘れかけていた。本館は展示中の石膏レプリカ一対と、その原型になった一対の石膏型を所蔵している。とくに男の手の型は、本来の形状を物語る唯一の素材としてたいへん貴重である。石膏型から新規にレプリカ一対を作成し、2013年にワヌコ市でモバイルミュージアムを開始したところ、開会式典は市民の熱気であふれかえった。　　　　　　　　　　（鶴見英成）

At the deepest level (lowest platform) in Kotosh site, Huanuco Region of Peru, researchers from the University of Tokyo discovered ceremonial architecture (ceremonial chambers) dating from the Preceramic Period (see B55). One of the ceremonial chambers was named the Templo de las Manos Cruzadas (the Temple of the Crossed Hands) because it contained a pair of clay relieves representing crossed hands on its wall. The Crossed Hands of Kotosh are frequently referred to as representative pieces of the earliest Andean religious art. They may represent amputated arms because the same motif is found among stone carvings which depict sacrificed human bodies at Cerro Sechin, a coastal site of the same period. The first piece called "Hands of Man" was found in 1960 and was destroyed by some thoughtless visitors after the excavation. In 1963 when the second piece "Hands of Woman" was discovered the Peruvian government ordered the investigators to cut it off from the wall and transfer to the capital Lima for the purpose of preservation. The UMUT owns a pair of plaster replicas of the Crossed Hands, made originally from plaster molds. The mold of Hands of Man is especially valuable as it is the only material which shows the original form.　　(*Eisei Tsurumi*)

参考文献 References

大貫良夫（1998）「交差した手の神殿」『文明の創造力：古代アンデスの神殿と社会』加藤泰建・関雄二編：43–94、角川書店。

大貫良夫（2013）「コインとレリーフ—よみがえるコトシュ」『ウロボロス』18(1): 13。

鶴見英成（2013）「２つの神殿、３つのかけら—東大アンデス考古学のかたち—」『ウロボロス』18(3): 11–12。

Onuki Y. (2015) Una reconsideración de la fase Kotosh Mito. In: Seki, Y. (ed.) *El centro ceremonial andino: nuevas perspectivas para los períodos Arcaico y Formativo*, pp. 105-122. SES 89. Osaka: National Museum of Ethnology.

「男の手」の石膏型（総合研究博物館）
The plaster mold of Hands of Man (UMUT)

2013年、総合研究博物館はワヌコ市で新たなレプリカのモバイルミュージアムを開始した
UMUT inaugurated Mobile Museum with a new pair of replicas in Huánuco City in 2013

西アジアの野外調査については、イラク・イラン調査に端を発する原始農耕村落調査が続いていることを述べたが、一方で、洪積世（更新世）化石人類を発掘し人類進化の理解に寄与しようとする海外調査も続いている。もっぱらレヴァント地方で継続されてきたから、西アジアというよりは、地中海沿岸地域における野外調査だと言える。

最初の調査は1961年のイスラエル、アムッド洞窟の発掘である。1964年にも発掘は継続され、実に見事なネアンデルタール成人男性の全身骨格の発掘、復元に成功した（代表：鈴木 尚）。

ついで1967年にはレヴァント諸国で8ヶ月にわたる遺跡探しの踏査が実施され、そこで選ばれた遺跡が発掘されることとなった。シリアで1970年から1984年まで発掘されたドゥアラ洞窟（代表：鈴木 尚、後に埴原和郎、赤澤 威）、レバノンで1970年に発掘されたケウエ洞窟（代表：鈴木 尚）がそれらの遺跡である。いずれにおいても人骨化石は出土しなかったが、ネアンデルタール人と同時代、あるいは、それより古い時代の人類の生活痕跡が密に発見され行動面での進化について新知見が得られている。たとえば、ドゥアラ洞窟調査では周辺地域の綿密な踏査が平行して実施され、40万年以上前の原人時代あるいは新石器時代の石器製作址も調査されている。

圧倒的な人骨化石の出土を見たのが、1987年に赤澤 威らが発見したシリアのデデリエ洞窟である。1989年から2011年春まで継続的な調査が実施され、ネアンデルタール人幼児全身骨格の化石が三体分みつかっただけでなく、様々な年齢層の断片的な人骨化石も多数出土した。また、この洞窟では約7～5万年前のネアンデルタール人生活層に加えて、その前後、30万年間ほどの連続的な堆積層が見つかっており、各種ヒト集団の行動進化を直接研究するための標本も大量に得られた。

さて、この研究グループの貢献の第一は、もちろん、ネアンデルタール人骨化石資料を集積

G7 西アジア洪積世人類遺跡調査

Investigating the Neanderthals in Western Asia

アムッド1号人骨と調査団。イスラエル、1961年（調査団提供）
The excavation crew in front of the Amud Neanderthal 1, Israel, 1961 (TUSEWA Archive)

し研究材料として蓄積、整備した点にある。総合研究博物館をそうした日本唯一の機関たらしめているし、国際的に見ても有数の化石コレクション（レプリカ）が形成された。加えて、計画的な野外調査によって、化石人類が生きていた時代の環境や彼らの行動、食性の証拠など付随データもあわせて収集した点にも意義がある。すなわち、ネアンデルタール人が生きた土地、環境、彼らが製作・使用した石器、捕獲して食べた動物の化石、そして、周辺から採集した植物化石などにかかわる一次情報が豊富に蓄積されている。それらは向後、多様な分野の研究者が利用できる一級のソースとなっている。（西秋良宏）

The Tokyo University Scientific Expedition to West Asia (TUSEWA) was organized by the late Professor Hisashi Suzuki (1912–2004). Its first field campaign was carried out in Israel at the Amud Cave in 1961, where a remarkably well-preserved Neanderthal burial containing one adult male skeleton was recovered. In the following years, the expedition team focused on investigating anthropological issues in relation to the Neanderthals of western Asia, through continued field campaigns at Douara Cave, Syria (1970–1984), Keoue Cave, Lebanon (1970), and Dederiyeh Cave, Syria (1989–2011). Skeletal remains were particularly rich at Dederiyeh Cave, which yielded plenty of Neanderthal fossil remains, including three infant burial remains.

The major contributions made by this research group over the past half a century undoubtedly lie in the discovery and documentation of Neanderthal fossil remains from Amud and Dederiyeh. However, documentation of the associated field data concerning the palaeoenvironments and behavioral characteristics of the Neanderthals (stone tools, their distribution, food remains, and so on) retains the same importance. While focusing on a human population whose trace of occupation has not been known in the Japanese archipelago, the research scope of the expedition has significant impact on researchers to seek fossil evidence of Pleistocene humans in Asia as well.

(*Yoshihiro Nishiaki*)

デデリエ洞窟の遠景、2003 年（撮影：西秋良宏）
Dederiyeh Cave seen from the northeast

デデリエ 1 号人骨の発見、1991 年（提供：赤澤 威）
Discovery of the Dederiyeh Nenaderthal 1, Syria, 1991 (Photo: Takeru Akazawa)

野外調査時に収集された各地の鉱物サンプル。左から銅鉱石（イスラエル、ティムナ谷、KB12.590.1）、礫岩（シリア、ヤブルド、KB12.589）、岩塩（死海、KB12.489）。高さ 11cm（左端）
Mineral samples from the Levant. From left: malacite (Timna Valley, Israel, KB12.590.1), conglomerate (Yabrud, Syria, KB12.589), & rock salt (Dead Sea, KB12.482). H: 11 cm (left)

参考文献 References
赤澤 威（2000）『ネアンデルタール・ミッション』岩波書店。

野外調査時に収集された水と砂。左端が水（シリア、パルミラ塩湖）。高さ 11cm（KB12.6521 ほか）
Water and sand samples from West Asia. The left is water from a salt lake of Pamlyra, Syria. H: 11 cm (KB12.6521 etc.)

アムッド洞窟は1960年、イスラエル北部で渡辺仁が発見した中期旧石器時代遺跡である。1961、1964年の二シーズン、鈴木 尚を団長とした東京大学洪積世人類遺跡調査団によって発掘された。一年目からネアンデルタール人の全身骨格が見つかったことで、日本人による初めての海外化石人類学調査は華々しいスタートを飾ることとなった。

全身骨格（アムッド1号）は中期旧石器時代末の地層から出土した。若年成人（約25歳）男性である。保存がよく、かつ身体を丸めて横たわった状態であったことから埋葬されていたと考えられている。

アムッド人頭骨は、非常に大きく、推定脳容量（約1740cc）は現生人類より大きい。頭骨の形は前後に長く上下に短い。後面観が丸く、頭頂部の張り出しがない。顔面は大きく、中顔部が前突する。前歯サイズが相対的に大きい。下顎臼歯の後ろに隙間がある（臼歯後隙）。こういった典型的ネアンデルタールの特徴とともに、アムッド人は現生人類的、あるいは中間的特徴も備えている。手足が長く、身長も高い（推定178cm）。乳様突起が大きい。下顎の頤がわずかながら発達する。眼窩上隆起は退化的である。

ネアンデルタール人と我々現生人類の関係については、当時も今も議論が続いている。1960年代に有力だったのは、現生人類がネアンデルタール人など各地の旧人から進化したとする多地域進化説である。アムッド人に見られる現生人類的な形質は、アムッド人が移行期の人類であることを示しているのではないかと考えられた。一緒に見つかった石器の一部が、現生人類の文化とされる後期旧石器と類似した様相をもっていたこともその根拠とされた。

DNA分析が飛躍的に進展し、化石証拠も増加した現在では、現生人類アフリカ起源説が有力となり、アムッド人も移行期の人類ではなく、ネアンデルタール人の変異として考えられている。近年の学界では、我々現代人がネアンデルタール人から進化したと考える研究者はほとんどいない。しかしながら、ネアンデルタール人と現生人類が交雑（混血）していたことも明らかになっており、その舞台の一つは西アジアであったことも判明している。その意味で、アムッドの人骨や石器群は再度、注目を集めている。

（西秋良宏・近藤 修）

G8 アムッド人
—初めて日本人が発掘したネアンデルタール人骨

Amud Man and his cave site, Israel

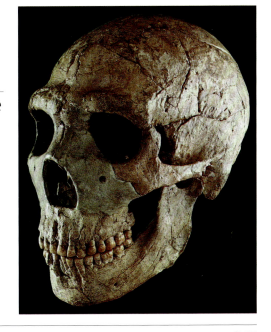

アムッド1号の頭骨。イスラエル出土、1961年。
頭骨最大長：21.5 cm（Suzuki & Takai 1970 より）
Skull of Amud 1, Neanderthal, Israel. Cranium L: 21.5 cm

The 1961 excavations of the late Middle Paleolithic site of Amud Cave, northern Israel, resulted in a remarkable discovery of one nearly complete adult Neanderthal skeleton (Amud 1) and a couple of fragmentary remains (Amud 2–4). Amud 1, a young adult male in a flexed position (est. 25 years old), is thought to have come from a burial. It has an extraordinarily large skull (est. 1740cc) with a long and low cranial cap, a round posterior profile, a large and anterior-positioned midface, relatively large anterior dentitions, and a retromolar space in the mandible. In addition to these features in common with classic Neanderthals, Amud 1 also exhibits more advanced or intermediate characteristics shared with modern humans: a high stature with long arms and legs (est. 178cm), a large mastoid process, a faintly developed chin, and a retrogressive supraorbital torus.

On the basis of these anatomical features, the excavators once identified Amud 1 as representative of hominins in transition from Neanderthals to anatomically modern humans. This interpretation was abandoned in the 1980s with the identification of even older modern human fossils in Israel. However, the unique nature of the Amud Neanderthals still requires proper interpretation in the context of their geographic position, which lies at the border between the distribution of European Neanderthals and African modern humans during the Middle Paleolithic.

(*Yoshihiro Nishiaki & Osamu Kondo*)

参考文献 References

Ohnuma, K. (1992). The significance of Layer B (Square 8-19) of the Amud Cave (Israel) in the Levantine Levalloiso-Mousterian. In: *The Evolution and Dispersal of Modern Humans in Asia*, edited by Akazawa *et al.*, pp. 83-106. Tokyo: Hokusensha.

Suzuki, H. & Takai, F (eds.) (1970) *The Amud Man and His Cave Site*. Tokyo: Academic Press of Japan.

アムッド洞窟（Suzuki & Takai 1970 より）
Amud cave, Israel, 1961

アムッド洞窟出土の中期旧石器。左上が石核、その他はルヴァロワ尖頭器、石刃、彫器など。長さ 9.0cm（右下）(5-12-46 ほか)
Middle Palaeolithic stone artifacts from Amud Cave. Core (top left), Levallois points and blades, scrapers, and burins. L: 9 cm (5-12-46 etc.)

イスラエルのアムッド洞窟で華々しい成果をあげた東京大学西アジア洪積世人類遺跡調査団が次の調査地に選んだのは、シリアのドゥアラ洞窟であった。1967年に都合8ヶ月、レヴァント地方各国を踏査して見つけた遺跡の一つである。ドゥアラ洞窟が位置しているのはシリア沙漠の北端、年間降水量が100ミリにも満たない乾燥地帯である。近辺にはローマ時代の世界遺産遺跡、パルミラが所在する。

ドゥアラ洞窟の発掘は1970年から1984年まで、4シーズンおこなわれた。中期旧石器時代と終末期旧石器時代の堆積がみつかったが、調査団が特に関心をもったのは、旧人の化石人骨発見が期待された中期旧石器時代である。

打製石器の様相はアムッド洞窟の石器群とはずいぶん異なっていた。同じ中期旧石器時代ではあるが、アムッド洞窟はその後葉(約7万5000年～5万年前)であったのに対し、ドゥアラの堆積はそれより古かったからである。大きく二つの文化層があり、下層は25万～13万年前、上層は13万～7万5000年前頃と位置づけられた。どちらの地層からもルヴァロワ式の石刃がたくさん出土した。

特に興味深い発見があったのは、下層である。石器や動物化石とともに植物化石がたくさん見つかったのである。20万年前ほどの古さの遺跡で植物化石が大量に出土することはきわめて稀である。ほとんどがエノキの実であった。現在の洞窟周辺には木が一本も生えていない。当時はもっと湿潤だったのだろうか?しかし、一緒に見つかった動物化石はラクダが多かった。やはり、当時も乾燥地であったに違いない。植生が失われた現在の禿山は、少ないながら雨がふる冬場にヤギを過放牧した結果なのだろう。家畜ヤギがいなかった旧石器時代には乾燥地と言えども一定の植生が確保されていて、保水条件がととのっていたのだと思われる。

植物化石が見つかった地層には、人々が起居した生活面がよく保存されていた。それを分析してみると、洞窟の奥には炉があり、その近辺に

G9 沙漠の更新世人類
Middle Palaeolithic hominins in the Syrian Desert

ドゥアラ洞窟中期旧石器時代生活面の断面。黒い部分はエノキ種実などの植物化石密集部。長さ17.7 cm (左) (DR sample 8)
Stratigraphic section showing a layer of botanical remains on a Middle Palaeolithic occupation floor, Douara Cave, Syria. L: 17.7 cm (left) (DR sample 8)

は食べ残しの動物骨とそれを切り分けたかも知れない完成石器が残されていることがわかった。洞窟入り口近くには石の粗割りをした痕跡があった。植物化石が多かったのは壁に近いところである。一部の植物は敷きものの材料だったのかも知れない。要するに、場の使い分けがしっかり残っていた。

　人骨化石が見つからなかったから、住人がだれだったかはわからない。20万年前頃と言えば、アフリカ大陸では解剖学的な現生人類が誕生した頃にあたる。同じ頃、西アジアにいたのはどんなヒト集団だったのだろうか。　　（西秋良宏）

The Palaeolithic site of Douara Cave is situated approximately 20 km northeast of Palmyra, at the northern edge of the Syrian Desert. The four seasons of archaeological excavations between 1970 and 1984 revealed earlier parts of the Middle Palaeolithic sequence of the Levant, consisting of two major chronological phases, each representing early and middle Levantine Mousterian industries.

Important discoveries at this cave site included a series of well-preserved occupation floors belonging to the early Levantine Mousterian. The spatial analysis showed that the floors were organized into specific activity areas, with a focal area for intensive domestic activities close to the back wall. Another important discovery is the large quantity of botanical remains discovered in the early Levantine Mousterian layers. Many were fragments of hackberry endocarps (*Celtis*), followed by Boraginaceae seeds. Celtis was likely a food source brought by early Middle Palaeolithic hominins into the cave during the late summer to autumn. These findings certainly enrich our dataset to help define the behavioral organization of Middle Palaeolithic hominins.

(*Yoshihiro Nishiaki*)

参考文献 References

Akazawa, T. & Sakaguchi, Y. (eds.) (1987) *Paleolithic Site of Douara Cave and Paleogeography of Palmyra Basin in Syria: 1984 Excavations*. Tokyo: University of Tokyo Press.

Nishiaki, Y. & Akazawa, T. (2015) Patterning of the early Middle Paleolithic occupations at Douara Cave and its implications for settlement dynamics in the Palmyra basin, Syria. *L'Anthropologie* 119: 519–541.

ドゥアラ洞窟の中期旧石器。左上が石核、他はルヴァロワ石刃・尖頭器。長さ 9.1 cm（左上）（DRI.984 ほか）
Middle Palaeolithic artifacts from Douara Cave. Core (upper left), Levallois points and blades. L: 9.1 cm (upper left) (DRI. 984 etc.)

ドゥアラ洞窟（撮影：西秋良宏）
Douara Cave (Photo: Yoshihiro Nishiaki)

ドゥアラ洞窟の中期旧石器時代生活面の一部、黒い箇所が植物化石密集部（撮影：西秋良宏）
Part of a Middle Palaeolithic occupation floor at Douara Cave (Photo: Yoshihiro Nishiaki)

洪積世人類遺跡調査団はレバノンでも洞窟発掘をおこなっている（代表：鈴木　尚）。ドゥアラと同じく、1967年の広域踏査で発見された遺跡の一つ、ケウエ洞窟である。地中海性気候の石灰岩山地帯に位置している。周囲は石灰岩が風化してできた赤土、いわゆるテラロッサで覆われている。

　発掘は1970年に一シーズンだけおこなわれた。洞窟というよりは岩陰とよぶべきもので、幅14m、奥行きは3mほどしかない小さな遺跡である。中期旧石器時代末頃の堆積が見つかった。ここでも人骨化石が期待されたが、見つからなかった。しかしながら、出土した石器群は、アムッド洞窟で見つかったのと同じ後期レヴァント地方ムステリアン・インダストリーであって、ネアンデルタール人が残したものと考えられる。

　興味深いのは、石器がこの時代のものとしてはたいへん小型だったことである。展示品にあるように、石核などは大人の親指の爪くらいになるまで用いられているし、主要石器あるルヴァロワ剥片も平均すると長さが3cmほどしかない。発掘を指揮した渡辺仁はマイクロ・ムステリアン石器群とよんだ。

　この種の小型石器群は中期旧石器時代後半の地中海沿岸地域でいくらか報告されている。ただし、少なくともレヴァント地方においては何らかの文化伝統を示すと言うよりは、利用できる原石のサイズや集団の居住状況の反映であったようにみえる。ケウエ洞窟の場合、手前のワディで得られた原石が小さかったことが理由だったのだろう。むしろ、そのように小型の石器を製作し、使いこなしたネアンデルタール人らの器用さを評価すべきものである。長さが3cmほどしかないルヴァロワ尖頭器を効果的に用いるには、柄装着の技術がしっかりしていなくてはならない。

　一緒に見つかった動物化石にはシカやウシなど湿潤な地中海沿岸域らしい動物相が含まれている一方、クマも目立つ。小形尖頭器でそれらのクマを狩猟できたかどうかは疑わしい。クマもこの洞窟の住人の一部だったのだろう。

（西秋良宏）

G10 ケウエ洞窟
―小型石器を使ったネアンデルタール

Keoue Cave, Lebanon and small-sized Levallois artifacts of the Middle Palaeolithic

ケウエ洞窟出土の中期旧石器石器群。最上段が石核、その他はルヴァロワ尖頭器、削器など。長さ3.1 cm（左上）（8-37-4ほか）
Middle Palaeolithic artifacts from Keoue Cave. Cores (top), Levallois points and side-scrapers. L: 3.1 cm (upper left) (8-37-4 etc.)

The Mediterranean coastal region of the Levant was also included in the research field of the Tokyo University Scientific Expedition to West Asia, headed by Hisashi Suzuki. The site excavated in Lebanon was Keoue Cave, situated on the mount foothills near Tripoli, northern Lebanon. The excavation, carried out in one season (1970) yielded late Middle Palaeolithic lithic and faunal remains. The techno-typological characteristics of the lithic assemblages display close similarity to the Tabun-B type industry, usually associated with Neanderthals.

The remarkable characteristics of the lithic industry include its small size. The lengths of the Levallois flakes, one of the most important target products of the Levantine Mousterian industry, are less than 4 cm, reminiscent of the Micro Mousterian sporadically reported from Middle Palaeolithic sites along the Mediterranean coast. Cores are even smaller, diminishing to less than 3 cm long. While the small size at Keoue Cave is likely to reflect the available flint nodule size nearby, the capability of manufacturing and utilizing small stone tools by the Middle Palaeolithic hominins deserves attention. The associated animal remains include deer and ox, reflecting the Mediterranean environment. The existence of cave bear remains was also noted, but it does not necessarily indicate hunting with small stone-tipped spears. They may include remains of bears from natural death in the cave.

(Yoshihiro Nishiaki)

参考文献 References

Nishiaki, Y. & Copeland, L. (1992) Keoue Cave, Northen Lebanon and its place in the Levantine Mousterian context. In: *The Evolution and Dispersal of Modern Humans in Asia*, edited by Akazawa, T. *et al.*, pp. 107–127. Tokyo: Hokusensha.

Watanabe, H. (1970) The excavations at Keoue Cave, Lebanon: an interim report. *Bulletin de la Musée de Beyrouth* 23: 205–214.

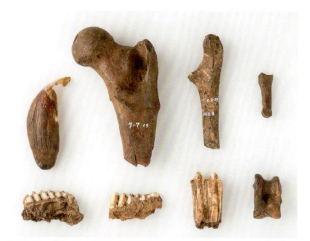

ケウエ洞窟出土の動物化石（一部）。長さ 9.8 cm（左上）(7-7, 9D'-24 ほか)
Animal remains from Keoue Cave. L: 9.8 cm (top left) (7-7, 9D'-24 etc.)

ケウエ洞窟の発掘(1970 年)（撮影：渡辺 仁）
Exacavations of Keoue Cave, 1970 (Photo: Hitoshi Watanabe)

東京大学のチームが発掘した4つめの更新世洞窟遺跡がシリア北部にあるデデリエである。調査の主体は総合研究博物館（資料館）から国際日本文化研究センター、高知工科大学などを経たが、現在、全ての関連資料は総合研究博物館が保管している。

　この洞窟の最大の発見は一連のネアンデルタール人幼児化石である。少なくとも3個体見つかっているが、よく記載されているのは2体である。1号、2号ともおよそ2歳であるが、歯の萌出程度から考えると、1号幼児がより若い（約1.5才）。幼児個体のため性別は不明である。

　1号は、全身の骨格が非常によく保存されており、それらを用いた立位復元による推定身長は82cmである。2号人骨は頭蓋と顔面がよく保存されている。両者とも幼児ながらすでにいくつかのネアンデルタール的特徴を備えている。脳頭蓋は大きく、後面観が丸く、後頭部に特徴的な凹み（イニオン上窩）を持つ。乳様突起は小さく、内側に稜状の膨らみを伴う。顔面は中顔部が前突し、前歯が相対的に大きい。下顎は頤がなく正中が後退し、下顎体は分厚く頑丈である。一方で、四肢骨の大きさや頑丈さには2個体間で差があり、歯の萌出程度に反し、1号人骨は頑丈でより大きく、2号人骨は華奢かつより小さい。これは、ネアンデルタール幼児骨の変異幅を示すと考えられる。

　デデリエ1号、2号ネアンデルタール幼児の発見は、これと前後して発展したCT撮影による3次元形態計測といった化石人骨研究の新手法により、ネアンデルタール人の成長研究に資することとなった。形は異なるが大きな脳を持つネアンデルタール人は、現生人類と同様に生後急速に脳を拡大成長させた。ネアンデルタール人の両親（あるいは家族）は子育てにかなりの労力を割く必要があったかもしれない。そのような仮説をデデリエ洞窟の標本をもとに導くことができた。

　デデリエでは幼児骨格以外にも断片的ながら成人骨も見つかっている。約7万～5万年前にかけての複数の地層から出土していることから、ネアンデルタール人の拠点洞窟の一つだったと考えられる。野外調査はシリアの政情不安をうけて2011年春に中断してはいるが、共伴した石器、動植物化石などの標本研究は鋭意、継続している。

（西秋良宏・近藤　修）

G11 デデリエ
―ネアンデルタール人の拠点洞窟

Dederiyeh Cave, a base camp of Neanderthals in the northern Levant

デデリエ2号の頭骨。2000年。頭骨最大長 15.8cm
Skull of Dederiyeh 2, Neanderthal, Syria. Cranial L: 15.8 cm

Dederiyeh Cave, discovered by Takeru Akazawa, Sultan Muhesen, and Adel Abudl Salaam in 1987, was the major research focus for the UMUT expedition until the spring of 2011. Excavation over 20 seasons has made significant contributions to our understanding of anatomical and behavioral human evolution during the late Middle Pleistocene onwards. The oldest occupational traces date to the Yabrudian phase of the Lower Paleolithic and the youngest ones to the Natufian phase of the late Epipaleolithic. The period in between was the Middle Paleolithic, when this cave was occupied most intensively.

Particularly rich occupational evidence was discovered for the late Middle Paleolithic layers, yielding the largest collection of Neanderthal fossil remains in the northern Levant. The collection consists of well-preserved infant Neanderthal skeletons of at least three individuals, as well as fragmentary bones, including those of adult Neanderthals. These fossil records allow for the reconstruction of the growth pattern, or life history, of Neanderthals. The preliminary conclusion is that brain growth rates of Neanderthals during early infancy were higher than those of modern humans, and this pattern of growth continued over a long period. This finding suggests that, due to the late maturation caused by increased brain growth, Neanderthal life history was slow-paced, similar to, or even more so than, that of recent anatomically modern humans. It is likely that the large cave of Dederiyeh furnished an excellent shelter for Neanderthal families.

(*Yoshihiro Nishiaki & Osamu Kondo*)

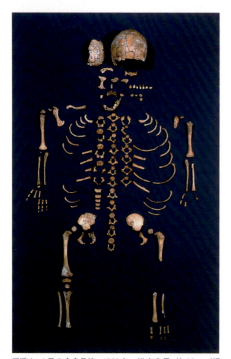

デデリエ1号の全身骨格。1992年。推定身長：約80cm（提供：赤澤 威）
Dederiyeh 1 Neanderthal skeletons, Syria. Estimated H: ca. 80 cm (Photo: Takeru Akazawa)

デデリエ洞窟出土の中期旧石器。最上段が石核、その他はルヴァロワ剥片、石刃、削器など。長さ9.4cm（右下）（DED05-J27-35 ほか）
Middle Palaeolithic stone artifacts from Amud Cave. Cores (top row), Levallois flakes and blades, and scrapers. L: 9.4 cm (DED05-J27-35 etc.)

参考文献 References

Akazawa, T. & Muhesen, S. (eds.) (2002). *The Neanderthal Burials: Excavations of the Dederiyeh Cave, Afrin, Syria*. Kyoto: International Research Center for Japanese Studies.

de Leon, M. S. P, *et al.* (2008) Neanderthal brain size at birth provides insights into the evolution of human life history. *Proceedings of the National Academy of Sciences* 105(37): 13764-13768.

Nishiaki, Y. *et al.* (2011). Recent progress in Lower and Middle Palaeolithic research at Dederiyeh Cave, Northwest Syria. In: Le Tensorer, J.-M. *et al.* (eds.) *The Lower and Middle Palaeolithic in the Middle East and Neighbouring Regions*, pp. 67–76. Liège: Université de Liège.

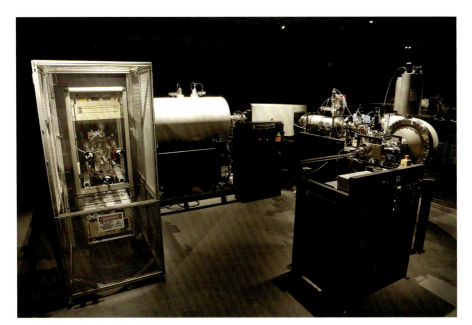

2015年に導入された放射性炭素を計測するコンパクトAMS（米国NEC社製）（撮影：山田明順）
The compact accelerator mass spectrometer (National Electrostatics Corp., U.S.A.) was installed in 2015 (Photo: Akinobu Yamada)

4-2 クロノスフィア
―時を刻む先端科学
Chronosphere
– integration of science for chronology

学術資料の年代を物理化学的な手法で決定し、時間情報を付与する研究を「年代学」と呼ぶ。英語ではギリシア神話の時の神クロノスにちなみ chronology（クロノロジー）と呼ばれる。本学において 1960 年に始まった放射性炭素年代の測定は、現在、放射性炭素年代測定室として総合研究博物館で行われている。展示空間「Chronosphere」（クロノスフィア）では、2015 年 2 月に導入された加速器質量分析装置（AMS）を中心に、放射性炭素年代測定室の研究現場を展示する。

　放射性炭素が天然に存在することを確認し、世界中の有機物で割合が一定であることを示し、その半減期を 5568 年と見積もったのは、ウィラード・リビーという米国人科学者だ。1940 年代末に「絶対年代」測定法として放射性炭素年代測定を確立し、考古学に革命をもたらした。その業績に対して 1960 年にノーベル化学賞が授与されている。例えば、遺跡に正確な年代を付与できれば、遺跡における人間活動と北極の氷に記録された気候変動とを直接対比して議論ができる。しかし、従来の炭素年代には問題があった。

　我々が測定できる計測値は、炭素に含まれる放射性炭素の濃度である。その濃度が元々の値から半分になっていれば、半減期の 5730 年前の有機物だと計算できる（リビー推定の不正確な半減期もずれの原因である）。分母となる元々の放射性炭素の濃度は一定と仮定されたが、実は時代とともに変化していた。地球の磁場や太陽活動の強弱で大気上層に到達する宇宙線の量が変化するので、宇宙線と大気中の窒素が反応して作られる放射性炭素の濃度が変化するのだ。太陽活動が弱まると大気中の放射性炭素が増加し、有機物の炭素年代は見かけ上「若く」なってしまう。

　このずれを直すために、「較正曲線」と呼ばれるデータベースが構築されてきた。別の方法で年代を数えられる木の年輪やサンゴ礁、海や湖の堆積物でデータベース作りが始まったのが 1980 年代だ。そして、測定限界の 5 万年前までデータがそろったのは 2009 年のことで

米田　穣・尾嵜大真・大森貴之
Minoru Yoneda, Hiromasa Ozaki & Takayuki Omori

ある。さらに 2013 年に発表された最新の較正曲線には福井県の水月湖の堆積物に含まれていた微細な化石のデータが採用された。

現代の炭素で1兆個に1つ存在する放射性炭素、その割合を正確に計測するのが AMS の役割だ。しかし、この装置に試料をかざすだけで年代が得られるわけではない。その測定には、加速器を操ってイオンを制御する「物理学」、試料から純粋な炭素を抽出する「化学」、炭素がどのような経緯を経てきたかを理解する「地学」など、様々な分野の知識が必要だ。すべてがそろってはじめて、1ミリグラム（1000 分の1グラム）という微量の炭素で放射性炭素の数を正確に計測し、測定限界を 1000 兆個に1個（約 5 万年前）に下げることができる。

AMS は年代学に第 2 の革命をもたらした。これまでは、放射壊変にともなう放射線（β線）の発生頻度を計測することで間接的に放射性炭素の濃度を測定していた。一方、AMS では加速器によって炭素イオンを高エネルギー化して、直接測定できる。1グラムの炭素では、現代の炭素でも1分間に約 14 回の β 線計測しか期待できない。古い炭素ではその数はさらに減少する。しかし、その中には約 500 億個の放射性炭素が含まれている（全炭素の数は約 500 垓個）。この数を直接数えられるので、AMS で必要な炭素量は従来法の数千分の1になり、例えば堆積物に含まれている木の葉や昆虫などの微細化石でも測定が可能になった。

いくら正確になっても得られる年代値は唯の数字だ。その意味を読み解くためには考古学や歴史学といった人文科学の議論が不可欠だ。また最新の統計手法を活用して、炭素年代データベースから過去の人口変動を復元するなどの研究も開発されている。年代学は様々な分野が絡み合った総合科学であり、東京大学の学術活動を文理の枠組みにとらわれず支えている。知が生み出される現場そのものを展示する本学の新しい情報発信装置として、年代学が選ばれたのにはこのような背景がある。

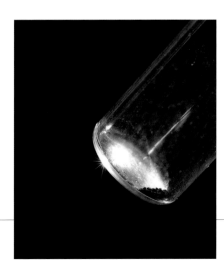

1mg 炭素からつくられたグラファイト（撮影：山田昭順）
All kinds of samples are converted into graphite form for AMS (Photo: Akinobu Yamada)

In the exhibition hall "chromosphere", we show the accelerator mass spectrometer (AMS) and our academic daily works in the laboratories. Radiocarbon dating was established by an American physicist, Willard Libby in 1940s. He won the Nobel Prize for chemistry in 1960 and this method made a revolution in archaeology. However, the conventional radiocarbon dating has some problems such as temporal change in its production rate affected by solar activity and geomagnetism. When the sun has lower activity, more cosmic rays reached to atmosphere and produced more radiocarbon, resulting in higher radiocarbon contents in organic matters and apparently younger radiocarbon ages.

Recently we have established a database called "calibration curve" to convert radiocarbon ages into more accurate calendar ages. AMS played a major roll for this project, because it can measure very small samples such as a small fossil insect from the lake sediment. We can compare the age counted by "verve" (yearly stripes in sediment) and apparent radiocarbon age in an insect.

Previously we determined radiocarbon contents based on the rate of its decay but now we can count the number of radiocarbon including in 1 mg of carbon by using accelerator. The highly energized carbon ions can be detected by this machine. This advantage of AMS resulted in wider applications of radiocarbon dating for natural and human sciences.

物質を構成する究極的な最小単位は何なのか、加速器はそのような知的探求の道具として生まれた。電荷をもった粒子（イオン）を加速し、高いエネルギーを持たせて、物質と衝突させることで、原子やそれを構成する原子核、陽子や中性子、さらには素粒子などを作り出すことができる。また、より大きな粒子も作ることができ、超重元素の探索にも利用されている。その過程で様々な原理に基づいて加速器が開発され、ここに展示するコンパクト型加速器質量分析計（Accelerator Mass Spectrometer、AMS）に用いられているヴァン・デ・グラーフ型静電加速器もその一つである。電荷を、絶縁ベルトを介して運び、蓄電し、高い電位差（電圧）を作り出すこの装置は 1931 年に開発され、本学でも 1964 年に核物理学実験のために日本製の加速器（加速電圧 500 万ボルト）が設置された。本来はイオンを加速させ、物質に衝突させることを目的とした加速器であったが、極微量の長寿命放射性同位体を分析するための分析装置としての応用が 1970 年代に始まり、安定して高電圧を制御できる特性を生かして再び脚光を浴びるようになった。

　加速器で粒子を加速するには、まず粒子に電荷を持たせなければならない。これをイオン化という。加熱によって正イオン化したセシウムを分析試料に当てることで試料を粒子化し、さらにセシウムから電子を供給して負イオンを発生させる。分析対象元素を負イオンとすることは、多くの場合、妨害となりうる他元素が負イオン化されづらく、この時点で除去することができる利点となる。例えば、放射性炭素（炭素 14）の分析

H1 加速器をめぐる物理と化学

Accelerators originally developed for physics are applied for chemistry

高電圧を発生させる加速器本体は中央の耐圧タンク内に納められている。通常、空気は約 3 万ボルトで絶縁が破れて放電する。50 万ボルトの電圧を安定して保持するために、絶縁ガスである六フッ化硫黄を充填したタンクに納められている。（撮影：大森貴之）
The accelerator which can generate 500 kV is enclosed in a large tank to avoid sparks, because the air cannot insulate a voltage higher than 30 kV. The tank is charged with insulating SF6 gas. (Photo: Takayuki Omori)

においては、大気に含まれる窒素 14 が妨害となるが、窒素は負イオンになりづらく、この大きな妨害を防ぐことができるのである。

負イオンとして取り出されたイオンを加速器によって加速するには、イオンが飛行するビームラインから妨害を取り除く必要がある。そのために、ビームラインは高真空に保たねばならない。ただし、加速器内のもっとも電圧の高い中央部には気体のアルゴンを循環させる装置が設置されており、正の高電圧に引き付けられて飛行してきた負イオンを正イオンに変換している。この仕組みを荷電変換という。正の電荷をもった正イオンは負イオンを引き付けた高電圧と反発して、負イオンとして入ってきた方向とは反対方向に加速されていく。このように一つの電場で二回加速できるので、縦に二頭の馬を並べた馬車になぞらえて、タンデム型加速器と呼ばれる。この荷電変換には、効率よい加速と同時に、分子を破壊する役割もある。炭素 14 の分析では炭素 13 と水素 H が結合した重さ 14 の分子が妨害となるが、アルゴンとの相互作用で分子イオンを破壊することができる。

加速されたイオンには分析対象となる同位体だけではなく、その他の同位体も含まれるので、それぞれの同位体を分けなければならない。それが質量分析と呼ばれる仕組みである。加速されたイオンの流れは電流と捉えられるので、フレミングの左手の法則を利用して、イオンを磁場に入射して曲げる。このとき、重さが違う同位体ごとに曲げられた後の軌道が異なるのだ。あとはそれぞれの同位体がとる軌道上に計測器を設置しておけばよい。

AMS では分析対象がイオンの束になっているので電流として計測できると思われるかもしれない。炭素 14 の分析では、炭素の同位体である炭素 12、炭素 13 も同時に計測する必要があり、それらはファラデーカップという電流計測器で計測される。しかし、炭素 12 に対して 1 兆分の 1 以下の数しか存在しない炭素 14 は電流として計測できない。そこで、放射線計測に用いられる固体半導体検出器 (Solid State Detector、SSD) を用いてイオンの数をひとつひとつ数えるのだ。このとき、イオンの持つエネルギーが低いと SSD はイオンを感知できないため、加速器

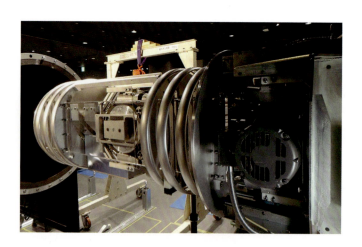

タンク内部の加速器はメンテナンスの際に引き出されるので、運が良ければ見ることができる（撮影：尾嵜大真）
Accelerator housed in tank can be seen in the case of maintenance by chance (Photo: Hiromasa Ozaki)

を用いて分析対象となる同位体に高エネルギーを与えるのである。

　加速器はイオンを加速して、高エネルギーにするので、放射線発生装置と捉えられ、放射線管理区域内に設置することが求められる。ただし、このコンパクトAMSに用いられている加速器は加速電圧が50万ボルトと加速器としてはかなり小型なものであり、法律的には放射線発生装置には該当しない。そのため、展示室に設置できたのである。通常、大型である加速器は放射線管理区域内にあり、容易に見ることはできないが、コンパクトAMSで最先端の物理学の雰囲気は感じられるだろう。

　AMSは加速器を用い、極めて少ない量しか存在しない同位体を分析可能にした超高感度分析装置である。従来の物理学研究では高エネルギービームは、何らかの物質に衝突させて新しい物質を発生させる「道具」として用いられてきたが、AMSでは高エネルギーのビームそのものを分析する「対象」とした新しい発想に基づく分析装置、あるいは手法といえる。

（米田　穣・尾嵜大真）

Originally accelerators had been developed for nuclear physics experiments. Particles are accelerated to high energy and collide with the materials. The high energy collisions create new particles and play a major role in elucidation of their properties and discovery of super-heavy isotopes. Then, various types of accelerators have been developed in accordance with the purpose. The accelerator, Van de Graaff type electrostatic accelerator, is also one of those accelerators for nuclear physics and now it is utilized as a major part of compact Accelerator Mass Spectrometer (AMS) exhibited here.

To incorporate the accelerator in mass spectrometry system causes several advantages, it will play an effective role in the measurement for a very small amount of long-lived radioactive nuclides. Tandem accelerator incorporated in the accelerator mass spectrometer has charge exchange system inside, become easier to remove molecular ions interfering measurement of target ion at the same time. Furthermore, it has enabled counting of nuclear detectors by giving high energy to the ions to be measured by an accelerator.

Since accelerators are large-scale and radiation generating apparatus, they cannot be installed in open places. So there is no opportunity to be shown generally. However, we exhibited one "compact" AMS here. Because acceleration voltage of accelerator in this compact AMS is as small as 500 kV and not to be regarded as a radiation generator legally, you can see AMS installed in the exhibition area here.

(*Minoru Yoneda & Hiromasa Ozaki*)

AMSによって選別された放射性炭素の数を数える固体半導体検出器（撮影：山田昭順）
Solid state detector counts the number of radiocarbon purified by AMS (Photo: Akinobu Yamada)

リビーはボルチモアの下水処理場で有機物が発酵して発生したメタンガスに放射性炭素が含まれていることを証明した。メタンガスをガイガー計数管に入れて測定を行い、熱拡散によって重たい同位体を濃縮して測定することで、その濃縮率に比例して放射能が増加することを確認し、自然界に放射性炭素が存在していることを確認したのだ。

半減期が5730年と長く、炭素原子1兆個中1個ほどしか存在しない放射性炭素が壊変する量は少なく、十分な精度の計数を得るためには、多くの量の炭素を集めて、長時間にわたってβ線を計測する必要がある。さらに、放射性炭素が窒素に壊変するときに出るβ線はエネルギーが低く、固体の深い部分の放射性炭素から放出されたβ線は吸収されてしまって、出てこない。多量の炭素を集めることができても、その表面部分から放出されたβ線しか測定できないのである。リビーによって開発された測定装置は、試料から煤を作って、ガイガー計数管の内側にうすく塗ることでβ線を測定した。日本でもこの方法を活用すべく東京大学、理化学研究所、学習院大学などで研究が始まり、リビーが使用したものと同様の装置が理化学研究所に1952年頃に導入された（木越 1978）。宇宙から飛び込んでくる放射線、宇宙線が計測されてしまうのを防ぐため数トンの鉄板や鉛で囲まれた大がかりな装置であった。

ところが、核爆弾の大気圏内実験が行われるようになり、それに由来する放射性炭素が世界中にばらまかれ、人工的に作られた放射性炭素による汚染が問題となってくる。そのため、試料から炭素を抽出・精製し、純粋な化合物（例えば、気体のアセチレンや液体のベンゼン）に変換した上で、気体計数管や液体シンチレータによって測定する方法がとられた。コンパクトAMSの傍らに展示した古い装置は、1960年に本学に初めて設置された放射性炭素測定装置の一部で、年代測定の対象となる資料から精製、合成されたアセチレンガスから放射されるβ線を計測するための装置のエレクトロニクスである。この装置は多くの研究のために利用され、1967年からは全学委員会のもとに継続されることになる。そして、2010年からは総合研究博物館放射性炭素年代測定室が、学内共同利用施設として活動している。

H2 放射性炭素年代事始め
Chronology of the laboratory of radiocarbon dating

東京大学にはじめて導入された装置はベルギー M.B.L.E 社の TYPE PNR054 である。真空管による回路で構成された装置で、アセチレンガスによる測定が行われていた（撮影：山田昭順）
The beta-ray counting system produced by M.B.L.E. Corp, Belgium, and installed to Laboratory of Radiocarbon Dating in 1960 (Photo: Akinobu Yamada)

長寿命放射性同位体に対して、壊変の際に放出される放射線を測るのではなく、壊変せずに存在している放射性同位体を数えるという新たな発想のAMS法の出現により放射性炭素年代測定は新たな画期を迎える。1977年にサイクロトロンを用いて試みられたAMS法は、その後、加速イオンのエネルギーなどの制御が比較的容易なタンデム加速器を用いることで実用性が高まり、広まることになる。日本でも、名古屋大学が1981年に米国GIC社から放射性炭素専用のタンデトロンを導入して年代測定を開始している。東京大学では1964年製のタンデム加速器を再利用して、1980年からAMS研究が開始され、ベリリウムに続き1985年には放射性炭素の測定に成功している。その後1993年に米国National Electrostatics Corp.製の5MVのタンデム型加速器(通称MALT)に装置が更新され、1998年からは放射性炭素年代測定室でも測定に活用することになった。MALTは2014年より東京大学総合研究博物館に移動して、コンパクトAMSと連携し、多核種AMSとして展開、今日に至っている。　　　　(米田　穣・尾嵜大真)

In 1949, Dr. W. Libby confirmed the presence of radioactive carbon in natural material, and established a methodology for radiocarbon dating in practical. The equipments and techniques for radiocarbon measurements had been developed. As an apparatus for radiocarbon to measure the β-rays emitted when the decay, for example, gas proportional counters and liquid scintillation counters had been developed and utilized. In Japan, some facilities performed radiocarbon measurements since 1950s. In 1960, the former committee corresponding to Laboratory of Radiocarbon Dating today introduced a gas proportional counter and started radiocarbon dating. To date, it is utilized in a large number of researchusing radiocarbon measurements.

In 1977, it was realized mass spectrometry incorporating accelerator, visit the revolutionary turning point in radiocarbon dating. Since measurement sensitivity was increased dramatically, field of application is to spread. AMS study was beginning from 1980 also at the University of Tokyo, has succeeded in measurements a series of nuclei, such as aluminum-26, beryllium-10, carbon-14 and so on. We, the Laboratory of Radiocarbon Dating, have started AMS measurement for radiocarbon dating since 1998 to take advantage of this method and it has been promoting the study of the researchers in various fields. Then, the introduction of the compact Accelerator Mass Spectrometer has opened a new door of radiocarbon studies at the University of Tokyo.

(*Minoru Yoneda & Hiromasa Ozaki*)

試料からつくられたアセチレンは特性のガラスフラスコ(2.2L)に保管された。測定には炭素量で約0.5gが用いられた(撮影：山田昭順)
Carbon of 0.5 gram was converted to acetylene for beta-ray counting. Specially designed glass reservoir was used at that time (Photo: Akinobu Yamada)

浅野キャンパスに位置するMALT。建物全体に収められた大型加速器を使って、東京大学の研究チームはAMS開発をリードした(提供：松崎浩之)
One of the largest tandem accelerator MALT is located on Asano campus and AMS measurements were investigated by using a large accelerator (Photo courtesy of Hiroyuki Matsuzaki)

Chronosphereで生み出される知の広がりは、試料の多様性にも反映される。これらは明治時代に生物学者によって採取された二枚貝標本である。サハリンで1906年（明治36年）に採取されたエゾキンチャクの放射性炭素濃度を測定して、半減期から年代値に換算すると基準年の西暦1950年から869年前（BP）となる。東京湾で1882年に採取されたシオフキは536年前、英虞湾（三重県志摩）で1905年採取されたエガイは487年前、小笠原の父島で1894年に採取されたシラナミガイは504年前という結果だった。なぜ採取年と大きな違いがあるのか、その秘密は地球上の大気と海水を巡る炭素の大循環にある。

　放射性炭素年代は大気中の放射性炭素濃度を一定（約1兆個に1個）と仮定して、計算される。しかし、同時代の炭素でも大気と海洋ではその濃度が異なることが知られている。それは、大気上層で宇宙から飛んでくる放射線である宇宙線と反応して放射性炭素が一定の割合で生産されるのに対し、深海に閉じ込められた炭素では放射性炭素は減衰する一方であるからだ。大気中の二酸化炭素濃度が上昇することで地球が温暖化することが指摘されるようになり、地球全体で炭素がどのように循環しているかが、詳しく研究されるようになった。大気中には約7500億トンの炭素が含まれているが、海洋表層には約1.4倍の1兆200億トン、海洋深層には51倍の38兆100億トンもの炭素が溶け込んでいる。それに対し、大気から海洋表層に拡散する炭素は920億トンに過ぎないと見積もられている。

　大気上層でつくられた放射性炭素が海洋深層にまで到達するには大変な時間がかかってしまうのだ。大気と海洋表層、海洋深層、陸上の生態系と土壌を大きな炭素の貯蔵庫として見なすこのモデルでは、それぞれを炭素リザーバと呼ぶ。それぞれの炭素リザーバの間では、放射性炭素濃度は平衡になっておらず、同じ時間でも放射濃度が異なるため、見かけ上の放射性

H3 明治時代の貝殻はなぜ500年前の年代を示すのか

Shell collected around 1900 by biologists are dated to 500 years old

放射性炭素を測定した明治時代の貝殻標本（撮影：山田昭順）
Shells collected in Meiji era were measured for radiocarbon dates (Photo: Akinobu Yamada)

炭素年代が一致しないという問題がおこってしまう。炭素の交換速度と各リザーバの大きさから計算すると、海洋表層では大気よりも約400年見かけ上の炭素年代は古くなることが知られており、「海洋リザーバ効果」と呼ばれる。約100年前に採取されたシオフキやシラナミガイが500年前という年代を示したのは、海洋表層のリザーバの年代を示したからと考えることができる。

それでは、なぜサハリンのエゾギンチャクは900年近い古い値を示しているのだろうか。それは、海洋リザーバ効果の影響が海域によって異なることが原因だ。深層をゆっくりと循環する間に海水に溶け込んだ炭素では放射性炭素が減少する。その深層水がわき上がる影響を強く受けると、生物体内の放射性濃度も低くなってしまうのだ。私たちは、総合研究博物館に保管されている貝殻の年代を測定することで、日本近海ではオホーツク海が深層水の湧昇などの影響をうけ、非常に古い海水の年代を持っていることを発見した。　　　　　　　（米田　穣・吉田邦夫）

Variability suggest the wide range of science which were related to radiocarbon dating applying in the Chronosphere exhibition hall.

We measure a series of shell collected by biologists for researches around the Japanese archipelago. We found that shells from Sakhalin collected in 1906, one from Tokyo Bay 1882, one from Ago Bay and one from Ogasawara 1894 were dated to 869, 536, 487, 504 years BP (uncalibrated). This discrepancy of carbon is originated from the long slow global journey of seawater.

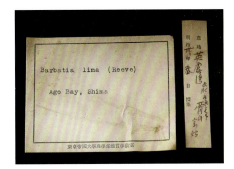

採取地点や年月日の情報が記載されたラベル
（撮影：山田昭順）
Original labels indicating the location and date of collection are essential for this study
(Photo: Akinobu Yamada)

地球規模の炭素循環についてのボックス拡散モデル
（Siegenthaler & Sarmiento 1993: Fig.1 より）
Box diffusion model of global carbon cycle

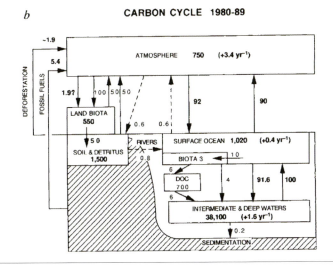

In the atmosphere, we have ^{14}C at the natural abundance ratio around 10^{-12}. This concentration is assumed to be equivalent between decay and production by cosmic ray in the upper atmosphere. On the other hand, the radiocarbon contents in sea water are depleted in ^{14}C, because it cannot be equivalent with atmosphere through small flux. Deep water contains 51-times large amount of carbon than atmosphere but radiocarbon in sea water becomes apparently old during the global circulating conveyor.

The effect of ^{14}C depleted deep water on the ^{14}C age gap in surface water, which is called reservoir effect and the average age of water is 400 years older than the contemporaneous atmosphere. The regional intensity of this effect had been unknown around Japan. That is the reason why we measure old biological collection with the registration of sampling place and date. A very strong reservoir effect was found in shell from Sakhalin as large as 900 years. The impact of deep water is variable in relation to the impact of deep water upwelling. The shell from Okhotsk affect from old water strongly, because this region is one of the goal of global circulation of deep water. (*Minoru Yoneda & Kunio Yoshida*)

参考文献 References

Yoneda, M. *et al*. (2007) Radiocarbon marine reservoir ages in the western Pacific estimated by pre-bomb molluscan shells. *Nuclear Instruments and Methods in Physics Research* B 259: 432-437.

Yoshida, K. *et al*. (2010) Pre-bomb marine reservoir ages in the Western Pacific. *Radiocarbon* 52: 1197-1206.

Siegenthaler, U. & Sarmiento, J. L. (1993) Atmospheric carbon dioxide and the ocean. *Nature* 365: 119-125.

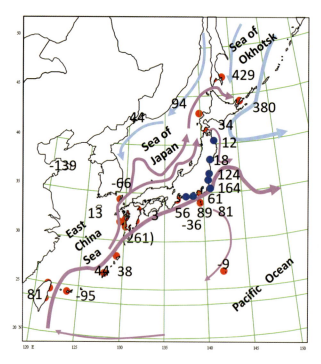

日本列島周辺の海水における海水リザーバ効果。平均海水(400年)からのずれで示される (Yoneda *et al.* 2007; Yoshida *et al.* 2010)
Age difference from global average in surface water (400 years) around Japan

貝殻に記録された海洋リザーバ効果は、どうしてオホーツク海で非常に大きいのだろうか。その背景には、地球全体をゆっくりと循環している深層水の影響が考えられる。グリーンランドや南極の周辺で、海水は非常に低温になり海氷がつくられる。海水は低温になると比重が重くなり、海氷ができることによって塩分濃度が上昇して、ますます重たい海水になる。この重たい海水が数千メートルの海底に沈み込む力が引き金となって、海洋の深層ではゆっくりとした海水の流れ、すなわち「熱塩循環」が形成される。この循環は、地球を半周するなんと2000年もかかる緩やかな流れで、当然その間に含まれている放射性炭素の放射能は減少し続ける。海洋には放射性炭素が減衰した膨大な炭素が溶け込んでおり、それがゆっくりと海洋表層に戻ってきているという循環が存在するのだ。

オホーツク海に隣接する北西太平洋はこの熱塩循環の終着点のひとつだ。2014年に海洋研究開発機構の海洋調査船「みらい」によって、三陸沖の北西太平洋（北緯39度56.83分　東経147度42.79分）で採取されたこれらの海水は、水深4900mでは1980年前の炭素を、水深10mではマイナス450年という「未来の年代」に相当する炭素を含んでいる。「未来の炭素」というは、天然の大気に含まれている濃度（1兆個に1個）よりも多くの放射性炭素が含まれているということを意味する。

これは、大気圏内核実験によって発生した放射性炭素の影響であり、海洋学の研究ではこの核実験起源放射性炭素が大気から海洋にどのように拡散しているかを手がかりに海水の循環を調べている。一方、深層の約2000年前の海水は、全海洋で最も古い海水に相当する。北西太平洋の高緯度ではその古い海水が浅層に湧昇するメカニズムがあり、同海域および隣接する縁辺海の海洋リザーバ効果を大きくしている。しかし、核実験以前に海水に含まれていた放射性炭素の濃度は現代の海水を調べてもわからない。そのため、我々は明治時代の貝殻に含まれる放射性

H4 未来の海水と2000年前の海水

The seawater back from 2000 years ago to the future

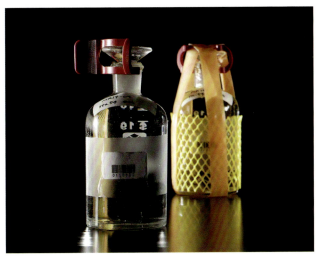

放射性炭素濃度測定を行った海水資料（資料提供：海洋研究開発機構）（撮影：山田昭順）
Sea water sample for radiocarbon measurement (samples courtesy of JAMSTEC, photo: Akinobu Yamada)

炭素を調べる必要があった。

　深層水の熱塩循環は地球全体の海水を攪拌して、赤道付近から高緯度地方に熱を運ぶベルトコンベアの役割も果たしている。このベルトコンベアが止まってしまうと、地球全体が急激に寒冷化する。1万2千年前には、氷期から間氷期に変換して急激な温暖化がおこったが、陸上にたまっていた氷が一気に淡水として海洋に流れ込んだため、熱塩循環が停止したと推定される。ヤンガードライアスと呼ばれるこの一時的な寒冷期には、ヨーロッパでは高山植物であるチョウノスケソウ（ドライアス）の花粉が急激に増加し、反対に人々が暮らした遺跡の数は激減した。ネアンデルタール人が絶滅した原因のひとつも同様の寒冷化といわれている。

（米田　穣・熊本雄一郎）

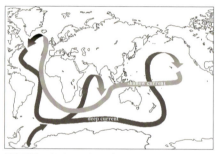

熱塩循環のベルトコンベアモデル
Thermohaline conveyer model
of deep water circulation

調査船「みらい」の調査航海で海水試料は採取された（提供：海洋研究開発機構）
Research Vessel "Mirai" collected those water samples
(Photo courtesy of JAMSTEC)

Research project on the shell revealed that the Okhotsk Sea has "old" water than Pacific. This difference is related to the global circulation of deep water called "thermohaline circulation", meaning the circulation by heat and salt. In the region near green land and Antarctic, the surface water became very cold and very salty because of the water trap in sea ice. The cold and salty water is heavier and the downstream to the bottom of ocean causing in these regions became trigger of global circulation which takes 2000 years.

Okhotsk is the goal of circulation and the samples collected by research vessel Mirai of Japan Agency of Marine Science and Technology (JAMSTEC) showed us very clear evidence by radiocarbon dating. Both two samples were collected in 2014 at the location of 39º 56.93'N, 147º 42.79E showed very different apparent radiocarbon ages; one from -4900 m was 1980 year BP and -10 m was -450 year BP.

Does the years with minus means future? It means that modern ^{14}C concentration excess the standard value in "natural" atmosphere because of the anthropogenic radiocarbon by atomic bomb testing in atmosphere. The anthropogenic ^{14}C called "bomb ^{14}C" has disturbed the natural abundance of ^{14}C in surface water and it is difficult to evaluate is by modern samples. That is the reason we measured shell collected in the Meiji era. The "bomb ^{14}C" can utilize as a kind tracer in global level to understand the dynamics of water-mass in ocean, for example.

The water circulation in surface layer is also important for global condition. The thermohaline circulation was probably disturbed by "sweet" melt water from terrestrial ice sheet in the transition from the last glacial period to the contemporary warm Holocene. At that time, the pollen data suggest the drastic increase of Dryas and the number of archaeological site drastically decreased. This cooling event is cold the Younger Dryas and this kind of drastic events were probably occurred frequently in the late Pleistocene. One of them might trigger the extinction of Neanderthal in Europe.

(*Minoru Yoneda & Yuichiro Kumamoto*)

地球規模の炭素循環は私たちの身体にもその痕跡を刻んでいる。例えば、東京都北区にある縄文時代の貝塚遺跡である西ヶ原貝塚から出土した人骨の例を見てみよう。この遺跡では、2007年の発掘調査で、縄文時代後期初頭の称名寺式の土器に収められた胎児骨が発見された。土器の研究から、称名寺式の土器は後述する較正年代で4420～4250年前(cal BP)に使用されたと推定されている。ところが、この胎児骨の放射性炭素年代をそのまま較正すると4568～4440年前となった。土器編年では、骨が納められていた称名寺式よりもひとつ古い、縄文時代中期加曾利E4式期(4520～4420年前)に相当する年代だ。

　縄文人が魚貝類を食べたため、炭素14が減衰した海の炭素が影響したのだ。そこで私たちは、骨のタンパク質(コラーゲン)で炭素と窒素の安定同位体比($\delta^{13}C$と$\delta^{15}N$)を測定した。この値は食物の割合に応じてその特徴が反映するので、過去の食生活を推定できる。食料資源の安定同位体比との比較から、この胎児骨の場合、母親が摂取した魚貝類を通じて海洋リザーバの炭素が約34%含まれていると推定された。

　上述の東京湾採取のシオフキなどの年代から東京湾の海水は大気よりも約460年古いと推定された(Yoshida et al. 2010)。3割が海洋由来の炭素だとすると、胎児骨の年代は海産物のせいで150年ほど古くなっていることになる。その分を加えて再計算すると、4412～4296年前という年代になった。称名寺式土器の年代とぴたりと一致する。人骨の年代推定は一筋縄ではいかないが、炭素がどのような経路を経由して、何から由来しているのか、丁寧に読み解ければ、正確な年代を得ることができる。

　今回調査中に、不明人骨とされていた資料の中に、「西ヶ原十七区」と書かれたメモと一緒に1951年の新聞紙にくるまれた人骨が見つかった。メモを残したのは理学部人類学教室で多数の発掘を行った酒詰仲男だ。しかし、酒詰が残した日誌の記録と骨に注記された発掘区が一致

H5 縄文人骨の年代を決める
Dating Jomon human skeletons

当館に不明人骨として保管されていた西ヶ原貝塚出土人骨。膝蓋骨の表面にみえる小さな四角形の傷はサンプル採取した痕である(撮影：山田昭順)。
Human remains from Nishigahara shellmidden have not been registered. We took small pieces of cortical bone for stable isotopes and radiocarbon analyses (Photo: Akinobu Yamada)

しない。そこで、調査記録と形態学的な特徴から別個体と想定された7点について、同位体分析と年代測定を実施した。

　頭骨を除く全身がほぼそろっていた1号人骨は成人女性で、その箱には酒詰日誌にあるように別個体の男性の膝蓋骨が含まれていた。この2つは非常に近い年代を示すが、安定同位体は一致しない。3号と想定された下顎骨と4号と想定された大腿骨も年代は一致するが、安定同位体は大きく異なり明らかに別個体だ。一方、3号と想定した距骨と5号と想定した大腿骨は年代も安定同位体比もよく一致しており、同一個体の可能性が示された。

　結論として、考古学的な情報が失われてしまった西ヶ原人骨には、縄文時代後期の加曽利B式期の少なくとも6個体の人骨が含まれていると判断され、酒詰日誌にある5個体と膝蓋骨という記録とよく整合的である。まるで法医学ドラマのような研究だが、わずかな破壊分析によって、失われた資料価値が復活した瞬間である。食生活の個人差は、先史社会の複雑さについての情報な情報源になる。　　　（米田　穣・佐宗亜衣子）

We are in a part of the global carbon cycle in past and today and the radiocarbon dating can clearly shows its effect on the Jomon skeletons. Here, we show a case study of collaboration including anthropological morphology and chronological science for the Jomon skeletons from Nishigahara shellmidden, Kita-ku, Tokyo, 4 km northwest of the Hongo campus of the University of Tokyo.

In the 2007 rescue survey, a fetus human bones were recovered from a Shomoji type pottery, assigned to the period between 4420-4250 cal BP. The apparent ^{14}C age of bone are 4568-4440 cal BP corresponding to precedent pottery type, Kasori E4 dated to 4520-4520 cal BP. This discrepancy was caused by ^{14}C-depleted carbon from marine ecosystem, because Jomon people consumed significant amount of see foods.

We correct the marine reservoir effect on human bones by measuring stable carbon and nitrogen, suggesting 34% contribution from marine and the corrected calibrated ^{14}C age is 4412-4296 cal BP in a good agreement with pottery chronology. The correction based on stable isotopes worked very well, because the

炭素・窒素同位体比を測定するための安定同位体比質量分析装置。前処理のための元素分析計などが複数接続されており、炭素・窒素・酸素・硫黄などの同位体比を測定できる（撮影：大森貴之）
The mass spectrometer with several preparation systems. We can measure stable isotopic ratios in carbon, nitrogen, oxygen and surfer (Photo: Takayuki Omori)

stable carbon and nitrogen isotopes reflect the origin of elements in isotope signature.

Then, we measured seven bones originated from Nishigahara shellmidden, excavated in 1951 but the detailed archaeological information has been lost. According to morphology we selected the samples and conducted the chemical fingerprinting to detect individual variability. As a result, we conclude the boxes contain at least 6 individuals corresponding to Kasori B type pottery. This research will reveal the daily life and the temporal change of diet at the Nishigahara site. *(Minoru Yoneda & Aiko Saso)*

参考文献 References

Yoshida, K. *et al.* (2010) Pre-bomb marine reservoir ages in the Western Pacific. *Radiocarbon* 52: 1197-1206.

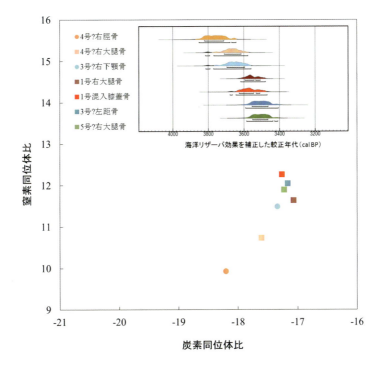

西ヶ原貝塚出土人骨で測定された炭素・窒素同位体比と較正年代
The results of stable isotope and radiocarbon analyses on Nishigahara Jomon humans

トルコ共和国の首都アンカラから約70km南西に位置するゴルディオンは、鉄器時代にフリギア王国の首都として栄えた都市であり、アレキサンダー大王が解いたといわれるゴルディオンの結び目の伝説でもしられる。ここに位置する王墓のひとつミダス王の玄室は巨大な木造構築物であり、ここに展示する木片はその一部である。放射性炭素年代からこの木材は起元前912年に伐採されたと推定できる。日本では縄文時代晩期に相当する木材で、なぜこのように正確な年代を決められるだろうか。

　通常の放射性炭素年代の測定では、どれだけ注意しても化学処理や測定にともなって、外部から大気や有機物の炭素が混入するため、測定に伴う数十年の誤差が発生する。一方、樹木年輪はほぼ1年1回成長輪を刻むので、生きている樹木で中心までの年輪の数を数えれば、正確に樹齢を調べることが可能である。また、年輪の成長幅や密度の変化は、降水量や気温などの気象条件に強く影響を受けるため、同じ地域の樹木では共通した年輪変化パターンを見出すことができる。この特徴を利用し、年代が明らかな樹木年輪と枯れた樹木や古材の年輪とのパターンマッチングによって年代決定を行う方法が年輪年代法であり、欧州の年輪データベースは1万年以上前にまで遡る。

　植物の場合、細胞の廻りにセルロースの壁があり、それが強固な構造をなしている。樹木ではセルロースは、一度形成されると成分が置き換わらずに周辺に新しい細胞が付け加わって成長する。そのため、樹皮から100本分の年輪を数えた年輪には、100年前のセルロースが存在している。放射性炭素が100年間で減少する分を補ってやれば100年前の大気中の放射性炭素を推定できる。年輪年代法によって年代を決めた年輪で放射性炭素年代を測定すれば、過去の大気に含まれていた放射性炭素の濃度変化を調べることができるのだ。年輪年代のデータベースをつくった樹木で、今度は放射性炭素を暦年代に変換する較正曲線データベースが1980年代から構築された。

　ミダス王墓の木材では、年輪にそって5年ごとに木材を分割して放射性炭素年代が測定された。通常の測定では、測定に伴う誤差と、実際の年代への較正にともなう誤差のために、年代推定には数十年から数百年の誤差がともなう。しかし、年輪にそって連続的に放射性炭素年代を得ることができれば、較正曲線の変動パター

H6 年輪からみる
近東と南米の古代文明

Trees witnessed ancient civilizations in the Near East and South America

放射性炭素と酸素同位体比の測定のために切り出された木片。上が原生のワランゴ、下がミダス王墓の資料（撮影：山田昭順）
Wood pieces were taken for radiocarbon and oxygen isotope analyses (Left from modern huarango, right from the "Midas" tumulus) (Photo: Akinobu Yamada)

ンと参照して、誤差数年の正確な年代を決定することができるのである。この方法はウィグルマッチングと呼ばれ、木造建築の年代や改修履歴の研究などにも広く応用されている。

年輪が形成される地域は季節変動の大きい中緯度地方に限られており、例えば南米のナスカ台地ではウィグルマッチングの応用は難しい。木材に見える縞は、1年に1本正確に刻まれているのでなく、数年に1度あるいは1年に数本できる成長輪である。私たちは、この成長輪をさらに細かく分割して、含まれる放射性炭素と炭素や酸素の安定同位体を測定している。放射性炭素の変動を統計解析して、木片の成長輪の形成年代を特定し、さらに安定同位体比から降水量との関係を検討するプロジェクトだ。この木片には、有名な地上絵が描かれるようになった時期と、その前後におけるエルニーニョ現象の頻度などの情報が記録されていると期待される。

（米田　穣・大森貴之）

Gordion, famous for the legend of "Gordian knot" associated with Alexander the Great, is located about 70 kilometers southwest of the Turkish capital Ankara. This ancient city flourished as capital city of the Phrygian kingdom in the Iron Age. In 1957, the largest tumulus at Gordion, called "Midas Mound", was discovered by the excavation team of the University of Pennsylvania Museum of Archaeology and Anthropology. There is the beautiful wooden burial chamber for Midas's father Gordias in the tumulus. A piece of the wooden chamber is exhibited here. Radiocarbon dating indicated this piece was being cut down in around BC 912. How can we get such accurate absolute date?

Radiocarbon data has a few decade errors, which occur from contaminants in chemical pretreatments as well as measurements. On the one hand, a tree-ring counting can provide us highly accurate age. Since a tree constructs annual growth rings, we can know the tree age from the number of annual rings from the pith to the outer ring. Moreover, the tree growth and tissue density are correlated with climatic factor, such as precipitation and temperature, and we can find specific variations in tree-ring width, focusing on the same tree species and region. If you have typical tree-ring pattern, you can obtain the absolute age of unknown tree-ring samples.

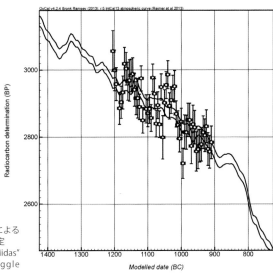

ウィグルマッチングによるミダス王墓の年代推定
Age estimation of "Midas" tumulus using wiggle matching method

In the case of Europe, the tree-ring database has been compiled up to 10 thousands years ago.

Cell wall in plant is made of cellulose, and robust chemical structure is formed. Cellulose does not turned over after production, and so the 100th tree-ring from the outer most keeps isotopic components 100 years ago. By correcting the decay of radiocarbon in 100 year (about 1%), we can estimate past radiocarbon concentration 100 years ago. Combining dendrochronology and radiocarbon dating, we can investigate the variation of radiocarbon concentration in past atmosphere. In 1980's, it was started to compile the radiocarbon database call "calibration curve" to translate radiocarbon age to calendar age.

The wood sample of the Midas Mound was separated into every 5 years, and measured radiocarbon concentration in each tree-ring. Single radiocarbon age has two type errors ranging from decades to centuries; measurement error and propagation error from the calibration curve. By the pattern matching between the sequential radiocarbon data and the calibration curve, the quite accurate age with a few year error can be derived. This method calls ^{14}C wiggle matching.

It is difficult to perform ^{14}C wiggle matching in the arid lower latitude, such as Nazca plateau, Peru, because the annual growth rings are not clearly visible. In order to identify the seasonality in a single growth ring, we not only performed the dendrochronological and radiocarbon dating, but also applied the stable isotope analysis. Moreover, we try to extract rapid environment changes, and to reconstruct the paleoclimate distribution based on the stable isotopes. The Nazca plain is famous for the "Nazca's line". Our goal is to extract the relationship with paleoenvironment changes and cultural activities.

(*Minoru Yoneda & Takayuki Omori*)

ナスカ台地に自生するワランゴの木 (撮影：米田 穣)
Modern huarango tree living at Nazca plateau
(Photo: Minoru Yoneda)

カミオカンデやスーパーカミオカンデなどで知られる東京大学宇宙線研究所から、直径130cm、重さ80kgの屋久杉の円盤が2015年に寄贈された。宇宙線は大気上層で窒素と反応して放射性炭素をつくるので、放射性炭素年代測定とも縁が深いが、なぜ宇宙線研究所が屋久杉を採取し研究していたのだろうか。年輪資料は、正確な年代を決めるための測定試料としてだけではなく、過去の宇宙線の変化を調べるアーカイブしても活用されているのだ。

寄贈された屋久杉円盤には、1650本ほどの年輪が確認できた。月に35日雨が降るとも言われる屋久島は、花崗岩からなる急峻な地形をしており、1963mの宮ノ浦岳は九州の最高峰だ。多雨によって浸食された花崗岩は、決して植物の生育に適した環境でなく、屋久杉の成長は悪い。年輪が1mmにも満たないのが見て取れる。そのため、それほどの大木でない屋久杉にも2000年近くの年輪が刻まれているのだ。本州のスギは平均的な寿命が数百年ほどなので、長時間にわたる連続した年単位の情報をもつ屋久杉は極めて貴重な資料といえる。

X線天文学のパイオニアで、当時、原子核研究所に所属した小田 稔らが、学習院大学の木越邦彦との共同研究を開始し、1960年に屋久島で試料採取している（木越 1978）。原子核研究所に直径2m以上の樹幹が3本あったとのことで、この資料もその一部であるに違いない。年輪の放射性炭素濃度から、宇宙線を研究する方法は「較正曲線」を作成する作業と全く同様だ。較正曲線が必要な理由である大気中炭素の放射能の変化は、宇宙線の強弱によってもたらされるからだ。遠い銀河からやってくる宇宙線は、その強度には大きな変化がないと考えられるが、大気上層にまで到達する量は、太陽系をおおう太陽風と地球磁場の強弱によって変化す

H7 屋久杉に刻まれた太陽の歴史

Solar activities recorded in tree rings

宇宙線研究所から寄贈された屋久杉の円盤。展示用と分析用に半切した（撮影：山田昭順）
Disk of Japanese cedar from Yakushima Island. The disk was sliced into two parts; one for studies, and another for exhibition (Photo: Akinobu Yamada)

る。正確な年代を知るためのデータベースは同時に太陽活動の歴史を刻んだものであり、地球上の環境への様々な影響を記録していることになる。AMSによって年輪1年1年の放射性炭素の変化を読み解けるようになったことで、太陽活動が地球環境に与えた影響を読み解く、「宇宙気象学」の扉が開いた（宮原 2014）。屋久杉は太陽が人類に与えた影響を読み解く貴重な情報源にもなったのだ。

「縄文杉」で知られる屋久杉の古木にも数千年の歴史が刻まれているのだろう。屋久杉は2001年に伐採を終了しているので、その情報を読み解くことは現時点ではできない。我々は、この貴重な屋久杉円盤を活用すべく、資料の正確な伐採年を決定し、今後の研究で活用できるように準備を進めている。

（米田　穣・大森貴之・尾嵜大真）

Some large disks of Yaku cedar have been stored in the Institute for Cosmic Ray Research of the University of Tokyo and we have exhibited one of them in Chronosphere hall. The tree rings are not just materials for accurate radiocarbon dating, but they contains various valuable data on the history of environment and solar activities. That is why tree samples were taken and studies by the Institute for Cosmic Ray Research.

The disk in Chronosphere has about 1650 rings in 130 cm, suggesting average width of rings is less than one mm. Yaku-shima Island is volcanic geology and mountains as high as 1963 m above sea level at Miyanouradake, is the highest peak in Kyushu region. This area has much precipitation but is no suitable for plant growth. That is why Yaku cedar has long life and many ring in them, which typical life span of cedar is several hundred years.

Dr. Kunihiko Kigoshi of Gakushuin University wrote that tree large timbers of cedar was taken from Yaku-shima Island to ICRR in 1960 by Dr. Minoru Oda, who is well known as a pioneer of X-ray astronomy (Kigoshi 1978), and this disk is highly probably originated from one of them. The radiocarbon activities in tree rings were measured for making calibration curve and the exactly same data can be used for investigating the cosmic ray in past. The cosmic ray came from the space change nitrogen into radiocarbon in the upper atmosphere. The amount of cosmic ray is affected by the solar wind and the magnetic field of earth. It means that the weaker solar activity will result in higher production rate of radiocarbon and apparent younger radiocarbon dates in contemporaneous organisms.

This unique record of past solar activity can be investigated in light of historical record of climate change, opening the door of new science field called "cosmic meteorology". The very high sensitivity of AMS is essential to detect annual fluctuation in solar activity recorded in a single tree ring.

Probably a gigantic cedar tree, so called "Jomon Sugi" on Yaku-shima Island may contain several thousand year records inside. We cannot get its disk now because hewing the Yaku cedar has terminated since 2001. Because the scientific values of old disks is now becoming higher and higher, we are investigating the precise chronological information of this specimen for future studies.

(Minoru Yoneda, Takayuki Omori & Hiromasa Ozaki)

参考文献 References

木越邦彦(1978)『年代を測る―放射性炭素法』中央公論社．

宮原ひろ子（2014）『地球の変動はどこまで宇宙で解明できるか：太陽活動から読み解く地球の過去・現在・未来』化学同人．

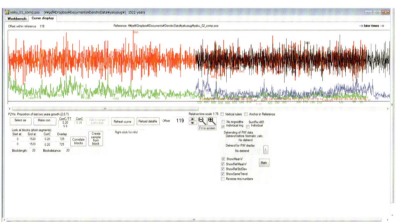

年輪の変化パターンを複数の研究者によって計測し、相互比較することでより正確な年代を決定していく（上・下）
Cross check among researchers is essential process for accurate dendrocrhnology

年輪を刻むのは樹木だけではない。水深35メートルの湖底に静かに降り積もる堆積物に刻まれた縞が、放射性炭素年代を改良する鍵として注目されている。福井県三方五湖のひとつ水月湖で1991年に採取されたコアを調査した安田喜憲（ふじのくに地球環境史ミュージアム）は、堆積物に細かい縞が刻まれていることを発見した。水月湖には河川が直接流入しておらず、水深が深いので下層が無酸素状態になっている。そのため、堆積物が生物活動によって攪乱されない。結果として、春に増殖する珪藻や晩秋から早冬に堆積する鉄の鉱物などによって、白黒の縞が刻まれることになった。このような堆積物の年輪は高緯度の湖では知られていたが、温暖な日本列島で存在することは知られていなかった。安田はこの縞を「年縞」と名付けた。

さらに幸運なことに、水月湖は断層によって沈降しているので、通常の湖にくらべて極めて長期間の堆積物を有していたのだ。普通の湖沼では、堆積物がたまって数万年で陸化することが多い。水月湖では45mもの湖底堆積物に7万枚にも及ぶ年縞が含まれていた。このような好条件をもった湖はこれまで発見されていなかった。水月湖が奇跡の湖と呼ばれる所以である。

水月湖で調査が始まったのは、縄文時代の遺跡がきっかけだ。水月湖に隣接する三方湖の沿岸に位置する鳥浜貝塚は、縄文時代草創期から数千年間にわたって集落が営まれた。この遺跡は低湿地で酸素が少ない環境だったので、丸木舟や漆の木などの有機物の保存状態が極めて良い点で画期的であった。私たちがまだほとんど知らない縄文時代の実像を伝えてくれ貴重なタイムカプセルだ。鳥浜貝塚に暮らした縄文人と環境変化の関係を調べるために、隣接する湖の堆積物に着目したのが、研究の始まりだったのだ。

最新の較正曲線IntCal13には日本の水月湖のデータが含まれた。年縞堆積物の較正年代に応用できることに気付いた北川浩之（名古屋大学）は、4万枚もの堆積物を数え、250以上の有機物を拾い出して放射性炭素年代を測定した。このデータは、大気に直接由来する炭素の変化を

H8 時を刻む湖
—水月湖の年縞堆積物

Miracle occurred in Lake Suigetsu

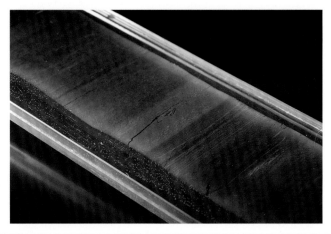

水月湖から回収されたコア。1mmほどの縞が休むことなく刻まれている（撮影：山田昭順）
Laminated sediment layers from Lake Suigetu. The varves as thick as 1 mm had continuously produced (Photo: Akinobu Yamada)

反映しているので、年代のずれがある海洋堆積物やサンゴ化石のデータに比べて画期的だった。しかし、年縞の数え落としが無視できないとされて、2004 年には較正曲線に加えられなかった。

　数十メートルに及ぶ堆積物を回収するのは至難の業で、1 メートルあるいは 2 メートルのコアを隙間があかないように引き上げる必要がある。このコアの間の隙間や攪乱が蓄積すると大きな誤差になってしまう危険がある。中川 毅 (立命館大学) を代表とする国際チームは、繋ぎ目がずれたコアを 4 本掘削することでこの問題を解決した。文字で書くと簡単だが、数万枚の年縞を計測するだけでも常識外れの仕事量である。強い使命感と情熱に支えられた偉業といえる (中川 2015)。

　年代測定の基準として水月湖のデータは重要な役割を果たすことになったが、研究の第二章は始まったばかりである。堆積物には 7 万年にもおよぶ環境の様々な情報が刻まれている。それを読み解くことで私たちは何を知るのだろうか？研究は現在進行形である。

(米田　穣・大森貴之)

Lake Suigetsu, which is one of Five Lakes of Mikata in Fukui Prefecure, has drawn attention worldwide as the key site for improvement of radiocarbon dating. In the bottom of the lake, quite beautiful varved sediment are preserved, and its sediment was accepted as the world standard for time scale. In 1991, Prof. Yoshinori Yasuda (Museum of Natural and Environmental History, Shizuoka) discovered the fine laminate structure "NENKO" in the Suigetsu sediment core. The fine varve sediment was created by the unique environment. For instance, the water depth is approximately 35 meters and there is no inflowing river to Lake Suigetsu. Such water environment puts the anoxic condition in the bottom layer, and hold off benthic and microbial activity. As a result, inorganic minerals, epipelagic planktons and plants, and terrestrial pollen, which were provided by seasonality variations, were accumulated gently. Moreover, Lake Suigetsu is gradually subsiding by faults, and the sediment can be continuously growth. Recently, 70,000 layers have been identified from 45 m lake cores. Therefore, Lake Suigetsu is called as "Miraculous Lake".

2014 年に実施された水月湖でのコア試料採取
(提供：福井県)
Coring at the Lake Suigetsu in 2006 (Photo courtesy of Fukui Prefecture)

The Suigetsu sediment cores were performed by multiple analysis for the construction of the terrestrial radiocarbon chronology for the Northern Hemisphere, the extraction of the paleoenvironment information, and the consideration of the detail climate changes by International research group which is organized by Prof. Takeshi Nakagawa (Ritsumekan University). On the basis of their achievements, the ^{14}C dataset constructed from the Suigetsu sediment cores was compiled into the latest version of the calibration curve IntCal13, and playing key roles in Radiocarbon dating and paleoenvironment studies.

The research project of Suigetsu has only just begun. Many other issues must be resolved in the Lake sediment cores. Our challenging is in progress. (*Minoru Yoneda & Takayuki Omori*)

参考文献 References

中川 毅 (2015)『時を刻む湖 7 万枚の地層に挑んだ科学者たち』岩波書店.

Reimer, P. *et al*. (2013) IntCal13 and Marine13 radiocarbon age calibration curves 0–50,000 years cal BP. *Radiocarbon* 55(4): 1869-1887.

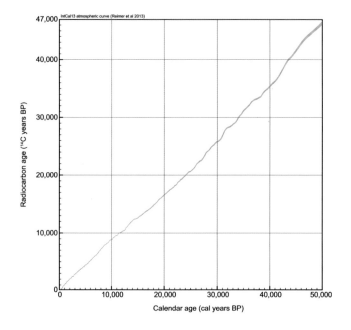

水月湖の年稿データを取り入れた IntCal13 較正曲線 (Reimer *et al.* 2013)
The latest calibration curve IntCal13 include the data from verves of Lake Suigetsu (Reimer *et al.* 2013)

標本収集からアーカイヴまで
Archiving the UMUT collection

東京大学総合研究博物館研究報告 (1971–2016)
The University Museum, The University of Tokyo, Bulletin (1971–2016)

東京大学総合研究博物館では展覧会図録やニューズレター、モノグラフ等、多様な刊行物を出版しているが、恒常的な標本研究、つまりキュラトリアルワークの成果を公表する場としては、研究報告（Bulletin）と標本資料目録（Material Reports）という二つのシリーズを設けている。研究報告は収蔵標本の研究やフィールドワークの成果などを報告する骨太の論文集であって、紙幅の限られた学術雑誌への投稿に向かない研究を発表する媒体として活用されている。一方、標本資料目録は総合研究博物館収蔵品の公式カタログである。各分野の体系にそって分類整理された標本が記載されており、一部はデジタル・データベースとして博物館ホームページでも公開されている。これら二種の出版物は表紙がそれぞれ、青、黄色であることから、青表紙、黄表紙として資料館時代（1966-1995）以来、長く親しまれてきた。いずれも総合研究博物館における研究、教育、公開発信事業の基盤を支える出版物である。　　　（西秋良宏）

The following is a list of Bulletins and Material Reports, the two major publication series of the UMUT for documenting its scientific materials. Many of these volumes are available in an electronic form as well.　　　　　　　　　（*Yoshihiro Nishiaki*）

No. 1 Report of the Reconnaissance Survey on Palaeolithic Sites in Lebanon and Syria. Edited by H. Suzuki and I. Kobori. 1971
No. 2 Flora of Eastern Himalaya. Second Report. Compiled by H. Hara. 1971
No. 3 Excavations at Shillacoto, Huanuco, Peru. By S. Izumi, P. J. Cuculiza & C. Kano. 1972
No. 4 Report of the Investigation of the Kamitakatsu Shell-Midden Site. By T. Akazawa. 1972
No. 5 The Palaeolithic Site at Douara Cave in Syria. Part 1. Edited by H. Suzuki & F. Tagai. 1973
No. 6 The Palaeolithic Site at Douara Cave in Syria. Part 2. Edited by H. Suzuki & F. Tagai. 1974
No. 7 The Wakabayashi Mineral Collection. By R. Sadanaga & M. Bunno. 1974
No. 8 Flora of Eastern Himalaya. Third Report. Compiled by H. Ohashi. 1975
No. 9 Petrological Study of the Sambagawa Metamorphic Rocks. By M. Toriumi. 1975
No. 10 A Systematic Survey of the Mesozoic Bivalvia from Japan. By I. Hayami. 1975
No. 11 Statistical and Comparative Studies of the Australian Aboriginal Dentition. By K. Hanihara. 1976
No. 12 Checklist of Ostracoda from Japan and Its Adjacent Seas. By T. Hanai, N. Ikeya, K. Ishizaki, Y. Sekiguchi & M. Yajima. 1977
No. 13 A Systematic Survey of the Paleozoic and Mesozoic Gastropoda and Paleozoic Bivalvia from Japan. By I. Hayami & T. Kase. 1977
No. 14 Paleolithic Site of the Douara Cave and Paleogeography of Palmyra Basin in Syria. Part I. Edited by K. Hanihara & Y. Sakaguchi. 1978
No. 15 A Synopsis of the Sparoid Fish Genus Lethrinus, with the Description of a New Species. By T. Sato. 1978
No. 16 Paleolithic Site of the Douara Cave and Paleogeography of Palmyra Basin in Syria. Part II. Edited by K. Hanihara & T. Akazawa. 1979
No. 17 Checklist of Ostracoda from Southeast Asia. By T. Hanai, N. Ikeya & M. Yajima. 1980
No. 18 Seasonal Dating by Growth-line Counting of the Clam, Meretrix lusoria: Toward a Reconstruction of Prehistoric Shell-collecting Activities in Japan. By H. Koike. 1980
No. 19 The Minatogawa Man. Edited by H. Suzuki & K. Hanihara. 1982
No. 20 Studies on Japanese Ostracoda. Edited by T. Hanai. 1982

No. 21 Paleolithic Site of the Douara Cave and Paleogeography of Palmyra Basin in Syria. Part III. Edited by K. Hanihara & T. Akazawa. 1983

No. 22 Geographic Variation in Modern Japanese Somatometric Data and Its Interpretation. By M. Kouchi. 1983

No.23 Palaeopathological and Palaeoepidemiological Study of Osseous Syphilis in Skulls of the Edo Period. By T. Suzuki. 1984

No. 24 Natural History and Evolution of Cryptopecten (A Cenozoic-Recent Pectinid Genus). By I. Hayani. 1984

No. 25 Food Habits of Teleostean Reef Fishes in Okinawa Island, Southern Japan. By M. Sano, M. Shimizu & Y. Nose. 1984

No. 26 Shovelling: A Statistical Analysis of Its Morphology. By Y. Mizouchi. 1985

No. 27 Prehistoric Hunter-Gatherers in Japan— New Research Methods—. Edited by T. Akazawa & C. M. Aikens. 1986

No. 28 The Tokuwa Batholith, Central Japan. By M. Shimizu. 1986

No. 29 Paleolithic Site of the Douara Cave and Paleogeography of Palmyra Basin in Syria. Part IV. Edited by T. Akazawa & Y. Sakaguchi. 1987

No. 30 Paleobiological Study of the Late Triassic Bivalve Monotis from Japan. By H. Ando. 1987

No. 31 The Himalayan Plants, Volume 1. Edited by H. Ohba & S. B. Malla. 1988

No. 32 Electrum: Chemical Composition, Mode of Occurrence, and Depositional Environment. By N. Shikazono & M. Shimizu. 1988

No. 33 A Revision of the Genus Lespedeza Section Macrolespedeza (Leguminosae). By S. Akiyama. 1988

No. 34 The Himalayan Plants, Volume 2. Edited by H. Ohba & S. B. Malla. 1991.

No. 35 Submarine Cave Bivalvia from the Ryukyu Islands: Systematics and Evolutionary Significance. By I. Hayami & T. Kase. 1993

No. 36 Posterior Extension of the Swimbladder in Percoid Fishes, with a Literature Survey of Other Teleosts. By Y. Tomonaga, K. Sakamoto & K. Matsuura. 1996

No. 37 Sino-Japanese Flora—Its Characteristics and Diversification. By D. E. Boufford & H. Ohba. 1998

No. 38 Comparative Anatomy and Phylogeny of the Rcent Archaeogastropoda (Mollusca: Gastropoda). By T. Sasaki. 1998

No. 39 The Himalayan Plants, Volume 3. Edited by H. Ohba. 1999

No. 40 Gross morphology and evolution of the lateral line system and infraorbital bones in bitterlings (Cyprinidae, Acheilognathinae), with an overview of the lateral line system in the family Cyprinidae. By R. Arai & K. Kato, 2003

No. 41 The Botanical Collections: Proceedings of the symposium 'Siebold in the 21st Century' held at The University Museum, the University of Tokyo, in 2003. Edited by H. Ohba & D. E. Boufford, 2005

No. 42 The Himalayan Plants, Volume 4. Edited by H. Ohba. 2006

No. 43『彦崎貝塚の考古学的研究』山崎真治・高橋健. 2007 (An Archaeological Study of the Jomon Shellmound at Hikosaki. By S. Yamasaki & K. Takahashi. 2007)

No. 44 Mineral Collection and 'Lapidographia Japonica' by Philipp Franz von Siebold. Edited by T. Tagai & A. Mikouchi. 2008

No. 45 Mineral and Fossil Collections of Philipp Franz von Siebold. Edited by T. Tagai & T. Sasaki. 2010

No. 46 The Japanese Collection Related to Natural History in the National Museum of Ethnology, Leiden, the Netherlands. Edited by T. Tagai, A. Mikouchi & M. Forrer. 2013

No. 47 Konso-Gardula Research Project. Volume 1. Paleontological Collections: Background and Fossil Aves, Cercopithecidae, and Suidae. Edited by G. Suwa, Y. Beyene & B. Asfaw. 2014

No. 48 Konso-Gardula Research Project. Volume 2. Archaeological Collections: Background and the Early Acheulean Assemblages. Edited by Y. Beyene, B. Asfaw, K. Sano & G. Suwa. 2015

東京大学総合研究博物館標本資料目録 (1976–2016)
The University Museum, The University of Tokyo, Material Reports (1976–2016)

No. 1『東京大学学内標本資料の概要』大場秀章. 1976 (Preliminary Report of the Specimens in the University of Tokyo. By H. Ohba. 1976)

No. 2『地史古生物部門所蔵タイプおよび図示標本目録　第1部　古生代、中生代化石』市川健雄・速水格. 1978 (Catalogue of Type and Illustrated Specimens in the Department of Historical Geology and Palaeontology of the University Museum, University of Tokyo. Part 1: Paleozoic and Mesozoic Fossils. By T. Ichikawa & I. Hayami. 1978)

No. 3『日本縄文時代人骨型録』遠藤美子・遠藤萬里. 1979 / Catalogue of Skeletal Remains from Neolithic Jomon Period in Japan Preserved in the University Museum, The University of Tokyo. By Y. Endo & B. Endo. 1979

No. 4『鉱物標本目録　第1部　珪酸塩鉱物』豊遥秋. 1980 (Catalogue of Mineral Specimens in the University Museum, The University of Tokyo. Part 1: Silicate Minerals. By M. Bunno. 1980)

No. 5『植物タイプ標本目録　第1部　サトイモ科』大橋広好. 1981 (Catalogue of the Typ Specimens Preserved in the Herbarium of Department of Botany in the University Museum, University of Tokyo. Part 1: Araceae. By H. Ohashi. 1981)

No. 6『考古資料目録　第1部　メソポタミア（イラク）』谷一尚・松谷敏雄. 1981 (Catalogue of Archaeological Remains in the Department of Archaeology of Western Asia. Part 1: Mesopotamia (Iraq). By T. Taniichi & T. Matsutani. 1981)

No. 7『植物タイプ標本目録　第2部スイカズラ科・レンプクソウ科』原寛・大場秀章. 1983 (Catalogue of the Type Specimens Preserved in the Herbarium, Department of Botany, The University Museum, The University of Tokyo. By H. Hara & H. Ohba. 1983)

No. 8『地図目録　第1部　国外篇』小堀巌・田中正央. 1983 (Catalogue of the Maps Preserved in the Department of Geography, The University Museum, The University of Tokyo. Part 1:Foreign Countries. By I. Kobori & M. Tanaka. 1983)

No. 9『地史古生物部門所蔵タイプおよび図示標本目録　第2部　新生代化石、現生標本』市川健雄. 1983 (Catalogue of Type and illustrated Specimens in the Department of Historical Geology and paleontology of the University Museum, University of Tokyo. Part 2: Cenozoic Fossils and Recent Specimens. By T. Ichikawa. 1983)

No. 10『植物化石標本目録』鈴木三男. 1984 (Catalogue of the Fossil Plants Preserved in the Herbarium, Department of Botany, The University Museum, The University of Tokyo. By M. Suzuki. 1984)

No. 11『薬学部門所蔵生薬標本目録』秋山敏行. 1985 (Catalogue of the Crude Drugs in Department of Pharmaceutical sciences, The University Museum, The University of Tokyo. By T. Akiyama. 1985)

No. 12『考古学資料目録　第2部　金属器・金属製品、イラン』千代延恵正・松谷敏雄. 1986 (Catalogue of Archaeological Remains in the Department of Archaeology of Western Asia. Part 2: Iran (Metal Remains). By Y. Chiyonobu & T. Matsutani. 1986)

No. 13『長谷部言人博士収集犬科動物資料カタログ』茂原信生. 1986 (Catalogue of the ancient and recent canid skeletons collected by Dr. Kotondo Hasebe and preserved in the University Museum, The University of Tokyo. By N. Shigehara. 1986)

No. 14『水産動物部門所蔵魚類標本目録（1）』望月賢二・能勢幸雄. 1986 (Catalogue of the Pisces Specimens Preserved in the Department of Fisheries, The University Museum, The University of Tokyo (1). By K. Mochizuki & Y. Nose. 1986)

No. 15『地史古生物部門所蔵タイプおよび図示標本目録第3部補遺（1）』市川健雄. 1988 (Catalogue of Type and Illustrated Specimens in the Department of Historical Geology and Palaeontology of the University Museum, University of Tokyo. Part 3: Supplement (1). By T. Ichikawa. 1988)

No. 16『植物タイプ標本目録　第3部　バラ科バラ属・キイチゴ属』籾山泰一・大場秀章. 1988 (Catalogue of the Type Specimens Preserved in the Herbarium, Department of Botany, The University Museum, The University of Tokyo.

Part 3: Rosa and Rubus (Rosaceae). By Y. Momiyama & H. Ohba. 1988)

No. 17『地史古生物部門所蔵岩石標本目録　第１部　基礎試錐（ＭＩＴＩ）』飯島東・歌田実. 1990 (List of Core and Cutting Samples Collected from MITI-Boreholes for Oil and Gas Exploration in Japan. By A. Iijima & M. Utada. 1990)

No. 18『鳥居龍蔵博士撮影写真資料カタログ　第１部　解説』鳥居龍蔵写真資料研究会. 1990 (The Torii Ryuzo Photographic Record of East Asian Ethnology. Part 1: Text. By Torii Ryuzo Photographic Record Society. 1990)

No. 19『鳥居龍蔵博士撮影写真資料カタログ　第２部　写真 台湾１：ヤミ族、ほか』鳥居龍蔵写真資料研究会.1990 (The Torii Ryuzo Photographic Record of East Asian Ethnology. Part 2: Plates. Taiwan 1: Yami, Ami, Pyuma, Palwan and Rukai Peoples. By Torii Ryuzo Photographic Record Society. 1990)

No. 20『鳥居龍蔵博士撮影写真資料カタログ　第３部　写真 台湾２：タイヤル族、ほか』鳥居龍蔵写真資料研究会. 1990 (The Torii Ryuzo Photographic Record of East Asian Ethnology. Part 3: Plates. Taiwan 2: Tayal-Sediq, Bunun, Tsou-Kanakanabu-Saaroa and Thao Peoples, and Lowland Sincized Groups, Chinese and Others. By Torii Ryuzo Photographic Record Society. 1990)

No. 21『鳥居龍蔵博士撮影写真資料カタログ　第４部　写真：満州、千島、沖縄、西南中国』鳥居龍蔵写真資料研究会. 1990 (The Torii Ryuzo Photographic Record of East Asian Ethnology. Part 4: Plates. Manchuria, Kuril island, Okinawa and Southwestern China. By Torii Ryuzo Photographic Record Society. 1990)

No. 22『植物タイプ標本目録　第４部　ユキノシタ科』大場秀章・秋山忍. 1990 (Catalogue of the Type Specimens Preserved in the Herbarium, Department of Botany, The University Museum, The University of Tokyo. Part 4: Saxifragaceae, s. lat. By H. Ohba & S. Akiyama)

No. 23『地図目録　第３部　国内篇』栗栖晋二・米倉伸之. 1990 (Catalogue of Maps Preserved in the Department of Geography, The University Museum, The University of Tokyo. P. 2, Japan. By S. Kurisu & N. Yoshida. 1990)

No. 24『藻類タイプ標本目録』吉田忠生. 1991 (Catalogue of the Type Specimens of Algae Preserved in the Herbarium, Department of Botany, The University Museum, University of Tokyo. By T. Yoshida. 1991)

No. 25『縄文時代土偶・その他土製品カタログ』磯前順一・赤澤威. 1991 (Catalogue of the Tokyo University Museum Collection of Jomon Clay Figurines and Other Clay Objects. By J. Isomae & T. Akazawa. 1991)

No. 26『植物タイプ標本目録　第５部　ベンケイソウ科』大場秀章. 1992

No. Catalogue of the Type Specimens Preserved in the Herbarium, Department of Botany, The University Museum, The University of Tokyo. Part 5: Crassulaceae. By H. Ohba. 1992

No. 27『南アメリカ大陸先史美術工芸品カタログ　第１部　土器』大貫良夫・関雄二・丑野毅. 1992 (Catalogue of South American Prehistoric Art Objects in the Department of Cultural Anthropology, The University Museum, The University of Tokyo. Part 1: Ceramics. By Y. Onuki, Y. Seki & T. Ushino. 1992)

No. 28『考古学資料目録　第３部　イラン（テペ・シアルク採集土器片）』千代延惠正. 1993 (Catalogue of Archaeological Materials in the Department of Archaeology of West Asia. Part 3: Iran (Potsherds from Tepe Sialk). By Y. Chiyonobu.1993)

No. 29『地図目録第３部　国内篇（２）』栗栖晋二・米倉伸之. 1994 (Catalogue of Maps Preserved in the Department of Geography, The University Museum, The University of Tokyo. Part 3(2): Japan. By S. Kurisu & N. Yonekura. 1994)

No. 30『モンゴロイド系諸民族の初期映像記録アフリカ・オセアニア篇』赤澤威・落合一泰・船曳建夫. 1994 (Early Photographic of the Mongoloid Peoples –The Americas and Oceania-. By T. Akazawa, K. Ochiai & T. Funabiki. 1994)

No. 31『考古美術（西アジア）部門所蔵考古学資料目録　第４部　西アジア各国採集旧石器時代標本（1956-1957年度調査）』西秋良宏.1994 (Catalogue of Archaeological Materials in the

Department of Archaeology of Western Asia. Part 4: Palaeolithic remains from the 1956-1957 survey. By Y. Nishiaki. 1994)

No. 32『ネパール産種子植物データベースのための植物リスト』木場英久・秋山忍ほか . 1994 (Name List of the Flowering Plants and Gymnosperms of Nepal. By H. Kiba, S. Akiyama, Y. Endo & H. Ohba. 1994)

No. 33-1『地史古生物部門所蔵タイプおよび図示標本目録　第 4 部　補遺（2）』市川健雄 . 1995 (Catalogue of Type and illustrated Specimens in the Department of Historical Geology and Palaeontology of the University Museum, University of Tokyo. Part 4: Supplement (2). By T. Ichikawa. 1995)

No. 33-2『地図目録　第 4 部　国内篇（3）』栗栖晋二・茅根創 . 1999 (Catalogue of Maps Preserved in the Department of Geography, The University Museum, University of Tokyo. Part 4: Japan (3). By S. Kurisu & H. Kayane. 1995)

No. 34『ミクロネシア古写真資料カタログ』印東道子 .1999 (A Selection of Early Photographs Taken in Micronesia by Japanese Anthropologits. By M. Into. 1999)

No. 35『鉱物標本目録　第 2 部　元素鉱物・硫化鉱物・硫塩鉱物』田賀井篤平・明光美樹子 . 1999 (Catalogue of Mineral Specimens in the University Museum, The University of Tokyo. Part 2: Element, Sulfide and Sulfosalt Minerals. By T. Tagai & M. Akemitsu. 1999)

No. 36『植物タイプ標本目録　第 6 部　モチノキ科・ニシキギ科』清水晶子・大場秀章 . 1999 (Catalogue of the Type Specimens Preserved in the Herbarium, Department of Botany, The University Museum, The University of Tokyo. Part 6: Aquifoliaceae & Celastraceae. By A. Shimizu & H. Ohba. 1999)

No. 37『白亜紀アンモナイト類登録標本データベース』棚部一成・伊藤泰弘ほか . 2000 (Database of Cretaceous Ammonite Specimens Registered in the Department of Historical Geology and Paleontology of the University Museum, University of Tokyo. By K. Tanabe & Y. Ito. 2000)

No. 38『考古美術（西アジア）部門所蔵考古学資料目録　第 5 部　イラク、テル・サラサート出土の先史土器』西秋良宏 . 2000 (Catalogue of Archaeological Materials in the Department of Archaeology of Western Asi. Part 5: Prehistoric Pottery from Telul eth-Thalathat, Iraq. By Y. Nishiaki. 2000)

No. 39『鉱石標本目録　第 1 部　スカルン鉱石』松山文彦・清水正明・島崎英彦 . 1999 (Catalogue of Ore Specimens in the University Museum, The University of Tokyo. Part 1: Skarn Ores. By F. Sugiyama, M. Shimizu & H. Shimazaki. 1999)

No. 40『鉱物標本目録　第 3 部　ハロゲン化・酸化・炭酸塩・硼酸塩鉱物』田賀井篤平・明光美樹子・豊遥秋 . 1999 (Catalogue of Mineral Specimens in the University Museum, The University of Tokyo. Part 3: Halide, Oxide, Carbonate and Borate Minerals. By T. Tagai, M. Akemitsu & M. Bunno. 1999)

No. 41『植物タイプ標本目録　第 7 部　トウダイグサ科』黒沢高秀・清水晶子 . 2000 (Catalogue of the Type Specimens Preserved in the Herbarium,Department of Botany, The University Museum, The University of Tokyo. Part 7: Euphorbiaceae. By T. Kurosawa & A. Shimizu. 2000)

No. 42『鉱物標本目録　第 4 部　硫酸塩・燐酸塩・砒酸塩・バナジン酸塩鉱物』田賀井篤平・豊遥秋・明光美樹子 . 2000 (Catalogue of Mineral Specimens in the University Museum, The University of Tokyo. Part 4: Sulfate, Arsenate and Vanadate Minerals. By T. Tagai, M. Bunno & M. Akemitsu. 2000)

No. 43『鉱物標本目録　第 1 部　硅酸塩鉱物』田賀井篤平・豊遥秋・明光美樹子 . 2001 (Catalogue of Mineral Specimens in the University Museum, The University of Tokyo. Part 1: Silicate Minerals. By T. Tagai, M. Akemitsu & M. Bunno. 2001)

No. 44『植物タイプ標本目録　第 8 部　スミレ科』秋山忍・大場秀章 . 2001 (Catalogue of the Type Specimens Preserved in the Herbarium, Department of Botany, The University Museum, The University of Tokyo. Part 8: Violaceae. By S. Akiyama & H. Ohba. 2001)

No. 45『植物タイプ標本目録　第 9 部　カエデ科』清水晶子・大場秀章 . 2001 (Catalogue of the Type Specimens Preserved in the Herbarium,

Department of Botany, The University Museum, The University of Tokyo. Part 9: Aceraceae. By A. Shimizu & H. Ohba. 2001)

No. 46『埴原和郎歯牙石膏印象コレクション』埴原和郎・河野礼子・諏訪元. 2002 (Hanihara Collection of Dental Plaster Casts. By K. Hanihara, R. Kouno & G. Suwa. 2002)

No. 47『現代日本人頭骨計測データ附江戸時代頭骨』埴原和郎. 2002 (Metric Data for the Modern and Edo era Japanese Crania: Measured by Research Team for Local Variations of the Modern Japanese Crania 1979-82. By K. Hanihara. 2002)

No. 48-1『植物タイプ標本目録 第10部 クスノキ科』清水晶子・大場秀章・秋山忍. 2002 (Catalogue of the Type Specimens Preserved in the Herbarium, Department of Botany, The University Museum, The University of Tokyo. Part 10: Lauraceae. By A. Shimizu, H. Ohba & S. Akiyama. 2002)

No. 48-2『植物タイプ標本目録 第11部 モクレン科・バイレイシ科・マツブサ科・ほか』清水晶子・大場秀章・秋山忍. 2002 (Catalogue of the Type Specimens Preserved in the Herbarium, Department of Botany, The University Museum, The University of Tokyo. Part 11: Magnoloaceae, Annonaceae, Schisandraceae, Illiciaceae, Cercidiphyllaceae, Berberidaceae, Lardizabalaceae, Menispermaceae, Nymphaeaceae. By A. Shimizu, H. Ohba & S. Akiyama. 2002)

No. 49『植物化石薄片標本目録（LOMAX社製）』大場秀章・田賀井篤平. 2002 (Catalogue of Thin Sections of Plant Fossils in the University Museum, The University of Tokyo. By H. Ohba & T. Tagai. 2002)

No. 50『クランツ化石標本目録』矢島道子・市川健雄・田賀井篤平. 2002 (Catalogue of Fossil Specimens of the Krantz's Collections in the University Museum, The University of Tokyo. M. Yajima, T. Ichikawa & T. Tagai. 2002)

No. 51『考古美術（西アジア）部門所蔵考古学資料目録 第6部 イラン、マルヴダシュト平原の先史土器』西秋良宏. 2003 (Catalogue of archaeological remains in the department of archaeology of Western Asia. Part 6: Prehistoric Pottery from the Marv Dasht Plain, Iran. By Y. Nishiaki. 2003)

No. 52『縄文時代人骨データベース1 保美』諏訪元・水島崇一郎・坂上和弘. 2003 (Database of Jomon Period Skeletal Remains. 1: Hobi. By G. Suwa, S. Mizushima & K. Sakaue. 2003)

No. 53『関野貞コレクションフィールドカード目録』藤井恵介・早乙女雅博ほか. 2004 (Catalogue of Field Cards of Sekino Tadashi Collection. By K. Fujii & M. Saotome. 2004)

No. 54『縄文時代人骨データベース2 姥山』水嶋崇一郎・桑村和行・諏訪元. 2004 (Database of Jomon Period Skeletal Remains. 2: Ubayama. By S. Mizushima, K. Kuwamura & G. Suwa. 2004)

No. 55『鉱石標本目録 第2部 鉱脈鉱石』松山文彦・田賀井篤平・清水正明. 2003 (Catalogue of Mineral Specimens in the University Museum, The University of Tokyo. Part 2: Vein-type Ores. By F. Matsuyama, T. Tagai & M. Shimizu. 2003)

No. 56『クランツ鉱物標本目録(1)』田賀井篤平. 2003 (Catalogue of Mineral Specimens of the Krantz's Collections in the University Museum, The University of Tokyo (1). By T. Tagai. 2003)

No. 57『平林武収集鉱山資料目録』橘由里香・田賀井篤平. 2004 (Catalogue of Documents on Japanese Mines of Takeshi Hirabayasi's Collections in the University Museum, The University of Tokyo. By Y. Tachibana & T. Tagai. 2004)

No. 58『近代医家三宅一族旧蔵コレクション総目録(1)』西野嘉章. 2003 (Catalogue (1) of the Miyake Families' Collections, in the Koishikawa Annex, The University Museum, The University of Tokyo. By Y. Nishino. 2003)

No. 59『近代医家三宅一族旧蔵コレクション総目録(2)』西野嘉章・藤尾直史・谷川愛. 2005 (Catalogue (2) of the Miyake Families' Collections, in the Koishikawa Annex, The University Museum, The University of Tokyo. By Y. Nishino, T. Fujio & A. Tanigawa. 2005)

No. 60『渡辺武男収集広島・長崎被爆関連標本資料目録』田賀井篤平・橘由里香ほか. 2005 (Catalogue of Materials and Documents on the Atomic Bombs in Hiroshima and Nagasaki of Takeo Watanabe's Collections in the University

Museum, The University of Tokyo. By T. Tagai & Y. Tachibana. 2005)

No. 61『縄文時代人骨データベース3 千葉県の遺跡（堀之内、加曽利、曽谷など）』水嶋崇一郎・佐宗亜衣子ほか. 2006 (Database of Jomon Period Skeletal Remains. 3: Chiba Prefecture (Horinouchi, Kasori, Soya etc.). By S. Muzushima, A. Saso & G. Suwa. 2006)

No. 62『動物部門所蔵無脊椎動物標本リスト』上島励. 2006 (Catalogue of Invertebrate Collection Deposited in the Department of Zoology, The University Museum, The University of Tokyo. By R. Ueshima. 2006)

No. 63『考古美術（西アジア）部門所蔵考古学資料目録 第7部 イラン、デーラマン古墳の土器』西秋良宏・三國博子ほか. 2006 (Catalogue of archaeological materials in the Department of Archaeology of Western Asia. Part 7: Pottery from Ancient Tombs of the Dailaman District, Iran. By Y. Nishiaki & H. Mikuni. 2006)

No. 64『考古美術（西アジア）部門所蔵考古学資料目録 第8部 イラクの遺跡写真』マーク・フェルフーフェン. 2006 (Catalogue of Archaeological Materials in the Department of Archaeology of Western Asia. Part 8: Selected Photographs of Archaeological sites in Iraq. By M. Verhoeven. 2006)

No. 65『須田昆虫コレクション標本目録 鞘翅目（1）コガネムシ科』須田孫七・須田真一・高槻成紀. 2006 (Catalogue of Specimens of Suda Insect Collection, the University Museum, the University of Tokyo. Coleoptera. 1: Scarabaeidae. By M. Suda, S. Suda & S. Takatsuki. 2006)

No. 66『酒井敏雄文庫収蔵三好學教授著作・論文等及び関連資料目録』大場秀章. 2006 (Catalogue of Toshio Sakai Collection of the Writings, Books, and Others Written by Professor Manabu Miyoshi (1861-1939) and the Related Documents. Bu H. Ohba. 2006)

No. 67『陸平貝塚出土標本』初鹿野博之・山崎真治・諏訪元. 2006 (Prehistoric Artifacts from the Okadaira Shell mound Housed in the Department of Anthropology and Prehistory, The University Museum, the University of Tokyo. By H. Hatsukano, S. Yamzaki & G. Suwa. 2006)

No. 68『渡辺仁教授旧蔵資料目録』西秋良宏. 2007 (Catalogue of Anthropological Materials in the Hitoshi Watanabe Collection. By Y. Nishiaki. 2007)

No. 69『縄文時代人骨データベース4 千葉県の遺跡（向ノ台、矢作、余山など）』水嶋崇一郎・久保大輔. 2007 (Database of Jomon period skeletal remains. 4: Chiba Prefecture (Mukounodai, Yahagi, Yoyama, etc.). By S. Mizushima, K. Kubo. 2007)

No. 70『満蒙植物写真資料コレクション』藤尾直史. 2007 (Collection of the Photographs of Plants in the Former Manchuria and Mongolia Area. By T. Fujio. 2007)

No. 71『須田昆虫コレクション標本目録 鞘翅目（2）ホソカミキリムシ科、ほか』須田孫七・須田真一・高槻成紀. 2007 (Catalogue of Specimens of Suda Insect Collection, The University Museum, The University of Tokyo. Coleoptera. 2: Disteniidae, Cerambycidae, Chrysomelidae. By M. Suda, S. Suda & S. Takatsuki. 2007)

No. 72『酒詰仲男調査・目録第1集 昭和13年、該当年不明、昭和14年』酒詰治男. 2008 (Archaeological Reports and Diaries by Nakao Sakazume. Vol. 1: Field Report, 1938; Field Report, not dated; Field Report, 1939 (1); Field Report, 1939. By H. Sakazume. 2008)

No. 73『縄文時代人骨データベース5 帝釈観音堂洞窟、帝釈寄倉岩陰』深瀬均・水嶋崇一郎ほか. 2008 (Database of Jomon Period Skeletal Remains. 5: Taishaku Kannondo, Taishaku Yosekura. By H. Fukase, S. Mizushima, A. Saso & G. Suwa. 2008)

No. 74『地史古生物部門所蔵タイプおよび記載標本目録』伊藤泰弘・ロバート・ジェンキンズほか. 2008 (Catalogue of Type and Specimens in the Department of Historical Geology and Palaeontology of the University Museum, The University of Tokyo. Part 5. By Y. Ito, R. Jenkins, T. Ichikawa, T. Sasaki & K. Tanabe. 2008)

No. 75『八幡一郎「大形打製石器」関連標本綴子・中山・鵜ノ木・菅谷』中村真理・野口和己子ほか. 2008 (Ichiro Yawata's "Large-size Knapped Stone Tools" and Other Related Prehistoric Artifacts from the Tsuzureko, Nakayama, Unoki and Sugatani Sites, Housed in the Department of Anthropology and Prehistory, The University

Museum, The University of Tokyo. By M. Nakamura, W. Noguchi, A.Saso & G. Suwa. 2008)

No. 76『考古美術（西アジア）部門所蔵考古学資料目録　第9部　西アジア各地における購入・採集土器』有松唯・三國博子ほか. 2009 (Catalogue of Archaeological Materials in the Department of Archaeology of Western Asia. Part 9: West Asian Pottery Collected by the Tokyo University Iraq-Iran Archaeological Expedition. By T. Arimatsu, H. Mikuni, Y. Ogawa & Y. Nishiaki. 2009)

No. 77『酒詰仲男調査・目録第2集　昭和15年』酒詰治男. 2009 (Archaeological Reports and Diaries by Nakao Sakazume. Vol. 2: Diary, 1940(1-2); Field report, 1940(1-2); Research report, 1940, 1-2. By H. Sakazume. 2009)

No. 78『酒詰仲男調査・目録第3集　昭和16年』酒詰治男. 2009 (Archaeological Reports and Diaries by Nakao Sakazume. Vol. 3: Field Report, 1941, 1-5. By H. Sakazume. 2009)

No. 79『大森貝塚出土標本』初鹿野博之ほか. 2009 (Prehistoric Artifacts from the Omori Shellmound Housed in the Department of Anthropology and Prehistory, The University Museum, The University of Tokyo. Vol. 1: Text and Photo Plates. By H. Hatsukano, S, Yamsaki, A. Saso, G. Suwa. 2009)

No. 80『地史古生物部門所蔵タイプおよび記載標本目録第6部』伊藤泰弘・市川健雄ほか. 2009 (Catalogue of Type and Cited Specimens in the Department of Historical Geology and Paleontology of the University Museum, The University of Tokyo. Part 6. By Y. Ito & T. Ichikawa. 2009)

No. 81『動物部門所蔵無脊椎動物標本リスト（2）』上島励. 2010 (Catalogue of Invertebrate Collection Deposited in the Department of Zoology, the University Museum, the University of Tokyo. (2): Phylum Porifera (class Hexactinellida) and Phylum Cnidaria (Alcyonacea and Pennatulacea). By R. Ueshima. 2010)

No. 82『酒詰仲男調査・目録第4集　昭和17年』酒詰治男. 2010 (Archaeological Reports and Diaries by Nakao Sakazume. Vol. 4: Diary, Field Reports 1942. By H. Sakazume. 2010)

No. 83『酒詰仲男調査・目録第5集　昭和18/19年』酒詰治男. 2010 (Archaeological Reports and Diaries by Nakao Sakazume. Vol. 5: Field report 1943, diary-field reports 1944. By H. Sakazume. 2010)

No. 84『人類先史部門所蔵大森貝塚出土標本』初鹿野博之・山崎真治・諏訪元ほか. 2010 (Prehistoric Artifacts from the Omori Shell mound Housed in the Department of Anthropology and Prehistory, The University Museum, The University of Tokyo. Vol. 2: Data Sheets of the Remains Described in "Shell mounds of Omori". By H. Hatsukano, S. Yamsaki, A. Saso & G. Suwa 2010)

No. 85『江上波夫教授旧蔵資料目録　第1部　内蒙古』西秋良宏・三國博子・小川やよい. 2011 (Catalogue of the Namio Egami Collection. Part 1: Inner Mongolia. By Y. Nishiaki, H. Mikuni & Y. Ogawa. 2011)

No. 86『植物タイプ標本目録　第12部　タデ科』林鐘郁・池田博・清水晶子・大場秀章. 2011 (Catalogue of the Type Specimens Preserved in the Herbarium, Department of Botany, The University Museum, The University of Tokyo. Part 12: Polygonaceae. By C. W. Park, H. Ikeda, A. Shimizu & H. Ohba. 2011)

No. 87『久野標本目録　第1部　日本産火山岩（I）』清田馨・宮本英昭・小澤一仁. 2011 (Catalogue of Kuno Specimens of: Volcanic rocks in Japan (I) in the University Museum, The University of Tokyo, Part 1. K. Kiyota, H. Miyamoto & K. Ozawa. 2011)

No. 88『酒詰仲男調査・目録第6集昭和20年、目録／昭和19年、調査』酒詰治男. 2011 (Archaeological Reports and Diaries by Nakao Sakazume. Vol. 6: Diary, 1945; Field Report, 1946. By H. Sakazume. 2011)

No. 89『酒詰仲男調査・目録第7集昭和22年、目録(1)/昭和22年、目録(2)/昭和22年、調査』酒詰治男. 2011 (Archaeological Reports and Diaries by Nakao Sakazume. Vol. 7: Diary, 1947 (1-2) ; Field report, 1947. By H. Sakazume. 2011)

No. 90『動物部門所蔵無脊椎動物標本リスト（3）』上島励. 2011 (Catalogue of Invertebrate Collection Deposited in the Department of Zoology, The University Museum, The University of Tokyo. (3): Phylum Annelida (Class Polychaeta, Oligochaeta and Hirudinida). By R. Ueshima. 2011)

No. 91『酒詰仲男調査・目録第8集』酒詰治男．

2011 (Archaeological Reports and Diaries by Nakao Sakazume. Vol. 8: Field report, 1948 (1-4) ; Research report, 1948. By H. Sakazume. 2011)

No. 92『人類先部門所蔵荻堂貝塚出土器・石器標本』石井龍太・佐宗亜衣子・諏訪元 . 2012 (Prehistoric Pottery and Stone Tools from the Ogido Shellmound Housed in the Department of Anthropology and Prehistory, The University Museum, The University of Tokyo. By R. Ishii, A Saso & G. Suwa. 2012)

No. 93『江田茂昆虫コレクション目録　第 1 部鱗翅目・チョウ亜目』粟野雄大・小沢英之・矢後勝也・西野嘉章 . 2012 (Catalogue of the Shigeru Eda Insect Collection, The University Museum, The University of Tokyo. Part 1: Lepidoptera, Rhopalocera. By K. Awano, H. Ozawa, M. Yago & Y. Nishino. 2012)

No. 94『五十嵐邁昆虫コレクション目録　第 1 部鱗翅目・アゲハチョウ科 1』原田基弘・手代木求・小沢英之・矢後勝也 . 2012 (Catalogue of the Suguru Igarashi Insect Collection, the University Museum, the University of Tokyo. Part 1: Lepidoptera, Papilionidae. By M. Harada, M. Teshirogi, H. Ozawa & M. Yago. 2012)

No. 95『江上波夫教授旧蔵資料目録　第 2 部　考古民族資料』西秋良宏・三國博子・小川やよい . 2012 (Catalogue of the Namio Egami Collection. Part 2: Archaeological and Ethnographic Materials. By Y. Nishiaki, H. Mikuni & Y. Ogawa. 2012)

No. 96『酒詰仲男調査目録第 9 集』酒詰治男 . 2013 (Archaeological Reports and Diaries by Nakao Sakazume. Vol. 9: Diary, 1949; Field report, 1949 (1-2). By H. Sakazume. 2013)

No. 97『酒詰仲男調査目録第 10 集』酒詰治男 . 2013 (Archaeological Reports and Diaries by Nakao Sakazume. Vol. 10: Diary, 1950. By H. Sakazume. 2013)

No. 98『白石浩次郎昆虫コレクション目録―蜻蛉目―』須田真一・杉浦由季・粟野雄大・加藤優里菜・伊藤勇人・伊藤泰弘・矢後勝也 . 2013 (Catalogue of the Kojiro Shiraishi Insect Collection, The University Museum, The University of Tokyo - Odonata -. By S. Suda, Y. Sugiura, T. Kurino, Y. Kato, H. Ito, Y. Ito & M. Yago. 2013)

No. 99『五十嵐邁昆虫コレクション目録　第 II 部鱗翅目・シロチョウ科』原田基弘・手代木求・小沢英之・勝山礼一朗・原田一志・伊藤泰弘・矢後勝也 . 2014 (Catalogue of the Suguru Igarashi Insect Collection, the University Museum, the University of Tokyo. Part II: Lepidoptera, Pieridae. By M. Harada, M. Teshirogi, H. Ozawa, R. Katsuyama, K. Harada, Y. Ito & M. Yago. 2014)

No. 100『酒詰仲男調査・日録第 11 集』酒詰治男 . 2013 (Archaeological Reports and Diaries by Nakao Sakazume. Vol. 11: Diary, 1951 (1-3). By H. Sakazume. 2013)

No. 101『老田正夫昆虫コレクション目録』矢後勝也・加藤優里菜ほか . 2014 (Catalogue of the Masao Oita Insect Collection, The University Museum, The University of Tokyo. By K. Yago & Y. Kato)

No. 102『加藤正世コレクション菌類目録』佐藤大樹・粟野雄大・矢後勝也 . 2014 (Catalogue of the Masayo Kato Fungi Collection, The University Museum, The University of Tokyo. By H. Sato, K. Awano & M. Yago. 2014)

No. 103『酒詰仲男調査・日録第 12 集』酒詰治男 . 2014 (Archaeological Reports and Diaries by Nakao Sakazume. Vol. 12: Diary, 1952; Diary, 1953. By H. Sakazume. 2014)

No. 104『加藤正世昆虫コレクション目録　第 I 部膜翅目』長瀬博彦・原田一志・伊藤勇人・矢後勝也 . 2014 (Catalogue of the Masayo Kato Insect Collection, The University Museum, The University of Tokyo. Part I: Hymenoptera. By H. Nagase, K. Harada, H. Ito & M. Yago. 2014)

No. 105『現生ニホンジカ頭骨標本データベース　1』宮城県金華山島ならびに岩手県五葉山をのぞく日本全国』久保（尾﨑）麦野・高槻成紀・山田英佑・遠藤秀紀 . 2015 (Database of Extant sika deer Skulls. 1), All Over Japan (except for Kinkazan Island, Miyagi Prefecture & Mt. Goyo, Iwate Prefecture). By M. Ozaki-Kubo, S. Takatsuki, E. Yamada & H. Endo. 2015)

No. 106『考古美術（西アジア）部門所蔵考古学資料目録　第 10 部　イラン、タル＝イ・カレ、タル＝イ・ショガ採集の土器片、土製品』M. ホセイン・アジジ＝ハラナキ . 2015 (Catalogue of Archaeological Materials in the Department of Archaeology of Western Asia. Part 10: Potsherds and Clay

Objects from Tall-i Qaleh and Tall-i Shogha, Fars, Southwest Iran. By M. Hossein Azizi Kharanaghi. 2015)

No. 107『考古美術（西アジア）部門所蔵考古美術（西アジア）部門所蔵考古学資料目録　第11部　1957年撮影、シリア史跡写真』西秋良宏・小髙敬寛・小川やよい. 2016 (Catalogue of Archaeological Materials in the Department of Archaeology of Western Asia. Part 11: Photographs from the 1957 Survey of Historical Monuments in Syria. By Y. Nishiaki, T. Odaka & Y. Ogawa. 2016)

あとがき

　本書は東京大学総合研究博物館の常設展示『UMUT オープンラボ ─ 太陽系から人類へ』の解説書として編んだものである。この博物館が開館したのは前身の総合研究資料館が改組された 1996 年であるが、以来、展示公開活動の中心は先端的、実験的な特別展示にあった。そのため、展示ホールの全てあるいは大半を毎年 2-3 回、特定のテーマにそって総入れ替えする研究展示にあててきた。本格的な常設展示と言えば、1983 年から 1994 年まで続いた総合研究資料館時代の展示までさかのぼらなければならない。

　当時の常設展示は総合研究資料館全 17 部門の主力コレクションを形成した先人の業績を紹介するものであった（『東京大学総合研究資料館展示目録』1983）。すなわち、自然史・文化史各分野における主な研究の過去を展示した。一方、今回のコンセプトは過去ではなく、現在である。過去の研究も随所に示されてはいるが、それよりも館内の教員を中心に現在、おこなわれている研究をその現場とともに公開しようとの試みが展示の主眼となった。

　冒頭にも述べられているように総合研究博物館の構成は近年、顕著な変化をみせている。多館体制の進展により本館以外のスペースが大きく拡張してきた。なかでも東京丸の内にオープンしたインターメディアテクが機動的な特別展示会場を提供することとなった。そして、それが本郷本館の再編につながり、本館はハードな教育、研究博物館としていっそうの機能強化をはかることができるようになった、というのが今回の常設展示設置の背景である。

　何がわかったのかという情報はインターネットにあふれているかも知れないが、その情報の元となった生データは研究現場でしか得られない。博物館の場合、研究現場とはモノを見つけ、それに事実を語らせる場である。『UMUT オープンラボ』が、現物を調べ、文字通りの一次情報を得るおもしろさを体験する場となればさいわいである。本書はそれを補佐する書物ということになるが、研究現場は姿を刻々と変える生き物である。展示は骨格を維持しつつも、研究の進展とともに個々、更新されていく可能性がある。展示物と本書の不一致が生じたとすれば、それは新たなアイデアがうまれた結果であって、望ましいことなのだとご理解いただきたく思う。

（西秋良宏）

東京大学総合研究博物館
『UMUT オープンラボ』プロジェクト・実行委員会
諏訪　元（教授、委員長）、西秋良宏（教授）、遠藤秀紀（教授）、米田穣（教授）、佐々木猛智（准教授）、洪　恒夫（特任教授）、関岡裕之（特任准教授）

展示デザイン
洪　恒夫（会場設計）、関岡裕之（グラフィック）

本書編集
西秋良宏・諏訪　元・遠藤秀紀

本書執筆者（五十音順）
池田　博（東京大学総合研究博物館・准教授）
石川岳彦（東京大学大学院人文社会系研究科・助教）
石川　忠（東京農業大学農学部・准教授）
逸見良道（東京大学総合研究博物館・特任研究員）
伊藤泰弘（東京大学総合研究博物館・キュラトリアルワーク推進員）
上島　励（東京大学大学院理学系研究科・准教授）
遠藤秀紀（東京大学総合研究博物館・教授）
尾嵜大真（東京大学総合研究博物館・特任研究員）
小髙敬寛（東京大学総合研究博物館・特任助教）
大森貴之（東京大学総合研究博物館・特任研究員）
茅根　創（東京大学大学院理学系研究科・教授）
清田　馨（東京大学総合研究博物館・キュラトリアルワーク推進員）
楠見　繭（東京大学総合研究博物館・農学生命科学研究科・大学院生）
久保　泰（東京大学総合研究博物館・特任助教）

熊本雄一郎（海洋研究開発機構・主任技術研究員）
黒木真理（東京大学大学院農学生命科学研究科・助教）
小薮大輔（東京大学総合研究博物館・特任助教）
近藤　修（東京大学大学院理学系研究科・准教授）
佐々木猛智（東京大学総合研究博物館・准教授）
佐野勝宏（東京大学総合研究博物館・特任助教）
椎野勇太（新潟大学教育研究院自然科学系・准教授）
四角隆二（岡山市立オリエント美術館・学芸員）
設楽博己（東京大学大学院人文社会系研究科・教授）
清水晶子（東京大学総合研究博物館・キュラトリアルワーク推進員）
鈴木　舞（東京大学東洋文化研究所・日本学術振興会 PD 特別研究員）
鈴木三男（東北大学・名誉教授）
諏訪　元（東京大学総合研究博物館・教授）
高山浩司（ふじのくに地球環境史ミュージアム・准教授）
田賀井篤平（東京大学・名誉教授）
鶴見英成（東京大学総合研究博物館・助教）
中村亜希子（奈良文化財研究所・客員研究員）
新原隆史（東京大学総合研究博物館・特任助教）
西秋良宏（東京大学総合研究博物館・教授）
西野嘉章（東京大学総合研究博物館・館長）
畠山　禎（横浜市立ユーラシア文化館・学芸員）
三國博子（東京大学総合研究博物館・学術支援員）
宮本英昭（東京大学総合研究博物館・准教授）
矢後勝也（東京大学総合研究博物館・助教）
吉開将人（北海道大学大学院文学研究科・教授）
吉田邦夫（東京大学総合研究博物館・特招研究員）
米田　穣（東京大学総合研究博物館・教授）

※写真
本書に掲載した写真の撮影者、提供者は本文中に示した。
記載のないもののうち背景が白の標本写真は上野則宏が撮影した。
それ以外は当該著者の提供による。

UMUT オープンラボ ―太陽系から人類へ
UMUT Hall of Inspiration

東京大学総合研究博物館常設展示図録（改題版）

発行日：2016 年 9 月 12 日

編者：東京大学総合研究博物館

製作・発行：東京大学総合研究博物館

表紙デザイン：関岡裕之

レイアウト：コスギ・ヤヱ

発売：一般財団法人　東京大学出版会
　　　153-0041　東京都目黒区駒場 4-5-29
　　　電話 03-6407-1069

印刷・製本：(株) アイワード

ⓒ2016 The University Museum, The University of Tokyo
ISBN 978-4-13-020265-7
Printed in Japan